NEUE ENTWICKLUNGEN
AUF DEM GEBIETE DER CHEMIE
DES ACETYLENS UND KOHLENOXYDS

NEUE ENTWICKLUNGEN

AUF DEM GEBIETE DER CHEMIE

DES ACETYLENS UND KOHLENOXYDS

VON

Dr. phil. Dr. phil. nat. h. c. Dr.-Ing. eh.

WALTER REPPE

DIREKTOR DER BADISCHEN ANILIN- & SODA-FABRIK LUDWIGSHAFEN/RHEIN
LEITER DER FORSCHUNGSLABORATORIEN

MIT 40 TEXTABBILDUNGEN

SPRINGER-VERLAG BERLIN HEIDELBERG GMBH 1949

Vorwort.

In den beiden vergangenen Jahrzehnten wurden im Werk Ludwigshafen der I. G. Farbenindustrie A. G. (Badische Anilin- u. Soda-Fabrik) wesentliche Fortschritte auf dem Gebiete der Chemie des Acetylens und des Kohlenoxyds erzielt, über die ich in 4 Vorträgen berichtet habe. In der vorliegenden Schrift sind diese Vorträge zusammengefaßt. Unter Berücksichtigung der historischen Entwicklung geben sie einen Überblick über den Gesamtaufbau unserer Arbeiten in ihren logischen Zusammenhängen. Naturgemäß mußte im Rahmen dieser Vorträge bei der Ausdehnug der neuerschlossenen Gebiete eine Beschränkung auf die Wiedergabe der wesentlichsten Gesichtspunkte erfolgen, jedoch soll das umfangreiche beigefügte Tabellenwerk einen Einblick in die Fülle des bereits vorliegenden experimentellen Materials gewähren[1].

Diese Arbeiten, die zunächst nur rein wissenschaftlichen Zwecken dienten und deren technische und kaufmännische Auswertung, wenn überhaupt, dann nur in weiter Ferne möglich erschien, wurden seitens des Vorstandes der I. G. Farbenindustrie A. G. mit dem Einsatz großer Mittel gefördert, so daß sie aus dem Bereich der reinen Forschung über das Versuchsstadium in rascher Folge zur großtechnischen Produktion gelangen konnten.

Mein besonderer Dank gilt der großen Anzahl meiner Mitarbeiter, die ich nicht alle einzeln aufzählen kann. Sie unterstützten mich hervorragend bei der Durchforschung, Vertiefung und Überführung der vielen neuen Reaktionen vom halbtechnischen bis zum großtechnischen Maßstab. Durch ihre freudige und aufopferungsvolle Mitarbeit war es möglich, diese Arbeiten in verhältnismäßig kurzer Zeit zum vollen technischen Erfolg zu führen. In gleicher Weise waren Physiker und Ingenieure unseres Werkes an der technischen Durchführung der Acetylen-Druck-Chemie hervorragend beteiligt. Das gesamte Laboratoriumspersonal, Laboranten, Meister, Hilfsmeister und nicht zuletzt unsere ausgezeichneten Arbeiter trugen zum Gelingen des Werkes bei. Ihnen allen bin ich zu hoher Anerkennung und großem Dank verpflichtet.

WALTER REPPE.

---

[1] Inzwischen erschien im Rahmen der für Deutschland bestimmten Ausgabe der „Fiat Review", Band 36 „Präparative organische Chemie" Teil 1, Herausgeber Professor Dr. KARL ZIEGLER, eine eingehende Darstellung der von mir entwickelten Acetylen- und Kohlenoxyd-Chemie. OTTO HECHT und HUGO KRÖPER berichteten auf Grund meiner Unterlagen, Vortragsmanuskripte und einer von mir verfaßten Monographie, die in englischer Sprache durch den Verlag Charles Meyer, New York, als OTS Report PB 18052-s unter dem Titel: „Acetylene Chemistry" veröffentlicht wurde, über die Ludwigshafener Arbeiten. — Eine kurze Zusammenfassung bringt ferner die Schweizer Zeitschrift „Experientia" in Heft 3, 93—110 (1949).

Inhaltsverzeichnis.

 Inhaltsverzeichnis.

Einleitung.

Die Chemie des Acetylens ist hinsichtlich ihrer technischen Ausgestaltung noch verhältnismäßig jungen Datums. Erst um die Jahrhundertwende entstanden die ersten Carbidöfen, die es erlaubten, das Calciumcarbid, das Ausgangsmaterial für Acetylen, in technisch einwandfreier Weise herzustellen. Das so erzeugte Carbid wurde zunächst größtenteils auf Kalkstickstoff verarbeitet. Das erste in technischem Maßstab erzeugte Folgeprodukt des Acetylens war Tetrachloräthan, dem Trichloräthylen, Hexachloräthan und Dichloräthylen folgten (Wacker in Burghausen und Griesheim Elektron um 1905).

Die eigentliche Acetylen-Chemie begann aber erst in den Jahren 1916/18 mit der erfolgreichen Durchführung der Acetaldehyd-Synthese durch Anlagerung von Wasser an Acetylen in Gegenwart von Quecksilbersalzen (Wacker in Burghausen, Knapsack, Lonza-Werke A.G., Shavinigan in Kanada). Die Fabrikation von zahlreichen Folgeprodukten, wie Acetaldehyd, Essigsäure, Äthylacetat, Essigsäureanhydrid, Aceton usw. schloß sich bald an. KLATTE lieferte 1912 im Werk Griesheim durch seine Synthese des Vinylacetats und Vinylchlorids aus C_2H_2 und Essigsäure bzw. Salzsäure einen weiteren in der Folgezeit sehr wertvollen Beitrag zum technischen Ausbau der Acetylen-Chemie.

Nach dem ersten Weltkrieg begann die Badische Anilin- & Soda-Fabrik Äthylalkohol, den sogenannten Carbidsprit, durch katalytische Hydrierung von Acetaldehyd herzustellen, dem die Fabrikation von Aldol, Crotonaldehyd, Butanol und weiterhin von Äthyl- und Butylaminen folgte. 1925 wurde in Höchst und in der BASF. mit der Ausarbeitung der Butadien-Synthese nach dem klassischen sog. Vierstufen-Verfahren begonnen. Diese Arbeiten wurden 1929 mit vollem Erfolg abgeschlossen.

Durch alle diese Synthesen wurde die Acetylen-Chemie ein fester Bestandteil der organischen Chemie. Es fehlte daher nicht an Versuchen, möglichst billiges Acetylen herzustellen. In Ludwigshafen wurde das sog. Lichtbogen-Verfahren ausgearbeitet, bei dem Methan und homologe Kohlenwasserstoffe im elektrischen Flammenbogen in Acetylen und Wasserstoff zerlegt werden. Auch neue Wege, die über die partielle Verbrennung von Methan mit Luft oder Sauerstoff oder durch thermische Zersetzung des Methans zum Acetylen führten, wurden erschlossen. Längere Zeit war man der Ansicht, daß mit diesen Arbeiten die Acetylen-Chemie erschöpft sei. NIEUWLAND konnte dann allerdings im Jahre 1931 zeigen, daß aus Acetylen in Anwesenheit komplexer Kupferverbindungen als Katalysatoren aliphatische Polymere des Acetylens entstehen, wie Vinylacetylen und Divinylacetylen, die in den Händen von CAROTHERS und Mitarbeitern zu wertvollen technischen Produkten wie Neopren (Poly-β-chlorbutadien) führten.

Die modernste Entwicklung der Acetylen-Chemie, über die in vier Vorträgen, allerdings nur in großen Zügen berichtet werden kann, begann im Jahre 1928. Die Ausführungen müssen auf den Beitrag der BASF. in Ludwigshafen a. Rh. beschränkt bleiben. Hier wurden im Laufe von fast 20 Jahren 4 große Acetylen-Arbeitsgebiete entwickelt, die wir als

„**Vinylierung**" (Reaktion mit C_2H_2 unter Bildung einer Doppelbindung),

„**Äthinylierung**" (Reaktion mit C_2H_2 unter Erhaltung der Dreifachbindung),

„**Cyclisierung**" (Polymerisation des Acetylens zu cyclischen Verbindungen) und

„**Carbonylierung**" (Umsetzung des Acetylens mit Kohlenoxyd)

bezeichnet haben. Auch die Chemie des Kohlenoxyds erfuhr durch diese Arbeiten eine wesentliche und interessante Bereicherung. Es wurde im Laufe der Arbeiten eine große Anzahl grundsätzlich neuer Reaktionen des Acetylens gefunden, die in eleganter Weise die Herstellung homologer Reihen von bisher nicht oder nur äußerst schwierig zugänglichen Verbindungen gestatten.

Die charakteristischen Hauptmerkmale der im Zuge unserer Arbeiten neu aufgefundenen vielen Reaktionsmöglichkeiten sind:

1. das Arbeiten mit unter erhöhtem Druck stehendem Acetylen,
2. der Einsatz der Schwermetallacetylide (in erster Linie des Acetylenkupfers) als Katalysatoren und
3. die Verwendung der Metallcarbonyle und Metallcarbonylwasserstoffe als Katalysatoren.

Mit der Anwendung dieser Maßnahmen wurden neue Wege beschritten, die nach den bisherigen Anschauungen über die Gefährlichkeit unter Druck stehenden Acetylens und über den explosionsartigen Zerfall der Schwermetallacetylide, sowie schließlich in Anbetracht der bekannten Kontaktgiftwirkung der Metallcarbonyle als ungangbar erschienen. In allen Ländern bestanden zudem gesetzliche Vorschriften für die Handhabung komprimierten Acetylens (Acetylen-Druck-Entwickler und Dissous-Gas), die zum Teil auch chemische Umsetzungen damit unter Verbot stellten. Auf alle Fälle waren nach den überlieferten Kenntnissen derartige Versuche als ein außerordentliches Risiko zu betrachten. Es ergab sich deshalb die Notwendigkeit, mit allen überlieferten Anschauungen zu brechen und zunächst einmal den Acetylen-Zerfall unter Berücksichtigung der verschiedensten Versuchsbedingungen von Grund auf zu studieren und geeignete Sicherheitsmaßnahmen zu ermitteln, die ein gefahrloses Arbeiten auch im großtechnischen Maßstab ermöglichten.

Wenn nun heute z. B. die „*Vinylierung*" und „*Äthinylierung*" ebenso selbstverständliche technische Begriffe geworden sind, wie etwa die „Nitrierung", „Sulfierung", „Oxäthylierung" oder „Sulfochlorierung", so darf nicht vergessen werden, daß hier außerordentliche Schwierigkeiten bei der Neuartigkeit der Arbeitsmethoden zu überwinden waren. Auch auf anwendungstechnischem Gebiet war erhebliche Arbeit zu leisten, um den neuen Produkten, die so ganz aus dem Rahmen des bisher Dagewesenen herausfielen, Eingang in die Praxis zu verschaffen.

Die den genannten 4 Arbeitsgebieten zugrundeliegenden Hauptreaktionen lassen sich wie folgt definieren:

Unter *„Vinylierung"* ist die Umsetzung des Acetylens und seiner Monosubstitutionsprodukte mit Hydroxyl-, Mercapto-, Amino-, Imino-, Carbonamid- und Carboxylgruppen tragenden organischen Verbindungen zu verstehen, wobei das Acetylen mit einem seiner Kohlenstoffatome unter Vermittlung eines Heteroatoms (O, S, N) an das Kohlenstoffgerüst des Reaktionspartners herantritt. Hierbei wird die Dreifachbindung des Acetylens zur Doppelbindung (Vinylgruppe) aufgerichtet unter Wanderung des am Heteroatom des Reaktionspartners sitzenden Wasserstoffatoms an das andere C-Atom des Acetylens.

Mit *„Äthinylierung"* werden Reaktionen des Acetylens oder seiner Monosubstitutionsprodukte mit Aldehyden oder Ketonen, Aminen und Alkylolaminen bezeichnet, bei denen Acetylen unter Erhaltung der Dreifachbindung unmittelbar an das Kohlenstoffskelett des Reaktionspartners herantritt, wobei die Reaktion beim Acetylen selbst einseitig oder auch doppelseitig erfolgen kann.

Unter *„Cyclisierung" (cyclisierende Polymerisation)* ist die Polymerisation von Acetylenen unter dem Einfluß selektiv wirkender Katalysatoren zu cyclischen Kohlenwasserstoffen (Cyclopolyolefinen der Formel $C_{2n}H_{2n}$, wobei $n \geq 3$) zu verstehen.

Mit *„Carbonylierung"* werden die Umsetzungen von Acetylenen oder olefinischen Verbindungen mit CO und Stoffen mit beweglichen Wasserstoffatomen bezeichnet, die unter dem katalytischen Einfluß von Metallcarbonylen und Metallcarbonylwasserstoffen verlaufen.

I. Vinylierung[1].

1. Vinyläther.

Nach Abschluß unserer Arbeiten auf dem Lösungsmittelgebiet, die u. a. die technische Carbidsprit-, Crotonaldehyd- und Butanolsynthese sowie den technischen Ausbau der Äthylenchemie umfaßten, wandten wir vor etwa zwei Jahrzehnten unser besonderes Augenmerk auf das neue Gebiet der Kunststoffe auf Basis Vinylchlorid, Styrol, Acrylester, Acrylnitril und Vinylacetat. Wir stellten uns nun die Aufgabe, auch die Vinyläther in den Rahmen dieser Arbeiten mit einzubeziehen, da wir von den Polymeren dieser Körperklasse infolge ihrer mutmaßlichen Unverseifbarkeit besondere praktische Vorteile erwarteten.

---

[1] Siehe Anlage I.

a) Herstellung der Vinyläther.

Ein Blick in die Literatur zeigte, daß für die Herstellung von Vinyläthern keine brauchbare Methode existierte. In BEILSTEINs Handbuch der organischen Chemie, IV. Aufl., Bd. I, S. 433 ist angegeben, daß Vinyläthyläther aus Chloracetal und Natrium bei 130 bis 140° (*1*) oder aus Bromacetal und Mg-Pulver bei 100 bis 110° (*2*) oder bei der Einwirkung von Natriumäthylat auf β-Jodäthyläther ($CH_2J-CH_2O-C_2H_5$) erhalten werden kann (*3*). CLAISEN (*4*) hatte bereits im Jahre 1898 bei längerem Kochen von Acetal mit P_2O_5 in Gegenwart von Chinolin etwas Vinyläthyläther erhalten können. Nach den Angaben des PLAUSONschen Forschungsinstitutes (*5*) sollen Vinyläther gewonnen werden können, wenn man Kohlenwasserstoffe der Acetylenreihe bei Temperaturen unterhalb 0°, zweckmäßig in Gegenwart von Quecksilberverbindungen, unter Druck auf konzentrierte Schwefelsäure einwirken läßt und die hierbei angeblich gebildete Vinylschwefelsäure mit Alkoholen bei tiefen Temperaturen umsetzt. Die Ausbeute soll hierbei 50% und mehr betragen. Die Angaben dieses Patentes sind von vornherein unglaubwürdig und, wie zu erwarten war, ergab die Nacharbeitung dieses Patentes keine Spur eines Vinyläthers. In neuerer Zeit haben SIGMUND und UCHANN (*6*) Vinyläther aus Acetalen durch katalytische Abspaltung von Alkoholen herstellen können. Als Katalysatoren wurden Tonscherben und Ni-Kontakte benutzt. Die Ausbeuten bei diesem Verfahren sind aber sehr mangelhaft, da Nebenprodukte primärer und sekundärer Art, wie Acetaldehyd, Crotonaldehyd, Kohlenoxyd, Methan usw., entstehen. Durch Verwendung von Edelmetallkatalysatoren (*7*) läßt sich, wie wir gefunden haben, die Vinylätherherstellung aus den entsprechenden Acetalen mit 90% Ausbeute bei einem Umsatz von 60 bis 65% (Gleichgewicht) bei einmaligem Überleiten bewerkstelligen. Die Reaktion verläuft nach folgendem Schema:

$$CH_2-C\begin{matrix} H \\ | \\ | \\ H \end{matrix}\begin{matrix} OC_2H_5 \\ \\ OC_2H_5 \end{matrix} \longrightarrow CH_2 = CH - O - C_2H_5 + C_2H_5OH$$

Nach vielen vergeblichen Versuchen, ein geeignetes Verfahren zur Vinylätherherstellung zu finden, stellte es sich überraschenderweise heraus, daß im Gegensatz zu den Literaturangaben Vinylhalogenide mit Alkoholaten bzw. Alkoholen und Alkalihydroxyden mit Leichtigkeit sich zu Vinyläthern mit 90% d. Th. und mehr Ausbeute umsetzen lassen, wenn man unter geeigneten Bedingungen arbeitet, d. h. in Anwesenheit von Lösungsmitteln, wozu sich am besten die entsprechenden Alkohole selbst eignen (*8*). Die Reaktion geht bei 80 bis 100° glatt vor sich. Man arbeitet zweckmäßig im Autoklaven, indem man Alkohol und Alkoholat vorlegt und die erforderliche Menge Vinylchlorid von vornherein zugibt oder allmählich hinzudrückt. Wenn kein Druckabfall mehr stattfindet, ist die Reaktion beendet. Nach Abfiltrieren des entstandenen Kochsalzes lassen sich Vinyläther und Alkohol durch fraktionierte Destillation leicht trennen. Es zeigt sich also, daß die

Angaben in verschiedenen organischen Lehrbüchern (*9*), Vinylhalogenide würden keine „doppelten Umsetzungen" eingehen und als einzige Reaktion neben der Polymerisation unter der Einwirkung der verschiedenen Agenzien einen Zerfall in Halogenwasserstoffsäure und Acetylen erleiden, im vorliegenden Fall nicht richtig sind, und daß die These von der praktischen Unmöglichkeit des doppelten Austausches von Halogen, das an Kohlenstoffatomen mit Doppelbindungen steht, einer Revision bedarf.

Ferner lassen sich nicht nur ein- und mehrwertige aliphatische Alkohole, sondern auch hydroaromatische und aromatische Alkohole, ferner ein- und mehrwertige Phenole, Kresole usw., sowie die Naphthole mit Hilfe dieser Reaktion in die entsprechenden Vinyläther überführen. In der aromatischen Reihe verläuft die Reaktion jedoch bedeutend träger als in der aliphatischen Reihe und führt zu schlechteren Ausbeuten. Bei Anwendung der doppelten Alkalimenge kann naturgemäß auch statt von Vinylchlorid von dem leichter zu handhabenden Äthylenchlorid oder Äthylidenchlorid ausgegangen werden (*10*).

Wir waren zwar jetzt in der Lage, beliebige Mengen der verschiedensten Vinyläther herzustellen, jedoch befriedigte uns das Verfahren in technischer Hinsicht keineswegs. Es kam uns nun eine Beobachtung zu Hilfe, die wir bei der Vinylätherherstellung aus den Halogeniden und Alkoholaten gemacht hatten. Es hatte sich hier gezeigt, daß die als Nebenprodukt entstehende an und für sich geringe Acetylenmenge noch weiter abnimmt, wenn das Reaktionsgemisch nach beendeter Reaktion noch längere Zeit bei der Reaktionstemperatur oder bei etwas höheren Temperaturen belassen wurde. Diese Beobachtung legte den Gedanken nahe, daß sich das Acetylen selbst unter dem katalytischen Einfluß des Alkoholats an Alkohole unter Vinylätherbildung anlagert. Entsprechende Versuche bestätigten diese Vermutung, die, wie sich später zeigen wird, von grundlegender Bedeutung für die großtechnische Herstellung von Vinyläthern war und den Ausgangspunkt für eine völlig neue Richtung der Acetylen-Chemie bildete, deren besonderes Merkmal das Arbeiten mit Acetylen unter Druck ist. Als günstigste Reaktionstemperatur wurden 150 bis 180° ermittelt; bei Methanol findet bereits bei 120° lebhafte Reaktion statt. Als Katalysator dient Alkoholat. Es genügen 0,5 bis 1% metallisches Kalium oder Natrium, die in dem entsprechenden Alkohol aufgelöst werden; derselbe Effekt wird einfacher durch Zusatz von 1 bis 2% Kaliumhydroxyd oder eines anderen Alkalihydroxydes erreicht. Auch stark alkalisch reagierende Salze, z. B. KCN oder NaCN, erfüllen denselben Zweck (*11*). Die Reaktion verläuft allem Anschein nach in der Weise, daß sich aus Alkohol und Alkalihydroxyd zunächst das Alkoholat bildet (Gleichgewicht), auf das das Acetylen derart einwirkt, daß es sich zwischen Sauerstoff und Metall schiebt unter Bildung des Metallsalzes des entsprechenden Vinyläthers. Dieses setzt sich mit weiterem Alkohol zu Vinyläther und Alkoholat um, worauf das zurückgebildete Alkoholat von neuem mit Acetylen in Reaktion tritt:

$$C_2H_5OH + KOH \longrightarrow C_2H_5OK + H_2O$$

$$C_2H_5O \cdot CH = CH$$

Dieser wahrscheinliche Reaktionsmechanismus liefert die Erklärung für die Tatsache, daß kleine Mengen alkalischer Verbindungen die Vinylierung großer Alkoholmengen bewirken.

Die Reaktion hat ihr Analogon in der Einwirkung von C=O auf Methanol, die ebenfalls unter dem katalytischen Einfluß von Alkoholat unter Bildung von Ameisensäuremethylester verläuft:

$$CH_3OH + CO \longrightarrow CH_3OOCH$$

Ganz analog wie dort das Acetylen tritt hier das Kohlenoxyd zwischen Wasserstoff und Sauerstoff der alkoholischen OH-Gruppe ein.

In einigen besonderen Fällen, z. B. beim Umsetzen von Acetylen mit Oxycarbonsäureestern und Estern polyvalenter Alkohole (z. B. Mono- und Diacetin), chlorierten Phenolen, weiterhin bei der Vinylierung von Phenolen in gasförmigem Zustand hat sich die Verwendung von Zn- und Cd-Salzen organischer Säuren, z. B. Zinkacetat, Zinknaphthenat u. a., als vorteilhaft erwiesen (*12*). Über Anomalien bei der Vinylierung aromatischer Oxyverbindungen in Gegenwart derartiger Katalysatoren im flüssigen Zustand wird später berichtet.

Das neue Vinylierungsverfahren ist mit wenigen Ausnahmen auf alle organische Hydroxylgruppen tragende Verbindungen anwendbar. Nicht nur beliebige aliphatische, aromatische oder hydroaromatische, sondern auch heterocyclische Hydroxyl-Verbindungen sind der Reaktion zugänglich, wobei natürlich hinsichtlich der Reaktionsbedingungen, wie z. B. Druck, Temperatur, Art und Menge des Katalysators, Lösungsmittel usw. gewisse graduelle Unterschiede bestehen.

Es eignen sich z. B. alle aliphatischen Alkohole mit geraden oder verzweigten Ketten — vom Methanol bis zum Montanalkohol —, weiterhin alle sekundären Alkohole, z. B. Isopropylalkohol und Diäthylcarbinol, Cyclohexanol, seine Substitutionsprodukte und Ringhomologe wie die Dekalole, ferner die Phenole, die Naphthole, deren Substitutionsprodukte (*13*), Terpenalkohole (*14*), das Hydroabietinol (*15*) und schließlich noch freie Hydroxylgruppen tragende, teilweise verätherte oder acetalisierte Kohlenhydrate (*16, 17*).

Bei tertiären Alkoholen verläuft die Vinylierungsreaktion wesentlich träger als bei primären und sekundären Alkoholen. Mehrwertige Alkohole, wie Glykol, 1,3- und 1,4-Butylenglykol, Glycerin, Sorbit, Pentaerythrit usw. sind hingegen leicht vinylierbar. In diesen Fällen können infolge partieller Vinylierung verschiedene Reaktionsprodukte nebeneinander entstehen; außerdem besteht Neigung zur Bildung cyclischer Acetale.

Phenole reagieren im allgemeinen träger als Alkohole. Dieser Unterschied im Reaktionsverhalten zwischen der aliphatischen und aromatischen Hydroxylgruppe wird durch die Tatsache erklärt, daß im Alkaliphenolat infolge der wesentlich höheren Acidität der phenolischen Hydroxylgruppen das Alkali stärker am Sauerstoff des Hydroxyls fixiert ist und somit den Eintritt des Acetylens zwischen Sauerstoff und Metall im Gegensatz zu den Alkoholaten wesentlich erschwert. Diese Theorie findet ihre Bestätigung durch die Tatsache, daß man bei der Vinylierung von Phenolen durch Verwendung des stärker basisch wirkenden Kaliums an Stelle von Natrium einen wesentlich glatteren Reaktionsverlauf erzielt.

Bei Verwendung von Hydroxylverbindungen, deren Siedepunkt unter- oder wenig oberhalb 180° liegt, muß mit Rücksicht auf die zwischen 150 und 180° liegende Reaktionstemperatur ausschließlich mit Acetylen unter Druck gearbeitet werden. Höher siedende Alkohole, wie Octadecylalkohol, Montanalkohol oder Glykole werden zweckmäßig unter gewöhnlichem Druck vinyliert. Die Vinylierung niedrig siedender Alkohole läßt sich jedoch auch ohne Druck durchführen, wenn man in dem betreffenden Alkohol Alkali, z. B. Kaliumhydroxyd, in solcher Menge auflöst, daß der Siedepunkt die Vinylierungstemperatur erreicht (*18*). Dieses Verfahren hat jedoch keinerlei technische Bedeutung, da der Alkaliverbrauch infolge der Nebenreaktionen zwischen Alkali und Acetylen zu hoch und das Verfahren unwirtschaftlich ist.

Die Umsetzung von Alkoholen und Phenolen mit Acetylen wurde zunächst in der flüssigen Phase durchgeführt. Wir entwickelten jedoch später auch ein Verfahren zur Durchführung der Vinylierung in der Gasphase (*19*). Bei Temperaturen von 150—350° C wird in Gegenwart stark basisch wirkender Alkaliverbindungen, z. B. Natronkalk, ein Gemisch von Alkohol-Dampf und Acetylen durch ein Kontaktrohr geleitet, wobei Vinyläther in guter Ausbeute entstehen. Das Verfahren hat jedoch keine technische Bedeutung erlangt.

Es wurde bereits darauf hingewiesen, daß die Vinylierung der Hydroxylgruppe in einigen Fällen undurchführbar ist. Dies tritt dann auf, wenn das die Hydroxylgruppe tragende C-Atom in der Nachbarschaft eines C-Atoms mit einer Doppelbindung steht, wie es beim Allylalkohol, Crotylalkohol und Butendiol der Fall ist. Liegen jedoch die C=C-Doppelbindung und die CH_2OH-Gruppe weiter auseinander, z. B. im Oleylalkohol, so macht die Vinylierung keine Schwierigkeiten. Bei Verbindungen mit OH-Gruppen von außergewöhnlich hoher Acidität, z. B. im Alizarin, ist eine Vinylierung nicht durchführbar.

Mit Hilfe des neuen Vinylierungsverfahrens sind wir in der Lage, eine große Anzahl organischer Verbindungen durch Anlagerung von Acetylenen unter Einführung der Vinylgruppe in energiebeladene und somit polymerisationsfreudige Stoffe überzuführen. Die Anlage II im Anhang gibt eine Übersicht über die wichtigsten bisher hergestellten Vinyläther (Herstellungsbeispiele siehe Anlage III).

b) Reaktionen der Vinyläther.

Die Vinyläther sind einer Reihe wichtiger Reaktionen zugänglich. Bei der Hydrierung, die bei Zimmertemperatur bereits außerordentlich glatt und quantitativ verläuft, entstehen die entsprechenden gesättigten Äther. Dieses Verhalten ist für die saubere Herstellung einheitlicher gemischter Äther, wie Äthylmethyläther, Äthylbutyläther, Äthylisobutyläther, Äthyloktodecyläther usw. von Interesse. Wenn die Alkylierung mehrwertiger Alkohole mit Diäthylsulfat versagt, bietet die Vinylierung mit nachfolgender Hydrierung besondere Vorteile.

Die Vinyläther lagern leicht Alkohole an unter Bildung der entsprechenden Acetale, so daß man hier ein bequemes und einfaches Verfahren zur Acetalherstellung besitzt, das gegenüber dem bekannten Verfahren aus Aldehyden und Alkoholen viele Vorteile hat und die Acetale sofort in reiner Form bei praktisch quantitativen Ausbeuten liefert. Die Acetalbildung tritt schon beim einfachen Erhitzen der Komponenten (Vinyläther und Alkohole bzw. Phenole) ein. Sie kann durch Spuren von Halogenwasserstoffsäuren oder Borfluorid schon bei Zimmertemperatur stark beschleunigt werden (10). Die Acetalbildung tritt deshalb bei der Vinylierung mehrwertiger Alkohole leicht in den Vordergrund, besonders dann, wenn die Hydroxylgruppen an benachbarten C-Atomen oder in 1,3-Stellung stehen, wo die Möglichkeit zur Bildung von 5- oder 6-Ringen gegeben ist. So entsteht bei der Vinylierung des Glycerins unmittelbar das Acetal des folgenden Vinyläthers:

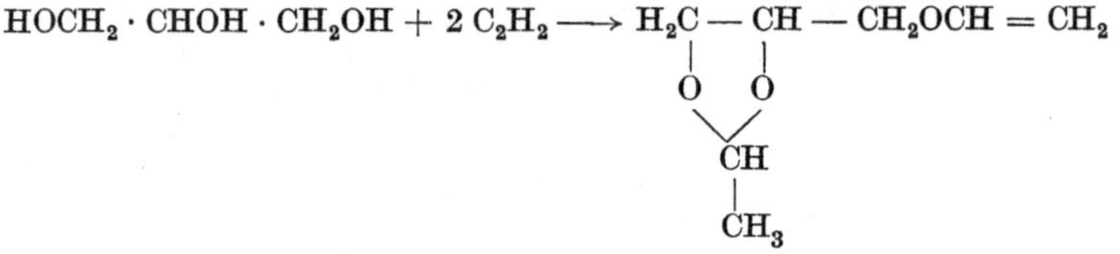

$$HOCH_2 \cdot CHOH \cdot CH_2OH + 2\,C_2H_2 \longrightarrow H_2C - CH - CH_2OCH = CH_2$$

Bei der Vinylierung des Glykols ist unter vorsichtigen Bedingungen sowohl der Mono- als der Divinyläther erhältlich. Arbeitet man aber in der Weise, daß im Turm unter Atmosphärendruck Acetylen durch auf etwa 200° erhitztes Glykol, das mit wenig KOH als Katalysator versetzt ist, geleitet wird, so destilliert quantitativ der Äthylenäthylidenäther vom Siedepunkt 78° ab.

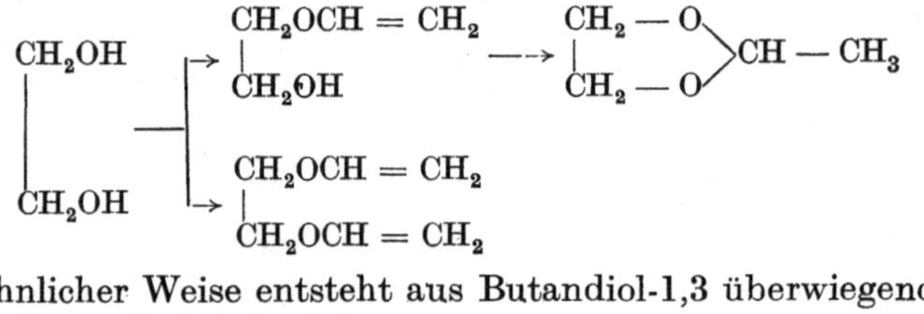

In ähnlicher Weise entsteht aus Butandiol-1,3 überwiegend das entsprechende cyclische Acetal:

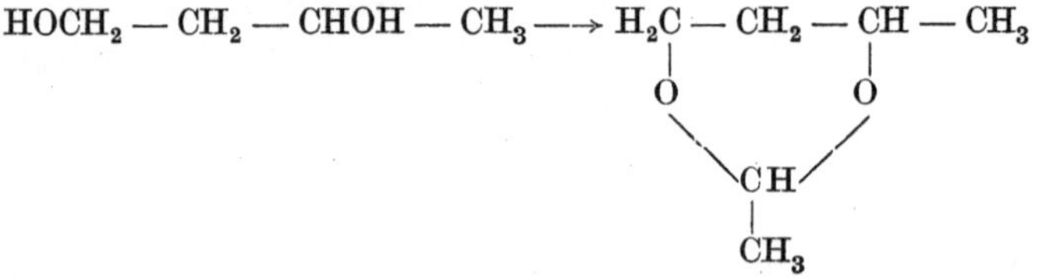

$$HOCH_2 - CH_2 - CHOH - CH_3 \longrightarrow H_2C - CH_2 - CH - CH_3$$

während 1,4-Butandiol infolge größerer Entfernung der beiden Hydroxylgruppen fast ausschließlich in den Butandiol-1,4-divinyläther umgewandelt wird:

$$HOCH_2 - CH_2 - CH_2 - CH_2OH \longrightarrow$$
$$CH_2 = CHO - CH_2 - CH_2 - CH_2 - CH_2 - OCH = CH_2$$

Die Vinyläther addieren auch leicht Halogenwasserstoffe und organische Säuren unter Bildung der unbeständigen α-Halogenäther und Alkoxy- oder Aryloxyäthylidenester (*21, 22*):

$$ROCH = CH_2 + HHal. \longrightarrow RO - \underset{\underset{Hal.}{|}}{CH} - CH_3$$

$$ROCH = CH_2 + R_1COOH \longrightarrow \underset{R_1COO}{\overset{RO}{>}}CHCH_3$$

Während die Vinyläther in alkalischem Medium absolut beständig sind und ein längeres Erhitzen auf höhere Temperaturen in Anwesenheit von Wasser ohne weiteres vertragen, zeigen sie die auffallende Eigenschaft, beim drucklosen Erhitzen mit verdünnten Säuren oder selbst mit Wasser im Einschlußrohr bei etwa 100° quantitativ in Aldehyd und den betreffenden Alkohol aufzuspalten. Sie gleichen in diesem Verhalten ganz den Acetalen. Diese Tatsache ist nicht nur analytisch von Wichtigkeit, da der entstandene Aldehyd durch Titration quantitativ erfaßt werden kann, wodurch eine einfache quantitative Bestimmungsmethode für die Vinyläther gegeben ist, sondern ermöglicht auch eine technische Herstellung von Acetaldehyd ohne Mitverwendung des Quecksilbers, worauf später noch zurückgekommen wird (*23*).

Die für uns wichtigste Reaktion der Vinyläther ist ihre leichte Polymerisierbarkeit. Die Polymerisation kann entweder im Block oder in Lösung [z. B. in Benzolkohlenwasserstoffen oder Estern (*24*)] oder schließlich auch in Mischung mit anderen polymerisationsfreudigen Stoffen in Emulsion erfolgen (*25*). Als Polymerisationskatalysatoren für die Blockpolymerisation kommen groß-oberflächige Stoffe (*26*), wie Fullererde, A-Kohle usw., ferner wasserfreie Halogenide wie $AlCl_3$, $ZnCl_2$, $SnCl_4$ usw. in Frage. Am wichtigsten ist das BF_3, das besonders bequem in Form seiner Additionsverbindungen mit Äthern, wie Diäthyl- und Dibutyläther, sowie mit Wasser als Borfluoriddihydrat ($BF_3 \cdot 2\,H_2O$) angewandt wird (*27, 28, 29*). Die Polymerisation verläuft analogerweise, wie sie durch die Arbeiten STAUDINGERs für Styrol, Vinylchlorid, Vinylacetat usw. geklärt wurde: Die Vinylgruppen der einzelnen Vinyläther-Moleküle lagern sich zu einer Paraffin-Kette aneinander, die abwechselnd durch Ätherreste substituiert ist:

$$\cdots \cdots + CH_2{=}\underset{\underset{OR}{|}}{CH} + CH_2{=}\underset{\underset{OR}{|}}{CH} + CH_2{=}\underset{\underset{OR}{|}}{CH} + \cdots \cdots$$

$$\cdots \cdots - CH_2 - \underset{\underset{OR}{|}}{CH} - CH_2 - \underset{\underset{OR}{|}}{CH} - CH_2 - \underset{\underset{OR}{|}}{CH} - \cdots \cdots$$

Je nach der Natur des Ausgangsmaterials und dem beabsichtigten K-Wert erhält man hierbei nieder- bis hochviskose, ölige oder kautschukartige Produkte oder schließlich feste plastische bis spröde harzartige Materialien.

Ähnlich wie Divinylbenzol bei Mischpolymerisation mit Styrol die Eigenschaft des Polystyrols wesentlich beeinflußt, werden auch die Eigenschaften der Polyvinyläther durch Einpolymerisation bereits geringer Mengen von Divinyläthern, z. B. des Diäthylenglykoldivinyläthers

$$CH_2 = CH \cdot O \cdot CH_2 \cdot CH_2 \cdot O \cdot CH_2 \cdot CH_2 \cdot O \cdot CH = CH_2$$

grundlegend verändert. Man erhält hierbei vernetzte Produkte, die in den üblichen Lösungsmitteln nicht mehr löslich, sondern höchstens noch quellbar sind (*30*). Die Vernetzung kommt dadurch zustande, daß die einzelnen Fadenmoleküle des Polyvinyläthers durch Brückenbildung des Divinyläthers, dessen eine Vinylgruppe in die eine Kette und dessen zweite Vinylgruppe in die benachbarte Kette eingreift, miteinander verknüpft sind. Schematisch kann die erzielte Vernetzung wie folgt dargestellt werden:

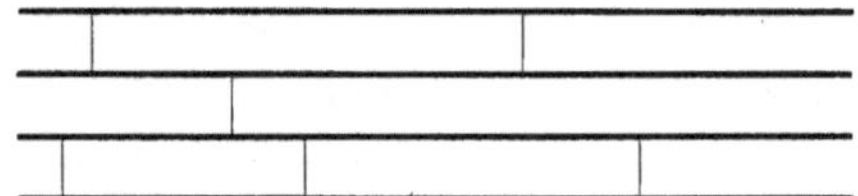

Die vernetzten Polyvinyläther sind dem Linoxyn physikalisch und kolloidchemisch vergleichbar und können als Austauschstoffe für Linoxyn (polymerisiertes Leinöl) und für Faktis (Li 10 und Factosit) eingesetzt werden.

c) Technische Herstellung der Vinyläther.

Im Laboratorium werden die Versuche zunächst im kleinen Hochdruckschüttelautoklaven mit den entsprechenden Alkoholen und Katalysatoren angesetzt. Das Acetylen wird zusammen mit Stickstoff aufgepreßt und langsam bis zum Reaktionsbeginn aufgeheizt und das

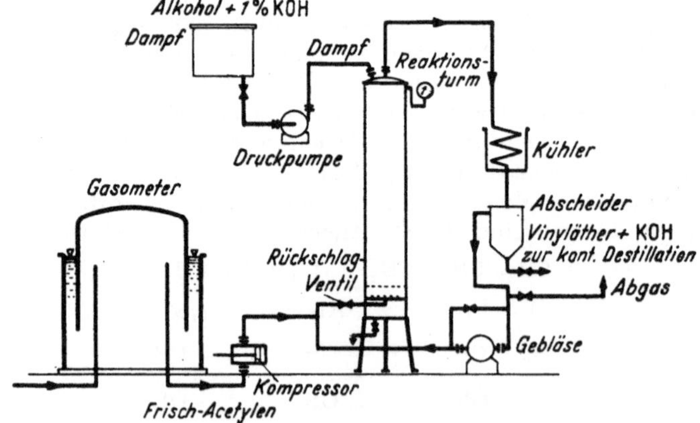

Abb. 1. Apparatur für Vinylätherherstellung mit Druck.

Acetylen nach Eintreten der Reaktion nach Maßgabe des Verbrauches nachgepreßt, bis keine Aufnahme mehr erfolgt. Die Versuche werden dann auf größere Hochdruckautoklaven übertragen. Im technischen Maßstab kommt nur die kontinuierliche Arbeitsweise im Druckturm oder auch im drucklosen Turm in Frage.

Die drucklose Arbeitsweise unter Atmosphärendruck kommt für die Herstellung solcher Vinyläther in Betracht, deren Siedepunkt oberhalb der Reaktionstemperatur von 120—180° liegt. Hierfür genügt eine einfache Apparatur, bestehend aus einem heiz- und kühlbaren Reaktionsturm — die Vinylätherbildung ist mit etwa 30 kcal pro Mol exotherm —, einer Umlaufpumpe, Kühler, Abscheider, Gasometer und Zulaufgefäß

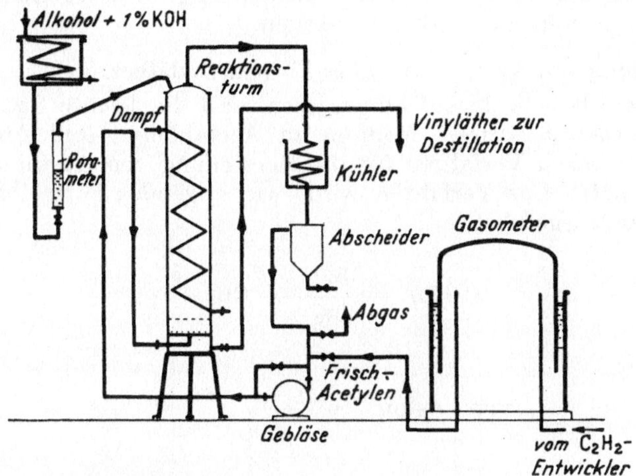

Abb. 2. Apparatur für Vinylätherherstellung ohne Druck.

für den mit Katalysator (z. B. 1% KOH) versetzten Alkohol. Durch den mit Alkohol und Katalysator gefüllten, auf die Reaktionstemperatur aufgeheizten Reaktionsturm, der auch mit Raschigringen gefüllt sein kann, wird mittels der Umlaufpumpe ein Strom reinen Acetylens im Kreislauf gefördert. Die Vinylierung geht sehr rasch vor sich; das in Reaktion getretene Acetylen wird automatisch aus dem Gasometer nachgeliefert. Am unteren Turmende wird fortlaufend der praktisch quantitativ gebildete Vinyläther abgezogen, während am oberen Ende in gleichem Maße ein Gemisch von unverbrauchtem Alkohol und Katalysator nachgeführt wird.

Die Herstellung der Vinyläther niederer Alkohole, z. B. des Vinylmethyläthers, Vinyläthyläthers, Vinylpropyläthers, Vinylisobutyläthers usw. muß infolge der niederen Siedepunkte (der Vinylmethyläther siedet bei — 9°) und der verhältnismäßig hohen Vinylierungstemperatur unter Druck in kontinuierlicher Arbeitsweise ausgeführt werden. Vinylmethyläther wird bei etwa 20 atü, Vinyläthyläther bei etwa 10 atü und Vinylisobutyläther bei etwa 3 atü hergestellt, entsprechend den Dampfdrucken bei der Reaktionstemperatur. Hierbei muß aus Sicherheitsgründen mit durch Fremdgase, z. B. Stickstoff, verdünntem Acetylen gearbeitet werden (vgl. Anlage VII).

Die Arbeitsweise ist prinzipiell die gleiche wie beim Arbeiten ohne
Druck, jedoch muß das neu zugeführte Acetylen vorkomprimiert und
der Alkohol zugepumpt werden. Der Vinyläther verläßt in diesem Falle
in Mischung mit Alkohol als etwa 90%iges Produkt den Turm zusammen
mit dem Kreisgas und wird im Kühler kondensiert und durch Destillation von gelöstem Acetylen und beigemengtem Alkohol getrennt.
Ein Druckturm zur Herstellung von Vinyläthern in technischem Maßstabe gestattet in kontinuierlicher Arbeitsweise die Fabrikation be-
deutender Mengen von monomerem Vinyläther, z. B. kann man ohne
weiteres mit einem der bei uns üblichen Aggregate 10 Tagestonnen
reinen monomeren Vinyläther herstellen.

d) Herstellung von Acetaldehyd über Vinylmethyläther.

Es wurde bereits darauf hingewiesen, daß die leichte Spaltbarkeit
der Vinyläther in saurem Medium zu Acetaldehyd und Alkohol zu
einem technischen Verfahren für die Herstellung von Acetaldehyd geführt hat (*31*). Das Verfahren wird, wie folgendes Formelbild zeigt,
in 2 Stufen ausgeführt:

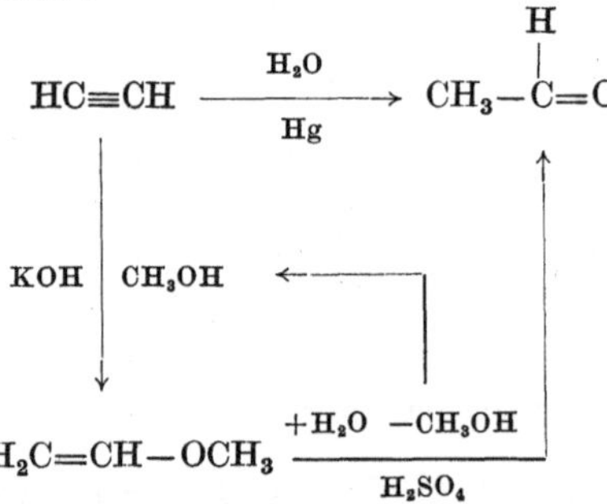

In der ersten Stufe des neuen Verfahrens wird aus Methanol und
Acetylen Vinylmethyläther hergestellt, der dann in der zweiten Stufe
mittels sehr verdünnter Säuren (H_2SO_4 oder H_3PO_4) in Acetaldehyd
und Methanol aufgespalten wird. Methanol und Acetaldehyd werden
durch fraktionierte Destillation (Fraktionierung in mit erwärmter sehr
verdünnter H_2SO_4 betriebenen Rieselkolonnen zur Vermeidung unerwünschter Acetalbildung) getrennt, das in etwa 30%iger wäßriger
Lösung anfallende Methanol aufkonzentriert und von neuem der Vinylierung unterworfen.

Die Vorteile dieses Verfahrens gegenüber dem der direkten Wasseranlagerung an Acetylen in Gegenwart von Quecksilbersalzen bestehen
darin, daß die verhältnismäßig großen apparativen Aufwände für Regene-
rations- und Aufarbeitungsprozesse (laufende Regenerierung der Kon-
taktlösung mit Salpetersäure und der hierbei anfallenden Stickoxyde
zu Salpetersäure, Regenerierung des Quecksilbers und Konzentrierung
des in verdünnter wäßriger Lösung anfallenden Aldehyds) beim neuen
Verfahren nicht erforderlich sind. Ein weiterer Vorteil besteht in der
Vermeidung des gesundheitsschädlichen Quecksilbers, das außerdem
nur schwierig vollständig aus dem Acetaldehyd und seinen Folge-

produkten zu entfernen ist und in erheblicher Menge (2 kg pro t Aldehyd bzw. 4 kg pro t Buna) verloren geht. Das neue Verfahren über Vinyläther hat neben größter Einfachheit in der technischen Ausführung (in 3 nebeneinander stehenden Kolonnen spielt sich der gesamte Prozeß ab) den Vorteil, Acetaldehyd in höchster Reinheit unmittelbar mit hervorragender Ausbeute zu liefern und ohne Anwendung von Quecksilber zu arbeiten. Die Fabrikationsspesen sind unter Berücksichtigung gleicher Produktionsgröße praktisch dieselben wie beim Hg-Verfahren.

In Ludwigshafen wurde in den letzten Jahren Acetaldehyd nach dem Vinyläther-Verfahren technisch gewonnen.

e) Anwendungsgebiet der Polyvinyläther (32).

Die Hauptanwendungsgebiete der Polyvinyläther sind:

> Lackrohstoffe und plastische Massen,
> Klebstoffe,
> Kunstharze,
> Lederschutzmittel,
> Textilhilfsmittel,
> Farben und Imprägniermittel,
> Stockpunktserniedriger.

Nähere Einzelheiten sind aus dem Anhang, Anlage IV, ersichtlich.

Vom wissenschaftlichen Standpunkt interessant ist der Polyvinylmethyläther wegen seiner völligen Mischbarkeit mit Wasser. In dieser Eigenschaft unterscheidet er sich grundsätzlich von den Polyvinyläthern der übrigen einwertigen aliphatischen Alkohole, die in den niederen Gliedern noch alkohol-, aber nicht wasserlöslich sind, während die höheren Glieder (etwa von 4 C-Atomen im Alkylrest aufwärts) nur in höheren Alkoholen, aliphatischen und aromatischen Kohlenwasserstoffen, chlorierten Kohlenwasserstoffen sowie Terpentinöl löslich sind. Bemerkenswert ist der bei 35° liegende reversible Koagulationspunkt der wäßrigen Lösungen des Polyvinylmethyläthers. Oberhalb 35° flockt der Polyvinylmethyläther aus seiner wäßrigen Lösung aus, unterhalb 35° geht er wieder in Lösung. In dieser Hinsicht ist der Polyvinylmethyläther mit der Methylcellulose vergleichbar, deren reversibler Koagulationspunkt bei etwa 80° liegt.

Bei der Entwicklung der verschiedenen Handelsmarken spielt nicht nur die Einhaltung bestimmter Viskositäten eine wichtige Rolle, die ja nach Art und Menge des verwandten Katalysators und der Polymerisationstemperatur einstellbar sind, sondern auch die Wahl des Ausgangsmaterials, wobei oft Gemische der verschiedenen Vinyläther der gemeinsamen Polymerisation unterworfen werden (Mischpolymerisate).

Es ist auch möglich, die monomeren Vinyläther im Gemisch mit anderen polymerisationsfähigen Stoffen, wie Acrylsäureestern, Vinylchlorid usw. zu polymerisieren, wenn man sich der Emulsionspolymerisation bedient. In diesem Falle verläuft die Polymerisation der Vinyläther sogar unter dem Einfluß oxydativ wirkender Katalysatoren. In den so gewonnenen Emulsionen, die eine überragende Bedeutung für die Kunst- und Faserlederindustrie sowie für das Anstrichgebiet besitzen, spielen die polymeren Vinyläther die Rolle nichtflüchtiger Weichmacher, die im Gegensatz zu den üblichen, nur mechanisch beigemengten Weichmachern, wie Trikresylphosphat und Phthalsäureester, im Polymerisat fest verankert sind. Die Mischpolymerisation von Vinyläthern mit anderen polymerisationsfähigen Verbindungen, die als solche nur unlösliche Polymerisate geben, bringt oft den Effekt der Löslichkeitsverbesserung.

Trotz aller bisher erzielten Erfolge steht das Gebiet der Polyvinyläther noch ganz am Anfang seiner Entwicklung. Die weitere systematische Untersuchung der Herstellung und der Anwendungsgebiete, insbesondere die Einbeziehung weiterer technisch leicht zugänglicher Alkohole sowie der Phenole, Naphthole usw. in die Fabrikation und Anwendungstechnik wird zweifellos noch viele wertvolle Beiträge liefern.

Die Fabrikation der Vinyläther hat eine recht beträchtliche Höhe erreicht. Während 1938 nur 55 t produziert wurden, stieg die Fabrikation 1940 auf etwa 2300 t/Jahr, 1941—1944 auf etwa 4000 t/Jahr und erreichte nach vorübergehendem Absinken infolge des Krieges in den letzten Jahren wieder etwa 2000 t/Jahr.

2. Vinylsulfide.

Ähnlich wie die Alkohole lassen sich auch die analogen Schwefelverbindungen wie Merkaptane, Thiophenole, Thionaphthole usw. mit Acetylen glatt und praktisch quantitativ zu den entsprechenden Vinylsulfiden umsetzen:

$$ROH + HC\equiv CH \longrightarrow CH_2{=}CH{-}OR$$
$$RSH + HC\equiv CH \longrightarrow CH_2{=}CH{-}SR$$

Die angewandten Katalysatoren sowie die Versuchsbedingungen sind die gleichen wie bei der Herstellung der Vinyläther (*33*). Auch der Schwefelwasserstoff selbst reagiert lebhaft mit Acetylen unter geeigneten Bedingungen (z. B. in Polyglykollösung und NaSH als Katalysator im Turm unter Atmosphärendruck in der Sumpfphase, wobei ein H_2S-C_2H_2-Gemisch bei etwa 200° hindurchgeleitet wird). Man erhält jedoch nicht das gewünschte Vinylmerkaptan bzw. Divinylsulfid, sondern Äthylmerkaptan, da der H_2S das intermediär entstandene Vinylmerkaptan zu Äthylmerkaptan hydriert. Gleichzeitig treten thiokolartige Substanzen auf infolge Polymerisation intermediär entstandenen Vinylsulfids, und der Katalysator wird nach einiger Zeit infolge Polysulfidbildung (S aus H_2S) unwirksam:

$$HC\equiv CH + H_2S \longrightarrow (CH_2 = CH \cdot SH) \xrightarrow{\ H_2S\ } C_2H_5SH + S \xrightarrow{\ NaHS\ } Na_2S_x$$

$$\downarrow \qquad\qquad\qquad\qquad\quad \downarrow {}^{C_2H_2}$$

$$\text{thiokolartige Substanzen} \qquad\qquad C_2H_5S \cdot CH = CH_2$$

Das entstandene Äthylmerkaptan setzt sich seinerseits zum Teil mit überschüssigem Acetylen zu Vinyläthylsulfid um (*34*). Man hat in dieser Reaktion eine bequeme Methode zur Herstellung von Äthylmerkaptan im Laboratoriumsmaßstab.

Die Vinylsulfide verhalten sich bezüglich Reaktionsfähigkeit (Hydrierung, Spaltung mit verdünnten Säuren, Polymerisation) viel träger als die entsprechenden Vinyläther (*35*). Sie sind Additionsreaktionen nur in geringem Umfang zugänglich (z. B. Addition von Natriumbisulfit und Merkaptanen), zeigen aber nach ihrer oxydativen Überführung mittels Hypochlorit oder Wasserstoffperoxyd in Sulfoxyde oder Sulfone infolge Aktivierung der Vinylgruppe durch den Sulfoxyd- bzw. Sulfonrest bemerkenswerte Additionsfähigkeit gegenüber Natriumbisulfit, Sarkosin und Taurinen (*36*).

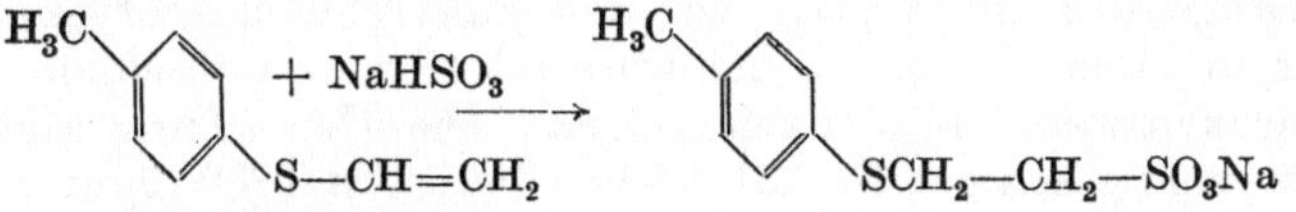

$$H_3C\text{—}C_6H_4\text{—}S\text{—}CH=CH_2 \quad + \text{ NaHSO}_3 \longrightarrow \quad H_3C\text{—}C_6H_4\text{—}SCH_2\text{—}CH_2\text{—}SO_3Na$$

p-Tolylvinylsulfid

$$C_{18}H_{37}\text{—}S\text{—}CH=CH_2 + \text{NaHSO}_3 \longrightarrow C_{18}H_{37}\text{—}S\text{—}CH_2\text{—}CH_2SO_3Na$$

Octodecylvinylsulfid

$$C_{18}H_{37}\text{—}\underset{\underset{O}{\|}}{S}\text{—}CH=CH_2 + NH\text{—}CH_2\text{—}CH_2\text{—}SO_3Na \ (\underset{CH_3}{|}) \longrightarrow$$

Octodecylvinylsulfoxyd   N—Methyltaurin

$$C_{18}H_{37}\text{—}\underset{\underset{O}{\|}}{S}\text{—}CH_2\text{—}CH_2\text{—}\underset{\underset{CH_3}{|}}{N}\text{—}CH_2\text{—}CH_2\text{—}SO_3Na$$

Die Untersuchungen über die Konstitution der genannten Anlagerungsprodukte sind noch nicht abgeschlossen, da die Anlagerung auch unter Ausbildung einer Methyl-Gruppe vor sich gehen kann. Über die Körperklasse der Vinylsulfide kann heute noch kein abschließendes Urteil gegeben werden. Einer technischen Verwertung konnten diese Verbindungen bisher nicht zugeführt werden (*37*).

3. Polyoxystyrole.

Während bei der Einwirkung von Acetylen auf Phenole, Naphthole usw. in Gegenwart von Alkalien als Katalysatoren in flüssiger oder Gasphase Vinyläther gebildet werden (*38*), tritt bei Verwendung von Zn- und Cd-Salzen als Katalysatoren das Acetylen nicht an den Sauerstoff, sondern im Endeffekt (möglicherweise durch Umlagerung des primär gebildeten Vinyläthers nach Art der CLAISENschen Umlagerung) direkt an den Kern unter Bildung von Oxystyrolen, die unter den Reaktionsbedingungen sofort zu harzartigen Produkten polymerisieren (*39*).

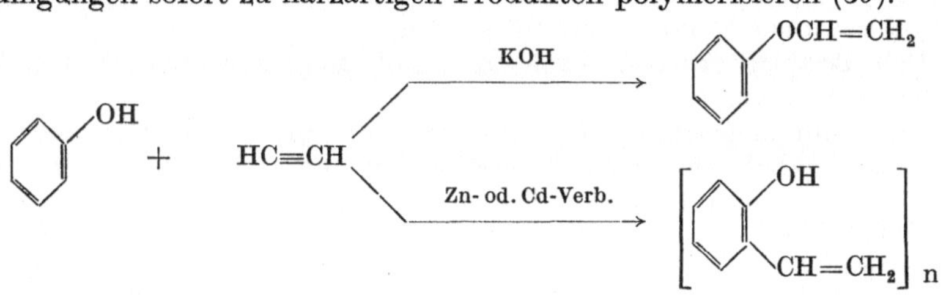

Je nach Art des Ausgangsmaterials und der Menge des angelagerten Acetylens werden Harze von verschiedenen Erweichungspunkten nach KRÄMER-SARNOW und verschiedenen Löslichkeiten erhalten. Besonders leicht lösliche Harze sind durch Anlagerung von Acetylen an Alkylphenole, z. B. p-(tert.)Butyl- und p-Octyl-Phenol, erhältlich, bei denen das molare Verhältnis von Phenolkomponente zu Acetylen bis 1:2 liegen kann. Während die Polyoxystyrole aus unsubstituiertem Phenol noch in Alkohol-Benzol-Mischungen und wäßriger Natronlauge löslich sind, verschwindet die Lauge- und Alkohollöslichkeit mit wachsender Länge des Alkylrestes bei den Alkylphenol-Acetylen-Harzen, die dafür in aliphatischen Kohlenwasserstoffen und trocknenden Ölen eine bemerkenswerte Löslichkeit zeigen. Die Herstellung aller dieser Polyoxystyrole geschieht in Autoklaven bei etwa 180° unter erhöhtem Acetylendruck in diskontinuierlichem und kontinuierlichem Verfahren, wobei die Acetylenharze sofort in verkaufsfähiger Form anfallen.

Die Phenolacetylenharze eignen sich als Lackrohstoffe in Kombination mit trocknenden Ölen und zur Herstellung von Preßmassen (*40, 41*). Insbesondere besitzen die Harze aus Alkylphenolen und Acetylen eine bemerkenswerte Verträglichkeit mit Naturkautschuk und Buna und verleihen dem Buna die ihm mangelnde Klebrigkeit (Koresin) (*42, 43, 44, 45*).

4. Vinylester höherer Fettsäuren.

Bis vor etwa 15 Jahren war es nur möglich, die Vinylester niedermolekularer Fettsäuren, wie Essigsäure, Chloressigsäure und Propionsäure, herzustellen (*46*). Bei höheren Säuren, wie Buttersäure, ergab dieses bekannte Verfahren nur sehr schlechte Ausbeuten und versagte bei Säuren mit mehr als 4 C-Atomen vollständig.

Es gelang nun, im Verfolg unserer Arbeiten über die Druckvinylierung, diese Lücke zu schließen unter Anwendung von Zink- oder Cadmiumsalzen organischer Säuren, insbesondere von den Zinksalzen der umzusetzenden Säuren, aber auch von Zinkacetat, -benzoat, -naphthenat usw. als Katalysatoren. Bei Ausführung der Umsetzung in flüssiger Phase unter Druck lassen sich auch die höheren Säuren mit mehr als vier C-Atomen bis hinauf zur Montansäure, ferner aromatische und hydroaromatische Carbonsäuren, wie Benzoesäure, glatt und mit etwa 90%iger Ausbeute in die Vinylester überführen (*47*). Die Reaktionstemperatur beträgt etwa 180°, so daß über 180° siedende Säuren auch drucklos, z. B. in einem turmartigen Reaktionsraum — wie bei der Vinylätherherstellung bereits beschrieben — in den entsprechenden Vinylester umgewandelt werden können.

Den Reaktionsverlauf kann man sich folgendermaßen vorstellen: (siehe Formel auf S. 17).

Aus dem zugesetzten Katalysator, der im allgemeinen aus dem Zinksalz der betreffenden Carbonsäure besteht und in einfacher Weise durch Zugabe von 1 bis 3% Zinkoxyd, bezogen auf die eingesetzte Carbonsäuremenge, zu der Säure bzw. dem Säuregemisch gebildet wird, entsteht mit Acetylen zunächst ein zinkhaltiges Zwischenprodukt, das

$$2\,R\!-\!COOH + ZnO \longrightarrow \begin{matrix} R\!-\!COO \\ R\!-\!COO \end{matrix}\!\!\Big\rangle Zn + H_2O$$

$$\begin{matrix} R\!-\!COO \\ R\!-\!COO \end{matrix}\!\!\Big\rangle Zn + 2\,C_2H_2 \longrightarrow \begin{matrix} R\!-\!COO\!-\!CH\!=\!CH \\ R\!-\!COO\!-\!CH\!=\!CH \end{matrix}\!\!\Big\rangle Zn$$

$$\begin{matrix} R\!-\!COO\!-\!CH\!=\!CH \\ R\!-\!COO\!-\!CH\!=\!CH \end{matrix}\!\!\Big\rangle Zn + \begin{matrix} H|OOC\!-\!R| \\ H|OOC\!-\!R| \end{matrix} \longrightarrow$$

$$2\,R\!-\!COO\!-\!CH\!=\!CH_2 + Zn\!\!\Big\langle \begin{matrix} OOC\!-\!R \\ OOC\!-\!R \end{matrix}$$

mit überschüssiger Carbonsäure unter Rückbildung des Zinksalzes, das von neuem mit Acetylen wieder in Reaktion treten kann, in dieses und den Vinylester aufgespalten wird. Der geschilderte Reaktionsvorgang wiederholt sich so lange, bis die gesamte Carbonsäure in den Vinylester übergeführt ist.

Die neuen Vinylester können für sich oder in Mischung mit anderen polymerisationsfreudigen Stoffen polymerisiert werden, wofür die Polymerisation in Emulsion besonders geeignet ist.

Besonders bemerkenswert ist der Tallölfettsäurevinylester, der in Ludwigshafen in technischem Maßstab fabriziert wurde und ein sehr interessantes Produkt zur Lösung des Problems der trocknenden Öle darstellt (*48*). Ausgangsmaterial ist das billige Tallöl, das als Nebenprodukt bei der Herstellung der Cellulose nach dem Sulfatzellstoffverfahren zwangsläufig anfällt. Es enthält sowohl die Fettsäuren eines trocknenden Öles (Gemisch von Linol- und Linolensäure) mit etwa 66% und Harzsäuren, vor allem Abietinsäure, mit etwa 34%. Der Tallölfettsäurevinylester ist trotz unserer ausgedehnten Forschungsarbeit auf allen möglichen Gebieten bisher unser bestes Produkt geblieben, das das Leinöl auf dem Druckfarbengebiet ersetzen kann und auch als Schlichtemittel gute Resultate zeigt.

Es bedarf wohl keines besonderen Hinweises, daß das neu erschlossene Gebiet der höheren Vinylester, das ebenfalls noch völlig im Entwicklungsstadium steckt, mit Rücksicht auf die vielen Variationsmöglichkeiten der Ausgangsmaterialien, der Polymerisation und der Mischpolymerisation noch zu weiteren wertvollen Resultaten führen wird (*49*).

5. Vinylamine.

Erhebliches Interesse beanspruchen die Vinylamine, die — wie wir fanden — durch unmittelbare Anlagerung von Acetylen an Amine hergestellt werden können. Auch hier wird zweckmäßig mit Acetylen unter Druck gearbeitet, wobei als Katalysatoren Alkalien, Zink- und Cadmiumoxyd bzw. deren Salze organischer Säuren oder Gemische der genannten Katalysatoren, evtl. unter Zusatz von Pyridin- oder Chinolin-Basen, zur Anwendung kommen. Die Vinylierung der primären und sekundären aliphatischen Amine hat infolge der außerordentlichen

Unbeständigkeit dieser Körperklasse bisher noch zu keinem technischen Erfolg geführt, hingegen entstehen bei der Vinylierung solcher cyclischer Amine, die den Pyrrolkern enthalten, wie Pyrrol, Indol und Carbazol, gut definierte N-Vinylverbindungen (*50*). Auch Imidazole, wie Benzimidazol (*51*) und sekundäre aromatische Amine, bei denen das am Stickstoff sitzende Wasserstoffatom durch Substitution der beiden übrigen Ammoniakwasserstoffatome durch Phenyl- oder Naphthylreste besonders reaktionsfähig geworden ist, bilden stabile N-Vinylverbindungen. Hier sind zu nennen: N-Vinyldiphenylamin, N-Vinyl-α-phenylnaphthylamin und N-Vinyl-β-phenylnaphthylamin (*52*). Technische Bedeutung hat bisher nur der stabilste und am leichtesten und billigsten zugängliche Vertreter dieser Körperklasse, das N-Vinylcarbazol, erlangt:

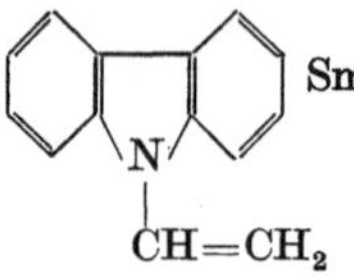

$$\text{Smp. } 64°$$

Die Vinylierung des Carbazols, z. B. in einer Suspension von Hexahydroxylol, erfolgt bei 180° mit Acetylen unter erhöhtem Druck außerordentlich glatt in kurzer Zeit bei praktisch quantitativen Ausbeuten. Man kann diese Reaktion als ein Musterbeispiel für die „Vinylierung" bezeichnen.

Die Vinylamine addieren leicht Wasserstoff und Mercaptoverbindungen (*53*). Gegenüber Sauerstoff sind sie mit wenigen Ausnahmen (z. B. N-Vinylcarbazol) recht empfindlich; mit verdünnten Säuren werden sie in Amin und Acetaldehyd gespalten.

Die wichtigste Reaktion der N-Vinylverbindungen ist ihre Polymerisation, die bisher nur bei dem N-Vinylcarbazol genau studiert wurde (*54*). Die Polymerisation der N-Vinylverbindungen erfolgt leicht durch einfaches Erhitzen oder bei Zusatz kleiner Mengen sauer oder oxydisch wirkender Katalysatoren. Die Polymerisation kann sowohl mit Borfluorid als auch mit Peroxyden, wie Wasserstoffperoxyd, Benzoylperoxyd usw., ausgelöst werden. Alle diese Maßnahmen führen jedoch beim N-Vinylcarbazol nicht zu technisch irgendwie verwertbaren Produkten. Brauchbare Ergebnisse wurden hier erst bei Anwendung einer grundsätzlich neuen Polymerisationsmethode, der alkalisch-oxydativen Suspensionspolymerisation, erhalten. Nach erfolgter Polymerisation und üblicher Reinigung des Polymerisats kann das Produkt unmittelbar nach dem Spritzverfahren auf Spritzgußartikel oder nach erfolgter Vororientierung bei 200° unter gleichzeitigem Recken und Abkühlen in der Strangpresse auf Preßmassen verarbeitet werden. Die stark einseitig vororientierte faserige Preßmasse, die ein deutliches Faserdiagramm zeigt, kann nach den bei härtbaren Harzen gebräuchlichen Preßverfahren unter Hitze und Druck zu Preßkörpern verschweißt werden. Die erhaltenen Preßlinge bleiben jedoch zum Unterschied von den Bakeliten thermoplastisch. Polyvinylcarbazol (Luvican) zeichnet sich vor allen Kunststoffen durch sehr hohe Wärmebeständigkeit (Martenszahl 150), hervorragende elektrische Eigenschaften und Kriechstromfestigkeit aus (*55*).

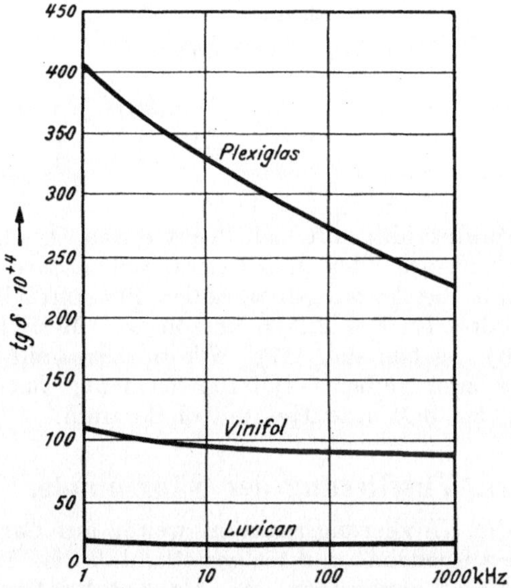

Abb. 3. Frequenzabhängigkeit des Verlustfaktors nach F. H. MÜLLER, Ergebnisse der exakten Naturwissenschaften Band 17, 218 (1938), Elektrotechn. Z. 59, 1181 (1938).

6. Vinylierung des Ammoniaks.

Die Vinylierung des Ammoniaks zu Vinylamin bzw. Äthylenimin hat sich bisher noch nicht verwirklichen lassen. Während nach Angaben der Literatur aus Ammoniak und Acetylen nur komplexe Gemische von Pyridin-Basen erhältlich sind — es existiert allerdings auch ein Verfahren zur Herstellung von Acetonitril durch Überleiten von Acetylen-Ammoniak-Gemischen bei etwa 400° über $ZnO\text{-}Al_2O_3$-Katalysatoren — fanden wir, daß sich unter Einsatz bestimmter Katalysatoren (komplexe Co- und Ni-Salze) bei verhältnismäßig gelinden Bedingungen (Temperaturen um 100° C, Arbeiten in wäßriger Phase unter erhöhtem Acetylendruck) aus Ammoniak und Acetylen in guter Ausbeute 2-Methyl-5-äthylpyridin gewinnen läßt (*56*).

Als intermediäres Zwischenprodukt ist wohl Vinylamin anzunehmen, das sich unter Abspaltung von Ammoniak zu 2-Methyl-5-äthylpyridin kondensiert.

Auch aus Ammoniak und Vinyläthern als Acetylenlieferanten läßt sich in flüssiger Phase bei hohem Druck (etwa 200 atü) und hohen Temperaturen (etwa 200°) bei Verwendung von Cu-Katalysatoren (Cu-Phosphat, Ti-Phosphat auf Träger) 2-Methyl-5-äthylpyridin herstellen:

2*

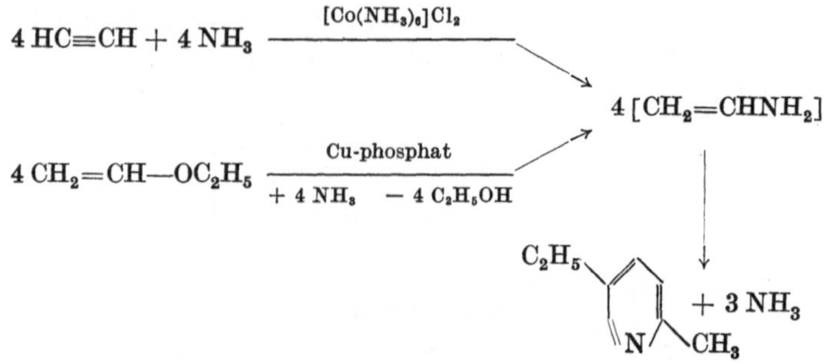

$$4\,HC\!\equiv\!CH + 4\,NH_3 \xrightarrow{\;[Co(NH_3)_6]Cl_2\;}$$

$$4\,CH_2\!=\!CH\!-\!OC_2H_5 \xrightarrow[+\ 4\,NH_3\quad -\ 4\,C_2H_5OH]{Cu\text{-phosphat}}$$

$$4\,[CH_2\!=\!CHNH_2]$$

$$+\ 3\,NH_3$$

2-Methyl-5-äthylpyridin läßt sich leicht durch Oxydationsmittel in 2,5-Pyridindicarbonsäure oder in 3-Pyridincarbonsäure (Nikotinsäure) überführen, womit die Ausgangsmaterialien für eine Nikotin-Synthese (N-Methylpyrrolidon ist aus Butyrolaceton und Methylamin ebenfalls leicht zugänglich) gegeben sind (57). Nikotinsäureamid ist Bestandteil des Cofermentes zum gelben Oxydationsferment; das entsprechende Diäthylamid ist das bekannte Herzmittel Coramin.

7. Vinylierung der Säureamide.

Wir haben die Vinylierungsreaktion weiter auf Carbonsäure- und Sulfosäureamide ausgedehnt und festgestellt, daß die Vinylierung auch auf diese Stoffklasse anwendbar ist. Als Katalysatoren dienen hier ihre Alkaliverbindungen (58). Im übrigen sind die Reaktionsbedingungen ähnlich (Druck und Temperatur) wie bei der Vinylierung des Carbazols:

$$CH_3\!-\!CO\!-\!NH\!-\!CH_3 \xrightarrow{HC\equiv CH} CH_3\!-\!CO\!-\!\underset{\underset{CH_3}{|}}{N}\!-\!CH\!=\!CH_2$$

N-Vinyl-N-methyl-acetamid

$$CH_3\!-\!CO\!-\!NH\!-\!C_6H_5 \xrightarrow{HC\equiv CH} CH_3\!-\!CO\!-\!\underset{\underset{C_6H_5}{|}}{N}\!-\!CH\!=\!CH_2$$

N-Vinyl-N-phenyl-acetamid

$$C_6H_5\!-\!CO\!-\!NH\!-\!C_6H_5 \xrightarrow{HC\equiv CH} C_6H_5\!-\!CO\!-\!\underset{\underset{C_6H_5}{|}}{N}\!-\!CH\!=\!CH_2$$

N-Vinyl-N-phenyl-benzamid

Von großer Wichtigkeit ist die Vinylierung der Lactame (59), der cyclischen Säureamide, insbesondere der Pyrrolidone (60).

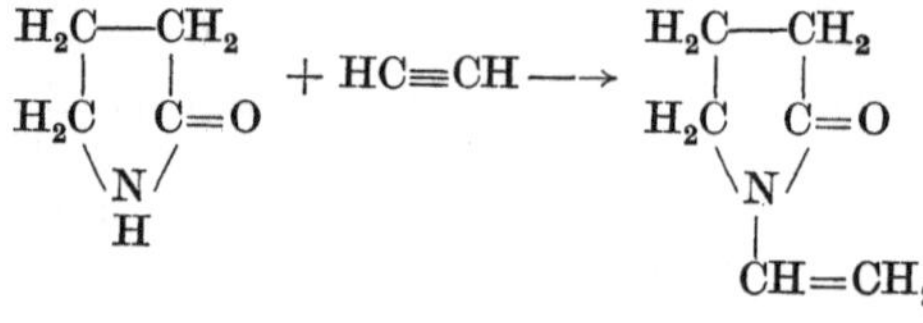

Das so erhältliche N-Vinylpyrrolidon ist nach den verschiedenen Polymerisationsmethoden *(61)* leicht zu Polymeren beliebiger Kettenlängen polymerisierbar, die auf Grund ihrer Löslichkeit sowohl in Wasser als auch in vielen organischen Lösungsmitteln den verschiedensten Verwendungszwecken zugeführt werden können (Rohstoffe für Klebemittel, Bindemittel in der Film-, Reproduktions- und Anstrichtechnik, Verdickungsmittel für Emulsionen und Lösungen). Auch in der Appretur von Papier, Fasern und Stoffen geben die Polyvinylpyrrolidone besondere Effekte.

Eine wichtige Anwendung findet das niederviskose Polyvinylpyrrolidon vom k-Wert 30 in 3,5%iger Lösung als Blutersatzflüssigkeit (Periston) *(62)*. Die Vorteile des Peristons gegenüber der Blutkonserve liegen darin, daß man bei ihrer Verwendung von der Blutgruppe unabhängig ist, und daß diese Lösungen praktisch unbegrenzt auch ohne Kühlung haltbar sind.

Es hat darüber hinaus ausgezeichnete Depot-Wirkung für viele Medikamente.

An die Doppelbindung des N-Vinylpyrrolidons lassen sich Phenole und Säureamide anlagern, wobei interessante Zwischenprodukte erhalten werden *(63, 64)*.

8. Quaternäre Vinylammonium-Verbindungen.

Neuere Arbeiten zeigten, daß auch tertiäre Amine, und zwar ganz allgemein, bei Anwesenheit von Wasser mit Acetylen oder Acetylenderivaten unter Druck bereits unter gelinden Bedingungen (60° C auch ohne Anwendung von Katalysatoren) außerordentlich glatt reagieren unter Bildung von quaternären Vinylammonium-Verbindungen. Im einfachsten Fall entsteht aus einer wäßrigen Lösung von Trimethylamin mit Acetylen unter Druck bei etwa 60° C praktisch quantitativ Neurin *(65)*. In analoger Weise reagieren die Salze der tertiären Basen unter Bildung der Salze der entsprechenden quaternären Vinylammonium-Verbindungen:

$$(CH_3)_3N + HC\equiv CH + H_2O \longrightarrow (CH_3)_3\overset{|}{N}-CH=CH_2$$
$$\overset{|}{OH}$$

Trimethyl-vinyl-ammonium-hydroxyd (Neurin)

$$(CH_3)_3N \cdot HCl + HC\equiv CH \longrightarrow (CH_3)_3\overset{|}{N}-CH=CH_2$$
$$\overset{|}{Cl}$$

Trimethylamin-   Trimethylvinyl-
chlorhydrat   ammoniumchlorid

$$+ HC\equiv CH + H_2O \longrightarrow$$

N-Äthyl-pyrrolidin   N-Äthyl-N-Vinyl-pyrrolidinium-hydroxyd

Durch Hydrierung, z. B. durch katalytische Hydrierung mit Ni-Katalysatoren, entstehen die entsprechenden gesättigten quaternären Ammoniumverbindungen. Diese Reaktion eröffnet eine einfache Möglichkeit zur Darstellung freier quaternärer Ammoniumbasen, deren Gewinnung bisher kostspielig und mühsam war. Durch Anwendung von Acetylenderivaten (Methyl-, Äthyl-, Vinyl-, Phenyl- und Diacetylen) lassen sich anstelle des Äthyl-Restes, der stets bei der Hydrierung der Vinylgruppe entsteht, beliebige andere Reste, z. B. Propyl-, Butyl-, Phenyl-Reste usw. in die quaternären Ammoniumverbindungen einführen.

9. Schlußbemerkungen.

Wie bereits einleitend in der Definition der „Vinylierung" betont wurde, und wie auch aus den in diesem Abschnitt dargelegten Reaktionen zu ersehen ist, tritt das Acetylen mit einem seiner Kohlenstoff-Atome unter Vermittlung eines Heteroatoms wie O, S oder N an das Kohlenstoffgerüst des Reaktionspartners heran, wobei die Dreifachbindung des Acetylens zur Vinylgruppe aufgerichtet wird. Die substituierten Acetylene reagieren, soweit sie noch eine freie Methingruppe besitzen, in derselben Weise. Diese Art der „Vinylierung" könnte eigentlich als „Heterovinylierung" bezeichnet werden im Gegensatz zur „Kohlenstoff- oder C-Vinylierung", bei der das Acetylen eine direkte C—C-Bindung mit dem Kohlenstoff-Gerüst seines Reaktionspartners unter Bildung einer Vinylgruppe eingeht, z. B. im Falle der Bildung des Styrols aus Acetylen und Benzol:

$$\text{Benzol} + HC\equiv CH \longrightarrow C_6H_5{-}CH{=}CH_2$$

Derartige „C-Vinylierungen" sind jedoch nur in wenigen Fällen bekannt bzw. verwirklicht worden.

Die Vinylacetylenbildung nach NIEUWLAND (*66, 67*) aus 2 Molekülen Acetylen kann als „Kohlenstoff-Vinylierung" (*68*) des Acetylens mit sich selbst aufgefaßt werden:

$$HC\equiv CH + HC\equiv CH \longrightarrow CH_2{=}CH{-}C\equiv CH$$

Auch die Bildung von Acrylnitril (*69*) aus Acetylen und Blausäure kann als „C-Vinylierung" angesehen werden:

$$HC\equiv CH + HC\equiv N \longrightarrow CH_2{=}CH{-}C\equiv N$$

Es gelang bisher nicht, die „C-Vinylierung" allgemein wie die „Heterovinylierung" durchzuführen.

Unsere Versuche zur Substitution von saurem, durch Alkalimetall vertretbarem Wasserstoff, der unmittelbar an Kohlenstoff gebunden ist, durch die Vinylgruppe, bedürfen noch weiterer Bearbeitung. Es wurde, z. B. bei Inden, Fluoren und Cyclopentadien, denen die entsprechenden Alkaliverbindungen als Katalysatoren zugesetzt wurden, wohl erhebliche Acetylenaufnahmen beobachtet, jedoch konnten bisher nur in einigen Fällen geringe Mengen der entsprechenden monomeren Vinylverbindungen infolge eintretender Polymerisation isoliert werden. Phenylnatrium (aus Chlorbenzol und metallischem Natrium) und ähnliche metallorganische Verbindungen sowie gewisse Alkalimetall-Kohlenwasserstoff-Additionsprodukte, z. B. Naphthalindinatrium, konnten mit Acetylen nicht zur Reaktion gebracht werden. Keto-Enol-Tautomerie zeigende Verbindungen, wie Acetessigester, Benzoylessigester, Oxalessigester, Terephthaloylessigester, Malonester, reagieren leicht unter Acetylenaufnahme, ergaben jedoch bisher keine einheitlichen Reaktionsprodukte. Weitere Substanzen dieser Art, wie z. B. Acetylaceton, Barbitursäure, die Pyrazolone usw., sowie ganz allgemein Verbindungen mit beweglichen Methylen-Wasserstoff-Atomen, z. B. Benzylcyanid, Cyanessigester, harren noch der Bearbeitung.

Die weitere Bearbeitung der „C-Vinylierung", insbesondere die Vinylierung der Kohlenwasserstoffe, bietet somit noch ein weites Feld chemisch-technischer Forschung.

II. Äthinylierung.

Im ersten Kapitel wurde über eine Reihe von Reaktionen des Acetylens berichtet, die unter dem gemeinsamen Begriff der „Vinylierung" zusammengefaßt sind. Im Jahre 1937 wurde nun eine ganze Gruppe grundlegender Reaktionen des Acetylens gefunden, deren gemeinsames Merkmal darin besteht, daß hier im Gegensatz zu den oben beschriebenen „Vinylierungen" das Acetylen *unmittelbar* an das Kohlenstoffgerüst des Reaktionspartners unter Bildung einer neuen C—C-Bindung und Aufrechterhaltung der Dreifachbindung herantritt.

Diese Reaktionsgruppe ist unter dem Namen „Äthinylierung" zusammengefaßt worden. Es lagert sich hierbei entweder der Methinwasserstoff des Acetylens an Carbonylgruppen von Aldehyden oder Ketonen an, oder es erfolgt Austritt der Elemente des Wassers aus dem Wasserstoff der Methingruppe und „labilen" OH-Gruppen des Reaktionspartners. Sind mehrere Methingruppen in den Acetylenen enthalten, wie z. B. im Acetylen selbst oder im Diacetylen, so kann die „Äthinylierung" auch doppelseitig erfolgen. Im Falle mehrwertiger Aldehyde oder Ketone kann die „Äthinylierung" ein- oder mehrfach eintreten. Grundsätzlich sind drei Reaktionstypen der bei der „Äthinylierung" entstehenden Verbindungen zu unterscheiden:

1. *Propargylamine* und substituierte Propargylamine (Aminopropine)
aus Alkylolaminen,

2. *Aminobutine* aus Aminen,

3. *Alkinole* bzw. *Alkindiole* aus Aldehyden bzw. Ketonen.

Einzelne der nach den Reaktionen 1 und 3 herstellbaren Substanzen
sind zwar aus der Literatur bekannt, doch handelt es sich hierbei in
allen diesen Fällen um sehr kostspielige, keineswegs leicht zu hand-
habende Verfahren. Sie stellen komplizierte stöchiometrische Arbeitsweisen dar. Dementsprechend blieben die nach diesen Verfahren hergestellten Aminopropine und Alkinole seltene Laboratoriumspräparate.

Das charakteristische Merkmal dieser allgemein anwendbaren „Äthinylierung", durch die eine Vielzahl organischer Verbindungen leicht
zugänglich wurde, ist darin zu erblicken, daß alle hierunter fallenden
Reaktionen durch Einsatz neuartiger Reaktionsvermittler der gleichen
Katalysatorgruppe ermöglicht werden, nämlich durch die Schwermetallacetylide der ersten Nebengruppe des Periodischen Systems, wie
Kupfer, Silber, Gold sowie Quecksilber. Geeignet sind ferner alle Verbindungen dieser Metalle, die unter den Reaktionsbedingungen in Acetylide überzugehen vermögen. Schließlich sind auch die fein verteilten
Metalle selbst zu dieser Reaktion befähigt. Für die praktische Durchführung hat sich vor allem das Acetylenkupfer bewährt. Zwecks Erzielung eines möglichst quantitativen Umsatzes empfiehlt es sich auch
hier, mit Acetylen unter Druck zu arbeiten, doch tritt die Reaktion bei
den Homologen, Derivaten und Substitutionsprodukten des Acetylens
infolge ihrer höheren Siedepunkte in erheblichem Umfange bereits ohne
Anwendung von Druck ein.

1. Propargylamine
und ihre Substitutionsprodukte.

Von den oben aufgezählten Äthinylierungsreaktionen wurde zunächst
die Umsetzung von Alkylolaminen mit Acetylen zu substituierten Propargylaminen aufgefunden. Aus den Arbeiten von MANNICH und
CHANG (*71*) sowie von COFFMANN (*72*) ist bekannt geworden, daß Phenylacetylen bzw. Vinylacetylen sich mit Alkylolaminen in Dioxanlösung
beim einfachen drucklosen Erhitzen unter Wasseraustritt zu Propargylaminen umsetzt. Dieses Verfahren ist — auch beim Arbeiten unter
Druck — auf Acetylen nicht anwendbar. Die Wasserstoffatome des
Acetylens sind im Gegensatz zu dem durch die Phenyl- oder Vinylgruppe aktivierten Methinwasserstoff des Phenyl- und Vinylacetylens
zu wenig aktiv, um mit der „labilen" Hydroxylgruppe des Alkylolamins
unter Wasseraustritt zu reagieren. Aktiviert man jedoch die Wasserstoffatome des Acetylens mit Acetylenkupfer als Katalysator, so tritt
in glatter Reaktion teilweise schon bei Zimmertemperatur die Bildung
von Propargylaminen bzw. substituierten Propargylaminen ein (*73*).

Umsetzung von Acetylen mit Aldehyd- bzw. Ketonaminen.

$$R_1 \backslash NH + O = C \diagup R_3$$
$$R_2 \diagup \qquad \diagdown R_4$$

$$R_1 \backslash N{-}C{-}\boxed{OH + H}C{\equiv}CH$$
$$R_2 \diagup$$

Dialkylamino-propine　　　Tetraalkyldiamino-butine

Zum Beispiel entsteht aus Dimethyl-methylolamin (aus Dimethylamin
und Formaldehyd) schon bei 25° in praktisch quantitativer Ausbeute
das Dimethylpropargylamin neben wenig Tetramethyldiaminobutin.
Die bisher auf diese Weise hergestellten Propargylamine sind aus der
Anlage V im Anhang ersichtlich.

Die Umsetzungen zwischen Acetylen und Alkylolaminen, die in
flüssiger Phase durchgeführt werden, treten in vielen Fällen schon bei
Zimmertemperatur ein, in anderen Fällen genügt mäßiges Erwärmen
auf Temperaturen von 40—60° C. Das Acetylen wird zweckmäßig unter
erhöhtem Druck angewandt.

Wie schon erwähnt, sind diese Äthinylierungsreaktionen aber nicht
nur auf das Acetylen selbst, sondern auch auf alle seine noch ein saures
Methinwasserstoffatom besitzenden Derivate und Substitutionsprodukte
anwendbar. Aus der Fülle der Reaktionen sei hier nur die zwischen
Butin-3-ol-2 (nach der Alkinolsynthese aus Acetylen und Acetaldehyd
erhältlich) und Diäthylmethylolamin (aus Diäthylamin und Formaldehyd) herausgegriffen, die in essigsaurer Lösung mit Kupferacetylid
bzw. Butinolkupfer als Katalysator praktisch quantitativ verläuft (*74*):

$$CH_3{-}CHOH{-}C{\equiv}C\,\vdots\,H + HO\,\vdots\,CH_2{-}N(C_2H_5)_2$$

$$CH_3{-}CHOH{-}C{\equiv}C{-}CH_2{-}N(C_2H_5)_2$$
$$\downarrow H_2$$
$$CH_3{-}CHOH{-}CH_2{-}CH_2{-}CH_2{-}N(C_2H_5)_2$$
5-Diäthylamino-pentanol-2

$$\downarrow NH_3$$
$$CH_3{-}CH{-}CH_2{-}CH_2{-}CH_2{-}N(C_2H_5)_2$$
$$NH_2$$
Diäthylaminoisopentylamin

Das durch Hydrierung aus dem nach der obigen Umsetzung gebildeten 1-Diäthylaminopentin-2-ol-4 entstandene 1-Diäthylaminopentanol-4 ist das Zwischenprodukt für die Herstellung des Plasmochins, aus dem dieses wichtige Malariamittel (Gametenmittel) durch Kondensation mit 6-Methoxychinolin entsteht. Das 1-Diäthylaminopentanol-4 bzw. das 1-Diäthylaminopentylamin-4 sind aus den genannten Aminoalkoholen leicht erhältlich und Bausteine für das Malariamittel Atebrin (Schizontenmittel) (75).

2. Aminobutine.

Zu Körpern ähnlicher Konstitution gelangte man durch unmittelbare Umsetzung von Aminen mit Acetylen unter Druck bei Gegenwart von Schwermetallacetyliden als Katalysatoren (76).

Es wurde bereits darauf hingewiesen, daß Amine mit Acetylen unter dem katalytischen Einfluß von Alkalien, Erdalkalien, Zink- oder Cadmiumverbindungen zu N-Vinylverbindungen reagieren können. Schwermetallacetylide, insbesondere das Kupferacetylid, vermögen nun über das vermutlich primär gebildete Vinylamin hinaus ein zweites Molekül Acetylen unter Bildung von substituierten 2-Aminobutinen anzulagern, wie das folgende Schema zeigt:

Anlagerung von Acetylen an Amine

$$\begin{array}{c} R_1 \\ \diagdown \\ \diagup \\ R_2 \end{array} NH + HC\equiv CH$$

$$\downarrow$$

$$\left[\begin{array}{c} R_1 \\ \diagdown \\ \diagup \\ R_2 \end{array} N-CH=CH_2 \right]$$

$$\downarrow HC\equiv CH$$

$$\begin{array}{c} R_1 \\ \diagdown \\ \diagup \\ R_2 \end{array} N-\underset{\underset{CH_3}{|}}{CH}-C\equiv CH$$

Dialkylaminobutine

Eine Reihe der bisher nach dieser Reaktion dargestellten Aminobutine zeigt die im Anhang aufgeführte Anlage VI. Das Dimethyl-amino-2-butin-3 kann also nach folgenden zwei Arbeitsweisen aufgebaut werden, wobei infolge Identität der beiden Reaktionsprodukte die Bildung von Aminobutinen bei der Einwirkung von Acetylen auf Amine in Gegenwart von Kupferacetylid sichergestellt ist (77, 78) (s. Formel auf S. 27).

Die Propargylamine und Aminobutine können ihrerseits wieder, da sie ja Acetylenderivate sind, den bekannten Acetylenreaktionen unterworfen werden. So lassen sich u. a. Wasser, Halogenwasserstoff, Blausäure usw. anlagern (79). Sie können weiterhin der partiellen und erschöpfenden Hydrierung, sowie der Umsetzung mit Alkoholen zu Vinyläthern unterworfen werden, wie überhaupt mit diesen Substanzen die ganze Chemie der Vinylierungsreaktionen durchgeführt werden kann.

$$CH_3-\overset{\overset{\displaystyle H}{|}}{C}=O \ + \ \overset{\overset{\displaystyle H}{|}}{N}(CH_3)_2 \qquad\qquad (CH_3)_2NH \ + \ HC\equiv CH$$

$$CH_3-\overset{\overset{\displaystyle H}{|}}{\underset{\underset{\displaystyle OH}{|}}{C}}-N(CH_3)_2 \qquad\qquad [(CH_3)_2N-CH=CH_2]$$

$$CH_3-CH-C\equiv CH$$
$$\underset{N(CH_3)_2}{|}$$

Auf diese Weise ist eine fast unübersehbare Mannigfaltigkeit neuer Substanzen zugänglich geworden, unter denen bereits einige technische Bedeutung erlangt haben und viele noch eine solche finden werden.

Bemerkenswert ist die katalytische Umlagerungsmöglichkeit der Aminobutine in die entsprechenden 2-Aminobutadiene, die sich bisher allerdings nur in der aromatischen Reihe mit guten Ausbeuten verwirklichen ließ (*80*).

3. Alkinole und Alkindiole aus Aldehyden.

Wesentlich größeres Interesse beansprucht jedoch die Anlagerung von Acetylen an Aldehyde, die im September 1937 nach langen Bemühungen endlich gelang. Sie wurde durch folgerichtige Anwendung des Acetylenkupfer-Kontaktes, der sich bei der Herstellung der Propargylamine und Aminobutine bewährt hatte, auf die gesuchte Reaktion zwischen wäßrigem, etwa 30%igem Formaldehyd und gasförmigem Acetylen ermöglicht.

Die Anlagerung von Aldehyden an Acetylen kann, wie folgendes Schema zeigt, sowohl einseitig wie doppelseitig erfolgen:

Anlagerung von Acetylen an Aldehyde

$$R-\overset{\overset{\displaystyle H}{\diagup}}{C}=O \ + \ HC\equiv CH \longrightarrow$$

$$\longrightarrow R-\underset{\underset{\displaystyle OH}{|}}{CH}-C\equiv CH \qquad \text{Alkinol}$$

$$\longrightarrow R-\underset{\underset{\displaystyle OH}{|}}{CH}-C\equiv C-\underset{\underset{\displaystyle OH}{|}}{CH}-R \qquad \text{Alkindiol}$$

Es ist nun aus den Arbeiten von JOZITSCH, DUPONT und LESPIEAU (*81*) bekannt, daß aus Aldehyden und Acetylenmagnesiumbromid in organischen Lösungsmitteln — beim Formaldehyd mußte von Paraformaldehyd ausgegangen werden — die entsprechenden Alkinole und Alkindiole in geringen Ausbeuten erhältlich sind. Diese Methode erlaubte jedoch keine praktische Darstellung dieser Körper in größeren Mengen; an eine technische Verwendung der sehr interessanten und reaktionsfähigen Verbindungen war daher nicht zu denken. Die Substanzen fristeten infolgedessen ein beschauliches Dasein in der Literatur.

Durch Einsatz der Schwermetallacetylide, insbesondere des Acetylenkupfers, ist es gelungen, den Umweg über die Grignard-Verbindungen, die ja bekanntlich nur einen Umsatz *in stöchiometrischen Mengenverhältnissen* gestatten, zu vermeiden und Alkinole und Alkindiole *nach einem allgemein anwendbaren katalytischen Verfahren* herzustellen (*82*). Zwecks Erzielung eines möglichst quantitativen Umsatzes ist es wichtig, mit Acetylen unter Druck zu arbeiten. Die Reaktionstemperaturen liegen bei etwa 100° C, der Druck bei 5 atü und darüber, je nach Art des verwandten Aldehyds.

Es war sofort klar, daß hier eine Reaktion vorlag, die einen großen Teil der aliphatischen Chemie auf eine ganz neue Basis stellen konnte. Die leichte Zugänglichkeit des Butindiols-1,4 z. B. eröffnete nicht nur den Weg für eine neue Butadien-Synthese, sondern rückte auch sofort alle sich hieran anschließenden Folgereaktionen in das Blickfeld technischer Verwertungsmöglichkeit. Da sich ferner bald herausstellte, daß außer Formaldehyd auch andere technisch leicht zugängliche Aldehyde, wie Acetaldehyd, Propionaldehyd, n-Butyraldehyd usw. in analoger Weise (ein- und doppelseitiger Umsatz) zu reagieren vermögen, daß ferner auch einseitig substituierte Acetylene und Diacetylen sich ähnlich verhalten, so zeichneten sich hier sofort ungeahnte technische Möglichkeiten für diese neuen Alkinol-Synthesen und ihre anschließenden Umsetzungen ab.

Es wurde bereits darauf hingewiesen, daß die Umsetzung von Acetylen mit Aldehyden einseitig oder doppelseitig erfolgen kann. Hierfür sind in erster Linie die Reaktionsbedingungen maßgebend. Bei der Einwirkung von Acetylen auf wäßrigen Formaldehyd fanden wir bevorzugt Butin-2-diol-1,4 als Erzeugnis (92% Butindiol neben 5—6% Propargylalkohol). Den Anteil an Propargylalkohol konnten wir erheblich steigern, indem wir die Acetylenkonzentration erhöhten, einmal durch Verwendung von Tetrahydrofuran als Lösungsmittel und ferner durch Steigerung des Acetylendrucks. Durch beide Maßnahmen wird die einseitige Anlagerung begünstigt.

Bei höheren Aldehyden nimmt die Bildungstendenz der Alkindiole mit steigendem Molekulargewicht ab.

Vom Vinylacetylen (*83*) ausgehend, gelangt man zu Acetylenalkoholen, die neben der Dreifachbindung noch eine Doppelbindung enthalten. Einwertige Acetylenalkohole, hergestellt durch einseitige Umsetzung von Acetylen mit Aldehyden reagieren mit einem weiteren Molekül Aldehyd zu Alkindiolen (*84*), z. B. Propargylalkohol mit Formaldehyd zu Butin-2-diol-1,4.

Auch unsymmetrische Acetylenalkohole sind auf diese Weise gewinnbar,

$$R_1-\overset{\overset{\displaystyle H}{\diagup}}{C}=O + HC\equiv CH \longrightarrow R_1-\underset{\underset{\displaystyle OH}{|}}{CH}-C\equiv CH$$

$$R_1-\underset{\underset{\displaystyle OH}{|}}{CH}-C\equiv CH + R_1-\overset{\overset{\displaystyle H}{\diagup}}{C}=O \rightarrow R_1-\underset{\underset{\displaystyle OH}{|}}{CH}-C\equiv C-\underset{\underset{\displaystyle OH}{|}}{CH}-R_1$$

symmetrisches Alkindiol

$$R_1-\underset{\underset{\displaystyle OH}{|}}{CH}-C\equiv CH + R_2-\overset{\overset{\displaystyle H}{\diagup}}{C}=O \rightarrow R_1-\underset{\underset{\displaystyle OH}{|}}{CH}-C\equiv C-\underset{\underset{\displaystyle OH}{|}}{CH}-R_2$$

unsymmetrisches Alkindiol

z. B. entsteht aus Propargylalkohol und Acetaldehyd im Sinne der Gleichung

$$HC\equiv C-CH_2OH + CH_3-\overset{\overset{\displaystyle H}{\diagup}}{C}=O \longrightarrow CH_3-\underset{\underset{\displaystyle OH}{|}}{CH}-C\equiv C-CH_2OH$$

das Pentin-3-diol-2,5.

In langen und mühevollen Versuchsreihen haben wir die Bedingungen für die gefahrlose Handhabung des Acetylenkupfers festgestellt und unter Einsatz der modernsten Methoden (röntgenographische Untersuchungen der Kontakte, oscillographische Bestimmung der Explosionsgrenzen unter Druck stehenden Acetylens unter den Reaktionsbedingungen in Gegenwart von Acetylenkupfer[1], reaktionskinetische Untersuchungen des Reaktionsverlaufes usw.) die Bedingungen ermittelt, unter denen die Reaktion völlig gefahrlos verläuft und in den großtechnischen Maßstab übertragen werden konnte.

Für die Herstellung des Kupferacetylid-Katalysators ist es grundsätzlich gleichgültig, aus welchen Kupferverbindungen das Kupferacetylid hergestellt wurde. Es ist auch von untergeordneter Bedeutung für das Gelingen der Alkinolsynthese, ob es als solches gesondert hergestellt dem Reaktionsansatz zugegeben wird oder ob es sich während der Reaktion erst bildet. Wir haben Kupferacetylide aus zahlreichen anorganischen und organischen Kupferverbindungen hergestellt und dabei festgestellt, daß es gleichgültig ist, ob man von Kupfer(I)- oder Kupfer(II)-Verbindungen ausgeht, da sich unter den Reaktionsbedingungen infolge der Anwesenheit eines Aldehyds stets Kupfer(I)-acetylid bildet. Selbst so schwer lösliche und reaktionsträge Verbindungen, wie Kupfer(II)-sulfid, tert. Kupfer(II)-phosphat, Kupfer(I)-jodid, Kupfer(I)-cyanid, ja metallisches Kupfer selbst, setzen sich unter den Reaktionsbedingungen allmählich in Acetylid um.

Die Untersuchung unseres Kupferacetylid-Katalysators ergab mit Sicherheit den Beweis, daß in unserem Falle nicht das $Cu_2C_2 \cdot H_2O$ als

---

[1] Siehe hierzu besonders den Abschnitt über Sicherheitsmaßnahmen, Anlage VII.

solches, sondern seine weit weniger gefährlichen Additionsverbindungen mit Acetylen vorliegen.

Dieser analytische Befund wird auch dadurch bestätigt, daß bei der „Entwicklung" des später zu beschreibenden technischen Kupferacetylid-Katalysators aus Kupferoxyd mit wäßrigem Formaldehyd und Acetylen die dreifache der theoretischen Acetylenmenge benötigt wird, als es der Bildung von $Cu_2C_2 \cdot H_2O$ entspricht.

Nachdem nun die Alkinolsynthesen bei diskontinuierlichem Betrieb in Autoklaven zufriedenstellend verliefen, war es erforderlich, ein geeignetes Fabrikationsverfahren für kontinuierlichen Betrieb aufzufinden. Es war die Frage zu klären, ob die Arbeitsweise im Sumpf oder die nach dem Rieselverfahren im Turm die bessere wäre.

Nach vielen Vorversuchen entschieden wir uns für das Rieselverfahren, da es uns gelang,

1. die störende Cuprenbildung, die innerhalb kurzer Betriebsdauer unvermeidbar zur Verstopfung der Reaktionstürme führen muß, zu verhindern,

2. den Katalysator auf einen geeigneten Träger abspülfest aufzubringen und

3. die Aktivität des Katalysators so weit zu steigern, daß

a) mit Rücksicht auf das erhöhte Gefahrenmoment (erheblich vergrößerte freie Gasräume) ein wesentliches Senken des Acetylendruckes möglich,

b) ein weitgehend quantitativer Umsatz beim einmaligen Herabrieseln des Formaldehyds zu erzielen war.

Es war uns allerdings erst nach einer systematischen und mühevollen Durchsuchung des „Periodischen Systems" möglich, geeignete Stoffe zu finden, die die Cuprenbildung bei Verwendung des Acetylen-Kupfers weitgehend zurückdrängen konnten. Jod, Jodverbindungen sowie Quecksilber waren am wirkungsvollsten. Andere Stoffe, wie Wismut, Cer und Selen bzw. deren Oxyde oder Salze, hatten eine wesentlich geringere, aber noch deutlich nachweisbare Wirkung (85). Auf Grund dieser Untersuchungen war anzunehmen — und diese Annahme fand auch ihre analytische Bestätigung —, daß die Cuprenbildung in erster Linie auf die Anwesenheit kleiner Mengen metallischen Kupfers im Acetylenkupferkontakt zurückzuführen ist, die sich in der reduzierenden Formaldehyd-Atmosphäre aus Acetylenkupfer gebildet hatten. Die cuprenbildende Wirkung von metallischem Kupfer auf Acetylen ist in der Literatur hinreichend bekannt. Es war damit die Wirksamkeit von Stoffen, wie Quecksilber und Jod bzw. dessen Verbindungen befriedigend erklärt.

Da uns aber die Verwendung von Quecksilber wegen seiner unangenehmen physiologischen Eigenschaften nicht zweckmäßig erschien, wir aber andererseits nicht über Jod oder Jodverbindungen in genügender Menge verfügten, mußten wir uns auf die Verwendung von Bi_2O_3 beschränken.

Die beiden anderen Anforderungen nach einem abriebfesten und hochaktiven Acetylen-Katalysator konnten wir dadurch erfüllen, daß wir gefällte und geformte Kieselsäure mehrfach mit einer stark salpetersauren Kupfernitrat-Wismutnitrat-Lösung (Cu:Bi = 4:1) tränkten, bis eine einem Metallgehalt von 12,7% Cu und 3,2% Wismut entsprechende Nitratmischung aufgebracht war. Der so vorbehandelte Katalysator wird dann bei 450—550° C gemuffelt, wobei die Nitrate in ihre Oxyde übergehen.

Nach Einfüllen in den Reaktionsofen erfolgt die „Entwicklung", d. h. die eigentliche Herstellung des Kupfer-Acetylid-Katalysators aus dem Kupferoxyd. Sie wird bei 60—70° C mit verdünntem Formaldehyd (5—20% ig) in Anwesenheit von verdünntem zirkulierendem Acetylen vorgenommen und beansprucht ca. 12 Stunden. Nach Maßgabe der fortschreitenden „Entwicklung" wird die Acetylen-Konzentration von 10% auf ca. 90% und die Temperatur gegen Ende der Entwicklung auf ca. 90° C gesteigert.

Der in der beschriebenen Weise hergestellte Katalysator zeigt eine so hohe Aktivität, daß er eine wesentliche Herabsetzung des Acetylendrucks gegenüber dem diskontinuierlichen Autoklaven-Verfahren gestattet.

4. Auswirkungen der neuen Alkinolsynthesen.

a) Butadien-Synthese aus Acetylen und Formaldehyd.

Besonders interessant und von großer technischer Wichtigkeit ist die Umsetzung des Acetylens mit dem einfachsten Vertreter der Aldehydreihe, dem Formaldehyd, der sehr leicht in Reaktion tritt und wahrscheinlich in Form seines Hydrates reagiert:

$$HOCH_2{-}\boxed{OH + H}C{\equiv}CH \longrightarrow HOCH_2{-}C{\equiv}CH$$

einseitige Umsetzung

$$HOCH_2{-}\boxed{OH + H}C{\equiv}C\boxed{H + HO}{-}CH_2OH \longrightarrow HOCH_2{-}C{\equiv}C{-}CH_2OH$$

doppelseitige Umsetzung

Es entsteht Butin-2-diol-1,4 neben wenig Propargylalkohol. Von großer Bedeutung ist die Tatsache, daß diese Umsetzung mit dem handelsüblichen etwa 30% igen wäßrigen Formaldehyd außerordentlich glatt mit einer etwa 98% igen Ausbeute durchführbar ist. Es erscheint auf den ersten Blick höchst unwahrscheinlich, daß das gasförmige Acetylen den in verdünnter wäßriger Lösung vorliegenden Formaldehyd praktisch restlos unter Bildung von Butindiol zu binden vermag. Möglich ist eben diese überraschende Reaktion nur durch die Verwendung der beschriebenen Schwermetallacetylide als Katalysatoren.

Den Reaktionsverlauf deuten wir auf Grund unserer reaktionskinetischen Untersuchungen dahingehend, daß zunächst aus dem Acetylenkupfer und dem Acetylen eine lockere Additionsverbindung entsteht, die dann das so aktivierte Acetylen auf den Formaldehyd unter Propargylalkoholbildung überträgt und sich mit weiterem Acetylen wieder zu dem aktiven Komplex vereinigt. Der Propargylalkohol,

aktiviert durch unverändertes Acetylenkupfer, lagert dann ein weiteres
Mol Formaldehyd unter Bildung von Butindiol an.

Das Butindiol stellt einen farblosen, schön krystallisierenden Körper
vom Schmelzpunkt 58^0 dar. Das reine Produkt ist unzersetzt, sogar
unter Atmosphärendruck destillierbar und siedet bei 238^0 C und 760 mm
Hg, eine besonders überraschende Tatsache für ein so stark ungesättigtes
Glykol. Allerdings ist die Destillation nur mit der reinen Substanz
möglich. Gewisse Beimengungen, wie Alkalihalogenide, Magnesium-
oder Erdalkalihalogenide verursachen beim Versuch der Destillation
explosionsartige Verpuffungen. Quecksilbersalze und konzentrierte
Schwefelsäure bewirken den Zerfall schon bei Zimmertemperatur.

Durch die Folgereaktion der neuen Synthese der Alkinole und
Alkindiole ist heute eine sehr große Anzahl von Substanzen leicht zugänglich geworden, die zwar größtenteils bekannt und in der Literatur,
wenn auch z. T. unter Angabe von falschen Konstanten, vorbeschrieben
sind, mit denen man aber bisher auf Grund ihrer schweren Darstell-
barkeit nichts anfangen konnte. Darüber hinaus eröffnen sich viele
Möglichkeiten für neue technische Synthesen.

Als eine der wichtigsten ist eine neue Synthese des Butadiens, des
Grundkohlenwasserstoffs unseres synthetischen Kautschuks, des Buna,
zu nennen. Die Synthese geht vom Formaldehyd und Acetylen als
Ausgangsmaterial aus, verläuft in der oben beschriebenen Weise über
Butindiol, das durch Perhydrierung der Dreifachbindung in Butandiol
übergeführt wird, das seinerseits unter Wasserabspaltung über Tetrahydrofuran zum Butadien führt:

$$\underset{H}{\overset{O}{\diagdown}}CH + HC\equiv CH + HC\underset{H}{\overset{O}{\diagup}}$$

$$\downarrow$$

$$HOH_2C - C\equiv C - CH_2OH + 24 \text{ kcal}$$

$$\downarrow\, {+\, 2\, H_2}$$

$$HOH_2C - H_2C - CH_2 - CH_2OH + 60 \text{ kcal}$$

$$H_2C = HC - CH = CH_2\ {-}23{,}5\text{ kcal}$$

Für die Arbeiten an dieser neuen Butadiensynthese benötigten wir
von den ersten kleinen Versuchen im Autoklavenmaßstab bei diskontinuierlicher Arbeitsweise, die uns nur wenige Gramm Butindiol lieferten,
bis zur technischen kontinuierlich arbeitenden Anlage mit einer Produktion von über 2 Tagestonnen Butindiol, 100% ig gerechnet, trotz
aller Schwierigkeiten in der Materialbeschaffung nur etwa zwei Jahre.

Die technische Durchführung gestaltet sich im einzelnen wie folgt: (siehe untenstehende Abbildung).

Das Butindiol wird in einem für die Arbeitsweise unter Druck geeigneten Reaktionsturm, der mit dem Acetylen-Kupfer-Katalysator auf Trägern beschickt ist, in der Weise erzeugt, daß am oberen Ende des Druckturmes wäßrige, etwa 30%ige Formaldehydlösung zusammen mit verdünntem Acetylen aufgegeben wird. Der Formaldehyd rieselt über den Kontakt bei Temperaturen von 90 bis 100°, setzt sich mit dem Acetylen, das unter einem Druck von 5 atü steht, um, und verläßt als etwa 35%ige wäßrige rohe Butindiollösung das untere Ende des Turmes.

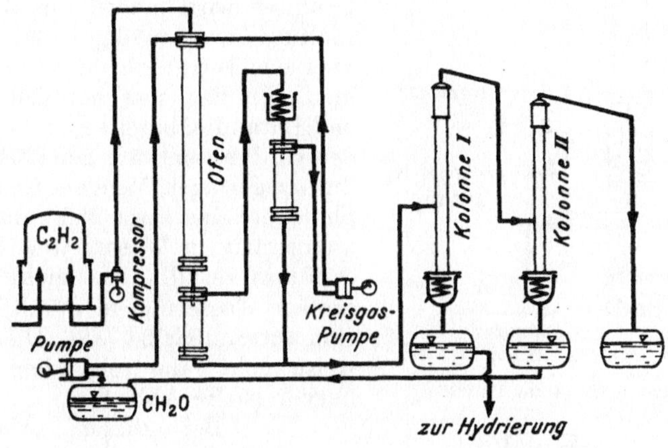

Abb. 4. Butindiol aus Acetylen und Formaldehyd.

Der Acetylenstrom wird über einen Kühler und Abscheider im Kreislauf geführt, wodurch die durch Wasserverdampfung abgeführte erhebliche Reaktionswärme von etwa 24 kcal pro Mol entstandenen Butindiols beseitigt wird. Wie alle beschriebenen Acetylenreaktionen ist auch die Butindiolbildung stark exotherm. Die geringe Menge Propargylalkohol, die neben Butindiol entsteht, wird neben wenig Methanol, das im benutzten technischen Formaldehyd enthalten ist, durch Destillation abgetrennt und mit frischem Acetylen zusammen wieder über den Kontakt geleitet (86). Auf diese Weise wird der gesamte Formaldehyd — wie oben bereits ausgeführt — in Butindiol verwandelt. Eine dem verbrauchten Acetylen entsprechende Frischacetylenmenge wird mittels eines Kompressors dem Acetylenkreislauf kontinuierlich zugeführt. Für ein monatelanges störungsfreies Arbeiten in der beschriebenen Weise ist es erforderlich, in Anwesenheit von cuprenverhindernden Substanzen zu arbeiten, da sonst nach Tagen oder Wochen eine Verstopfung des Reaktionsturmes infolge Cuprenbildung eintritt, die, wenn sie an irgendeiner Stelle des Kontaktes einmal begonnen hat, sich sehr schnell autokatalytisch ausbreitet.

In der zweiten Phase des Verfahrens wird die 35%ige wäßrige Butindiollösung bei 200 atü mit zirkulierendem Wasserstoff unter

Verwendung eines Nickelkatalysators in einer ähnlichen Rieselapparatur kontinuierlich zu einer etwa 35%igen wäßrigen Butandiollösung durchhydriert (*87*). (Siehe Abb. 5).

In der dritten Phase des neuen Verfahrens kann nun das aus der etwa 35%igen wäßrigen Butandiollösung durch Abdestillation gewonnene Butandiol unmittelbar der Wasserabspaltung zum Butadien zugeführt werden (*88*). Aus technischen Gründen wird jedoch die Wasserabspaltung zweckmäßig in zwei Stufen über das Tetrahydrofuran vorgenommen. Es hat sich nämlich gezeigt, daß Butandiol bereits in der vorliegenden verdünnten wäßrigen Lösung nach Zusatz geringer Mengen freier Phosphorsäure bei etwa 260° und 70 atü quantitativ in Wasser und Tetrahydrofuran zerfällt, das leicht von der großen Wassermenge durch Destillation abtrennbar ist (*89*). Die Arbeitsweise geht aus folgendem Schema hervor (siehe Abb. 6).

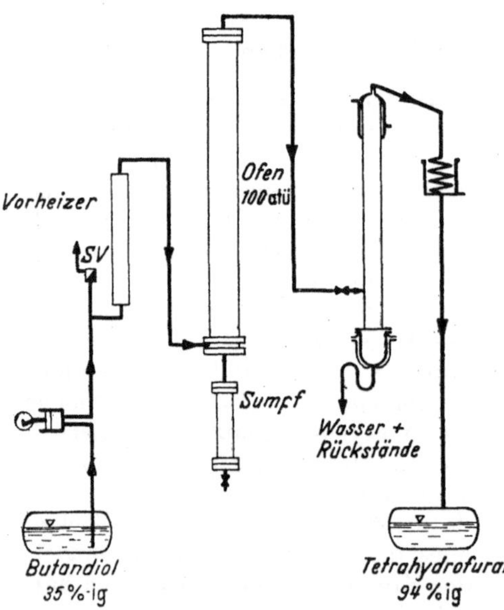

Abb. 5. Butandiol 1,4 aus Butindiol.

Abb. 6. Tetrahydrofuran.

Bei dieser Arbeitsweise (Zwischenschaltung der Tetrahydrofuranstufe) wird die Verdampfung des mit dem Formaldehyd eingebrachten Wassers erspart und gleichzeitig in das Verfahren ein Reinigungsprozeß eingeschaltet, da die bei der Butindiol- und Butandiolherstellung für die pH-Einstellung erforderlichen Chemikalien sowie die geringe Menge der durch Selbstkondensation des Formaldehyds entstandenen zuckerartigen Substanzen mit dem Abwasser entfernt werden. Ferner wird die Ausbeute erhöht.

In der letzten Stufe des Verfahrens wird das Tetrahydrofuran in Gegenwart eines Phosphatkatalysators bei 260 bis 280° unter Zusatz von Wasserdampf der Wasserabspaltung zum Butadien unterworfen (*90*).

Es ist in diesem Zusammenhang interessant, daß bereits Ostromisslensky (*91*) im Jahre 1915 in einer umfangreichen Abhandlung über die verschiedenen zum Butadien führenden Wege, von denen er nicht weniger als 20 aufzählt, die Wasserabspaltung aus Tetrahydrofuran zum Butadien als das beste Verfahren empfiehlt, ohne daß jedoch damals ein brauchbarer Weg für die technische Gewinnung des Tetrahydrofurans bekannt war. Auch enthielten die Literaturangaben noch nicht einmal die richtigen Konstanten und Löslichkeitsverhältnisse des Tetrahydrofurans. Bei Nacharbeitung der Angaben von Ostromisslensky erhielten wir mit seinem Aluminiumoxydkatalysator zwar auch bei ca. 80% iger Ausbeute einen Kohlenwasserstoff, doch bestand dieser zum überwiegenden Teil aus Propylen mit wenig Butadien.

Die katalytische Abspaltung von Wasser aus 1,3-Butylenglykol und 1,4-Butylenglykol zum Butadien gehört mit zu den schwierigsten technischen Katalysen. Es ist außerordentlich mühevoll, Katalysatoren heranzuzüchten, die die Wasserabspaltung nur in der einen gewünschten Richtung, nämlich zum Butadien, bewerkstelligen. Besonders beim 1,3-Butylenglykol sind, wie sich schon rein theoretisch voraussagen läßt, zahlreiche Nebenreaktionen möglich, wozu bei der praktischen Ausführung noch eine ganze Reihe zunächst nicht zu erwartender Nebenreaktionen tritt. Beim 1,4-Butylenglykol oder Tetrahydrofuran liegen aus konstitutionellen Gründen die Verhältnisse *scheinbar* wesentlich günstiger. Es tritt aber hier mit den üblichen wasserabspaltend wirkenden Katalysatoren leicht eine glatte Abspaltung von Formaldehyd unter unerwünschter Propylenbildung ein, eine Reaktion, die auch das 1,3-Butylenglykol, wenn auch in viel untergeordneterem Maße, zeigt.

Der Katalysator für die Butadienfabrikation aus 1,4-Butylenglykol ist im wesentlichen derselbe, wie wir ihn im Jahre 1926 bereits für Butadien aus 1,3-Butylenglykol entwickelt (*92*) und später durch Heranziehung röntgenographischer Meßmethoden verbessert haben. Der Katalysator wird z. B. durch Aufspritzen einer Lösung von primärem Natriumphosphat, die neben Butylaminphosphat noch freie Phosphorsäure enthält, auf gekörntem Trägermaterial (Graphit, Koks usw.) hergestellt und enthält nach dem Trocknen bei geeigneten Temperaturen ca. 45% Phosphate (Maddrellsches Salz und $Na_2H_2P_2O_7$ neben freier Phosphorsäure).

Die Butadiengewinnung aus 1,4-Butylenglykol bzw. Tetrahydrofuran ist aber auch ein typisches Beispiel dafür, daß nicht allein der chemische und physikalische Aufbau eines Katalysators für das Gelingen der Katalyse ausschlaggebend sind, sondern daß vielmehr auch die ganze Art und Weise der Ausführung der Katalyse das Endergebnis ganz wesentlich beeinflussen kann. Die technische Anordnung ist aus folgendem Schema ersichtlich (siehe Abb. 7).

Gegenüber dem klassischen Verfahren über Acetaldehyd, Aldol und 1,3-Butylenglykol hat das neue Verfahren mancherlei Vorteile. Es fällt vor allem auf, daß der Acetylenverbrauch theoretisch nur die Hälfte beträgt, da der halbe Kohlenstoffanteil des Butadiens dem Wassergas entstammt.

3*

Praktisch ist infolge wesentlich geringerer Bildung von Nebenprodukten und höherer Ausbeuten weniger als $^1/_3$ des beim 4-Stufen-
verfahren eingesetzten Acetylens erforderlich. In der Energiebilanz
bedeutet dies bei der Bunafabrikation einen erheblichen Vorteil, da der
hohe Energieaufwand für Acetylen pro Gewichtseinheit Buna auf

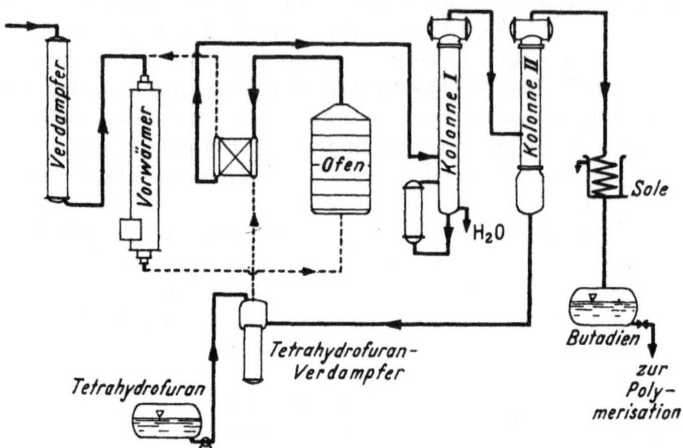

Abb. 7. Butadien aus 1,4-Butylenglykol.

weniger als $^1/_3$ vermindert und dafür die energetisch viel günstiger liegende Wassergasbasis in den Prozeß eingeschaltet wird. Auch preislich
dürfte eine Senkung des Buna-Gestehpreises auf längere Sicht zu
erzielen sein.

b) Folgereaktionen der Zwischenprodukte der Butadien-Synthese.

Die Alkinolsynthese aus Formaldehyd und Acetylen gestattet in
ihren Auswirkungen nicht nur eine neue Synthese für Butadien, sie
eröffnet darüber hinaus die Möglichkeit, zu bisher nur schwer zugänglichen Körperklassen auf einfachem technisch beschreitbarem Wege
zu gelangen. In der beigefügten Anlage VIII sind die wichtigsten dieser
Reaktionsmöglichkeiten zusammengestellt (*93, 94, 95*).

Wie bereits früher erwähnt, entsteht aus Acetylen und Formaldehyd
unter der katalytischen Einwirkung von Acetylenkupfer zunächst
Propargylalkohol, der weiterhin durch Anlagerung eines Moles Formaldehyd in Butindiol übergeht:

$$\begin{array}{c} H \\ \diagup \\ HC=O + HC\equiv CH \\ \downarrow \\ HOCH_2-C\equiv CH \\ \downarrow {\scriptstyle C_2H_2} \\ HOCH_2-C\equiv C-CH_2OH \end{array}$$

Man kann nun durch geeignete Maßnahmen (Erhöhung der Acetylen-konzentration, Arbeiten unter Zusatz von Lösungsmitteln, wie Tetra-hydrofuran, Variation des Katalysators, Gegenstromprinzip usw.) die Reaktion auch so leiten, daß überwiegend Propargylalkohol neben nur wenig Butindiol entsteht. Auf diesem Wege ist heute Propargylalkohol, der selbst als Sparbeize Verwendung findet, ein billiges Ausgangs-material für weitere Synthesen geworden, auf die in folgendem kurz hingewiesen werden soll (*96, 97*),

Die Hydrierung des Propargylalkohols ist ein Musterbeispiel für die selektive Katalyse. Je nach Art des Katalysators und der an-gewandten Reaktionsbedingungen (u. a. des p_H) können entweder Allylalkohol (*98*) oder n-Propanol oder auch Propionaldehyd (*99*) ohne wesentliche Nebenprodukte erhalten werden:

$$HC\equiv C-CH_2OH + 2\ H_2 \xrightarrow{\ Ni\ } CH_3-CH_2-CH_2OH$$
n-Propanol

$$HC\equiv C-CH_2OH + H_2 \xrightarrow[pH\gtrless 7]{\ Pd\ } CH_2=CH-CH_2OH$$
Allylalkohol

$$HC\equiv C-CH_2OH + H_2 \xrightarrow[pH<7]{\ Ni\ } CH_3-CH_2-\overset{H}{\overset{\diagup}{C}}=O$$
Propionaldehyd

$$HC\equiv C-CH_2OH \xrightarrow{\ Cu\ } CH_2=CH-\overset{H}{\overset{\diagup}{C}}=O$$
Acrolein

Während die Hydrierung mit den normalen Hydrierungskatalysa-toren (Cu, Ni usw.) bei neutraler oder schwach alkalischer Reaktion zu n-Propanol führt, erhält man in saurem Medium praktisch nur Propion-aldehyd. Die partielle Hydrierung von Propargylalkohol führt in guter Ausbeute zum Allylalkohol, der in bekannter Weise, z. B. durch An-lagerung von unterchloriger Säure und nachfolgende Verseifung, oder aber durch Anlagerung von Wasserstoffperoxyd, in Glycerin über-geführt werden kann:

$$HOCH_2-C\equiv CH$$
$$\downarrow H_2$$
$$HOCH_2-CH=CH_2 \xrightarrow{\ Cl_2 + H_2O\ } HOCH_2-CHCl-CH_2OH$$
Allylalkohol   Glycerin-chlorhydrin

$$\Big| \xrightarrow[OsO_4]{\ H_2O_2\ } \qquad \downarrow NaOH$$
$$CH_2OH-CHOH-CH_2OH$$
Glycerin

Diese Reaktionsfolge ist eine einfache elegante Synthese für das in vielen Fällen unersetzliche Glycerin.

Mit Luftsauerstoff kann unter der katalytischen Wirkung von Kupfer(I)-chlorid Propargylalkohol zu dem äußerst reaktionsfähigen

Hexadiin-2,4-diol-1,6 zusammen oxydiert werden (*100*), das leicht zum
Hexandiol-1,6 perhydriert werden kann; dieses liefert bei der Oxydation
Adipinsäure:

$$2\ HOCH_2-C\equiv CH \longrightarrow HOCH_2-C\equiv C-C\equiv C-CH_2OH$$
$$\text{Hexadiin-2,4-diol-1,6}$$
$$\downarrow H_2$$
$$HOCH_2-(CH_2)_4-CH_2OH$$
$$\downarrow HNO_3$$
$$HOOC-(CH_2)_4-COOH$$

Außerdem führt vom Hexandiol-1,6 ein Weg über ε-Caprolacton (*101*)
zum ε-Caprolactam, womit die Alkinolsynthese einen weiteren Weg
für die Polyamidchemie erschließt.

Es mag noch kurz erwähnt werden, daß Propargylalkohol leicht
Halogenwasserstoff addiert (*102*):

$$HC\equiv C-CH_2OH \xrightarrow{\ H\ Hal\ } CH_2=C-CH_2OH\ (Hal)$$
$$\xrightarrow{\ SOCl_2\ } HC\equiv C-CH_2Cl$$
$$\xrightarrow{\ NaOCl\ } ClC\equiv C-CH_2OH$$

und z. B. in Chlorallylalkohol (*103*), der für Polymerisate und Mischpolymerisate auch in Form seiner Ester Verwendung finden kann, übergeführt wird.

Bei der Oxydation von Propargylalkohol, z. B. mit Kaliumpermanganat, erhält man den interessanten Propargylaldehyd (*104*),

$$HOCH_2-C\equiv CH + \tfrac{1}{2}O_2 \longrightarrow HC\equiv C-\overset{H}{\underset{}{C}}=O + H_2O$$

2-Aminopyrimidin

der sich mit Guanidin zu dem als Sulfonamidkomponente (Pyrimal)
wichtigen 2-Aminopyrimidin umsetzen läßt. Die Addition von Alkoholen, z. B. Methanol, an Propargylalkohol ergibt in glatter Reaktion
über das zunächst entstehende 2,5-Dimethyl-2,5-dimethoxy-1,4-dioxan
das bisher schwer zugängliche Acetol (*105*):

$$2\ HOCH_2-C\equiv CH \xrightarrow{2\ CH_3OH} \left[2\ HOCH_2-\underset{\underset{CH_3O\ \ \ \ OCH_3}{}}{C}-CH_3\right] \longrightarrow$$

$$\longrightarrow \underset{\substack{\text{2,5-Dimethyl-}\\\text{2,5-dimethoxy-1,4-dioxan}}}{H_3C\diagdown\diagup O\diagup OCH_3 \diagup CH_3 \diagdown H_3CO\diagup O} \xrightarrow{2\ H_2O} \underset{\text{Acetol}}{2\ HOCH_2-CO-CH_3 + 2\ CH_3OH}$$

Letzteres kann auch durch direkte Anlagerung von Wasser mittels $HgSO_4\text{-}H_2SO_4$ aus Propargylalkohol gewonnen werden. Bei der katalytischen Reduktion des Acetols entsteht Propandiol-1,2:

$$\underset{\text{Propargylalkohol}}{HOCH_2-C\equiv CH} \xrightarrow[HgSO_4,\,H_2SO_4]{H_2O} \underset{\text{Acetol}}{HOCH_2-CO-CH_3}$$

$$\downarrow H_2$$

$$\underset{\text{Propandiol-1,2}}{HOCH_2-CHOH-CH_3}$$

Butindiol, das erste Zwischenprodukt der neuen Butadiensynthese, zeigt einige interessante Reaktionen. Ähnlich wie 3 Moleküle Acetylen unter Bildung des Benzolringes zusammentreten können, vereinigen sich unter bestimmten Bedingungen 3 Moleküle Butindiol zum Hexamethylolbenzol (106). Der Ersatz der Hydroxylgruppen in Butindiol durch Chlor mit Hilfe von Thionylchlorid und die anschließende Chlorwasserstoffabspaltung aus dem zunächst erhaltenen 1,4-Dichlorbutin-2 mittels alkoholischen Kalis ist eine brauchbare Laboratoriumsmethode zur Herstellung von Diacetylen (107):

$$HOCH_2-C\equiv C-CH_2OH \xrightarrow{SOCl_2} \underset{\text{1,4-Dichlorbutin-2}}{Cl-CH_2-C\equiv C-CH_2-Cl}$$

$$\downarrow 2\ NaHSO_3 \qquad\qquad NaOH \downarrow C_2H_5OH$$

$$\underset{\substack{NaO_3S \qquad SO_3Na\\\text{Butandiol-1,4-disulfosäure-2,3}}}{HOCH_2-CH-CH-CH_2OH} \qquad \underset{\text{Diacetylen}}{HC\equiv C-C\equiv CH}$$

Diacetylen seinerseits kann mit wäßrigem Formaldehyd unter der katalytischen Wirkung von Acetylen-Silber in das bereits oben erwähnte Hexadiin-2,4-diol-1,6 übergeführt werden (108), so daß dieser wichtige Körper auf zwei verschiedenen Wegen nach der Alkinolsynthese erhältlich ist.

Bemerkenswert ist die Umsetzung des Butindiols mit Ammoniak in der Gasphase zum Pyrrol (109):

$$\underset{HOH_2C\quad CH_2OH}{C\equiv C} + NH_3 \longrightarrow \underset{\underset{H}{N}}{\boxed{}} + 2\ H_2O$$

Butindiol verhält sich bei der Hydrierung unter verschiedenen Bedingungen ähnlich wie Propargylalkohol. Bei hohen Temperaturen mit Kupferkatalysatoren wird überwiegend n-Butanol erhalten (*110*):

$$HOCH_2—C \equiv C—CH_2OH + 3\,H_2 \longrightarrow CH_3—CH_2—CH_2—CH_2OH$$

Die partielle Hydrierung führt zum Butendiol (*111*), die Perhydrierung zum Butandiol:

$$HOCH_2—C \equiv C—CH_2OH$$
$$\text{Butin-2-diol-1,4}$$
$$\Big\downarrow H_2$$
$$HOCH_2—CH = CH—CH_2OH$$
$$\text{Buten-2-diol-1,4}$$
$$\Big\downarrow H_2$$
$$HOCH_2—CH_2—CH_2—CH_2OH$$
$$\text{Butandiol-1,4}$$

(2 H₂ umfasst die gesamte Folge)

Eine der wichtigsten Reaktionen des Butindiols ist die Wasseranlagerung zum Butanon-2-diol-1,4 (*112*), das durch Hydrierung in das wichtige Butantriol-1,2,4 überführbar ist (*113*):

$$HOCH_2—C \equiv C—CH_2OH$$
$$\text{Butin-2-diol-1,4}$$
$$\Big\downarrow \begin{array}{l} HgSO_4 \\ H_2SO_4 \end{array}$$
$$HOCH_2—CO—CH = CH_2$$
$$\text{Oxymethylvinylketon}$$
$$H_2O \Big\downarrow \begin{array}{l} HgSO_4 \\ H_2SO_4 \end{array}$$
$$HOCH_2—CO—CH_2—CH_2OH$$
$$\text{2-Ketobutandiol-1,4}$$
$$\Big\downarrow H_2$$
$$HOCH_2—CHOH—CH_2—CH_2OH$$
$$\text{Butantriol-1,2,4}$$

und bei der Wasserabspaltung 3-Oxytetrahydrofuran liefert (*114*):

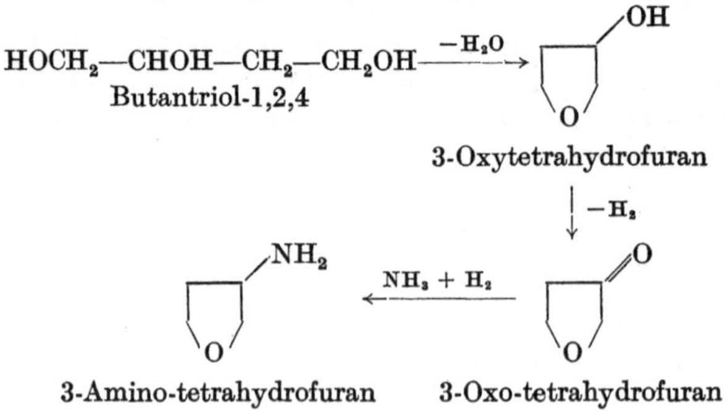

$$HOCH_2—CHOH—CH_2—CH_2OH \xrightarrow{-H_2O}$$
$$\text{Butantriol-1,2,4}$$

3-Oxytetrahydrofuran

$$\Big\downarrow -H_2$$

3-Amino-tetrahydrofuran $\xleftarrow{\;NH_3 + H_2\;}$ 3-Oxo-tetrahydrofuran

Die Wasseranlagerung erfolgt nach vorheriger Isomerisierung zum Oxymethylvinylketon, das seinerseits leicht polymerisierbar ist und bei der Hydrierung in Butandiol-1,2 übergeht (*115*):

$$HOCH_2—C\equiv C—CH_2OH$$

$$H_2O \downarrow \begin{array}{l} HgSO_4 \\ H_2SO_4 \end{array}$$

$$HOCH_2—CO—CH=CH_2 \xrightarrow{\ H_2O\ } HOCH_2—CO—CH_2—CH_2OH$$

Oxymethylvinyl-keton   2-Keto-butan-diol-1,4

$$\downarrow H_2$$

$$HOCH_2—CHOH—CH_2—CH_3$$

Butandiol-1,2

In methanolischer Lösung entsteht aus Butindiol unter dem Einfluß saurer Hg-Salze unmittelbar der Monoäther des Ketobutandiols (*116*):

$$HOCH_2—CO—CH=CH_2 \xrightarrow{\ CH_3OH\ }$$

Oxymethylvinylketon

$$\longrightarrow HOCH_2—CO—CH_2—CH_2—O—CH_3$$

2-Keto-4-methoxy-butanol-1

Butindiol bzw. das durch Wasseranlagerung daraus erhältliche Ketobutandiol (Butanon-2-diol-1,4) (*117*) ist das Ausgangsmaterial für eine neue kürzlich von uns aufgefundene Histamin-Synthese. Die Alkinolsynthese eröffnet hier einen weiteren Weg zum synthetischen Aufbau eines wichtigen Heilmittels. Ketobutandiol wird hiernach durch gleichzeitige Behandlung mit Formaldehyd und Ammoniak in Gegenwart von $CuSO_4$ in β-Imidazolyläthanol übergeführt, das mittels Thionylchlorid und Ammoniak in Histamin (β-Imidazoläthylamin) verwandelt wird:

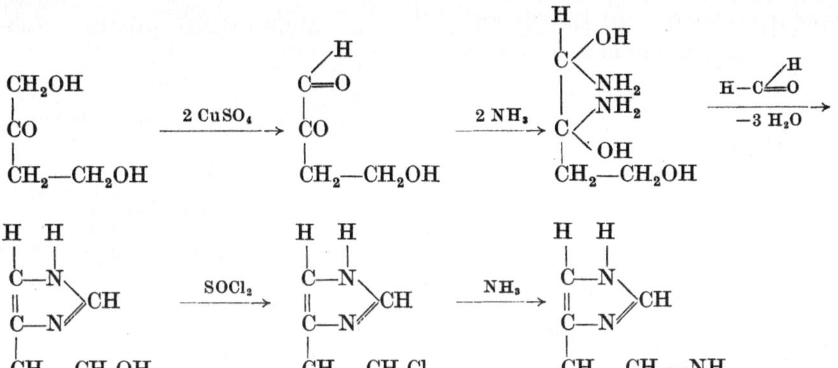

Die Oxydation von Butendiol mit unterchloriger Säure oder Kaliumpermanganat liefert rac. Erythrit (*118*). Mit Wasserstoffperoxyd bzw.

Natriumpersulfat oder Kaliumchlorat in Gegenwart von Osmiumtetroxyd als Katalysator entsteht meso-Erythrit (*119*):

$$HOCH_2—CH=CH—CH_2OH$$
Buten-2-diol-1,4

$$HOCl \downarrow H_2O_2$$

$$HOCH_2—CHOH—CHOH—CH_2OH$$
meso-Erythrit

$$CH_3—CHOH—CH=CH—CHOH—CH_3$$
Hexen-3-diol-2,5

$$HOCl \downarrow H_2O_2$$

$$CH_3—CHOH—CHOH—CHOH—CHOH—CH_3$$
1,4-Dimethylerythrit

Der auf diesem Wege jetzt leicht zugänglich gewordene Erythrit kann für die Herstellung von Alkydharzen und Weichmachern eingesetzt werden (*120*).

Sein Tetranitrat findet als Spasmolyticum für Herzerkrankungen (Angina pectoris) Anwendung. Aus meso-Erythrit kann mit Salzsäure über 1,4-Dichlor-2,3-dioxybutan Butadiendioxyd gewonnen werden, das auch aus Buten-2-diol-1,4 erhältlich ist, entweder durch Veresterung der beiden Hydroxylgruppen mittels Salzsäure zum 1,4-Dichlorbuten-2, Anlagerung von H_2O_2 zum 1,4-Dichlor-2,3-dioxybutan und HCl-Abspaltung oder durch Anlagerung von Chlor zum 2,3-Dichlorbutandiol-1,4 und nachfolgender HCl-Abspaltung:

Butadiendioxyd

Während die Oxydation des Butendiols in Lösung, wie wir gesehen haben, zum Erythrit führt, entsteht bei der Oxydation von Butendiol in Gasphase Maleinsäureanhydrid (*121*):

$$\begin{array}{c} HC\!\!=\!\!=\!\!CH \\ |\qquad| \\ HOCH_2 \quad CH_2OH \end{array}$$

$$-H_2O \downarrow \qquad\qquad Luft + V_2O_5$$

$$\begin{array}{c} HC\!\!=\!\!=\!\!CH \\ |\qquad| \\ H_2C \quad CH_2 \\ \diagdown O \diagup \end{array}$$

$$\begin{array}{c} HC\!\!=\!\!=\!\!CH \\ |\qquad| \\ OC \quad CO \\ \diagdown O \diagup \end{array}$$

zweckmäßigerweise wird jedoch vorher Butendiol durch Wasserabspaltung in seinen inneren Äther, das Dihydrofuran (*122*), übergeführt, das dann der katalytischen Luftoxydation unterworfen wird. Wir haben in dieser Reaktionsfolge eine neue Synthese der für das gesamte Gebiet der Kondensations- und Polymerisationsreaktionen wichtigen Maleinsäure vor uns.

Die Anlagerung von H_2O_2 an Dihydrofuran führt zum 3,4-Dioxytetrahydrofuran (*123*), das auch durch Wasserabspaltung aus meso-Erythrit zugänglich ist. Dihydrofuran lagert ferner HOCl an unter Bildung von 3-Chlor-4-oxy-tetrahydrofuran (*124*), das seinerseits mit Alkali 3,4-Epoxytetrahydrofuran ergibt (*125*):

$$HOCH_2\!\!-\!\!CHOH\!\!-\!\!CHOH\!\!-\!\!CH_2OH \xrightarrow{-H_2O}$$
meso-Erythrit

3,4-Dioxytetra-
-hydrofuran

3,4-Epoxytetra-
-hydrofuran   3-Chlor-4-oxytetra-
hydrofuran   Dihydro-
furan

Butendiol liefert bei der Umsetzung mit Blausäure unter Verwendung des NIEUWLANDschen Kontaktes 1,4-Dicyanbuten-2, das Dinitril der interessanten Dihydromuconsäure. Diese Substanz kann auch aus Butendiol über das 1,4-Dichlorbuten-2 (*126*) durch Umsetzung mit Cyannatrium erhalten werden:

$$HOCH_2\!\!-\!\!CH\!\!=\!\!CH\!\!-\!\!CH_2OH$$

$$+ \downarrow 2\,HCN$$

$$NC\!\!-\!\!CH_2\!\!-\!\!CH\!\!=\!\!CH\!\!-\!\!CH_2\!\!-\!\!CN$$

$$\downarrow 5\,H_2$$

$$H_2N\!\!-\!\!CH_2\!\!-\!\!CH_2\!\!-\!\!CH_2\!\!-\!\!CH_2\!\!-\!\!CH_2\!\!-\!\!CH_2\!\!-\!\!NH_2$$

Es eröffnet sich hier ein weiterer interessanter Weg vom Acetylen zur Polyamid-Chemie, da das Dinitril der Dihydromuconsäure durch katalytische Hydrierung leicht in Hexamethylendiamin-1,6, dem wichtigen Baustein der Polyamide, überführbar ist. Mit Aldehyden liefert Butendiol Acetale, die polymerisationsfähig sind. Auch als Ausgangsmaterial für DIELS-ALDER-Synthesen, z. B. mit Anthracen, kann Butendiol verwendet werden.

Butendiol kann z. B. mit Nickelkatalysatoren zu γ-Oxybutyraldehyd isomerisiert werden, der mit α-Oxytetrahydrofuran im Gleichgewicht steht:

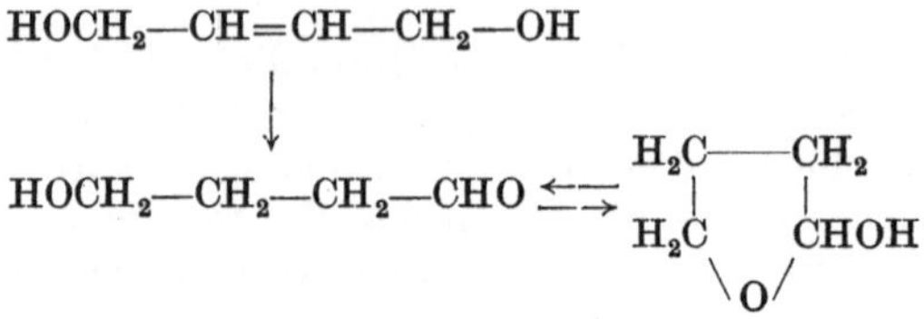

$$HOCH_2-CH=CH-CH_2-OH$$
$$\downarrow$$
$$HOCH_2-CH_2-CH_2-CHO \rightleftharpoons \begin{array}{c} H_2C-\!\!-CH_2 \\ | \qquad | \\ H_2C \quad CHOH \\ \diagdown O \diagup \end{array}$$

Butandiol, das — wie bereits erwähnt — durch Perhydrierung der dreifachen Bindung von Butindiol erhältlich ist, kann auf Grund seiner Eigenschaften als Glycerinersatz für verschiedene Zwecke eingesetzt werden. Seine Ester mit ein- und mehrwertigen Carbonsäuren sind geschätzte Weichmacher, Textilwachse und Kunstharze (*127*). Das Gleiche gilt für seine Umsetzungsprodukte mit Phosgen. Auch zur Herstellung von Polyurethanen durch Umsetzung mit Hexamethylen-1,6-diisocyanat hat es erhebliche Bedeutung erlangt. Bei der Oxydation mit Salpetersäure liefert Butandiol ebenso wie das weiter unten zu besprechende Tetrahydrofuran Bernsteinsäure (*128*), über die ein Weg zur 3-Ketopimelinsäure (*129*) und weiterhin zur Pimelinsäure (*130*) selbst führt:

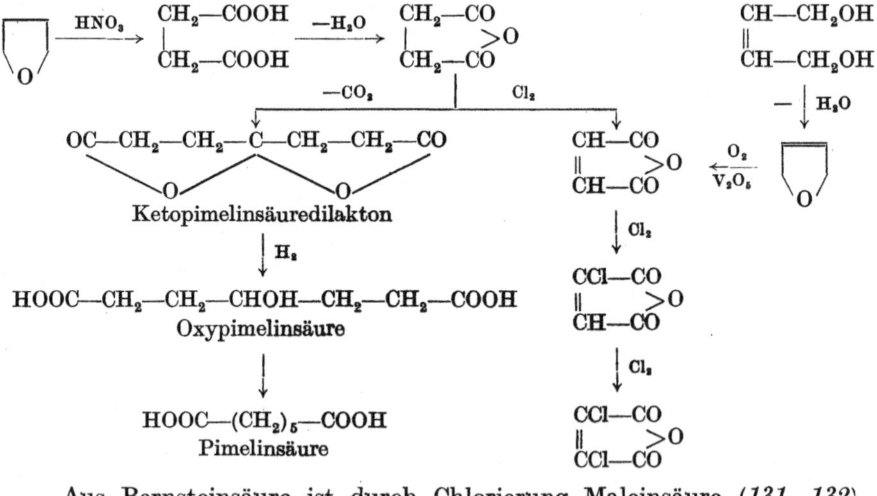

Ketopimelinsäuredilakton

Oxypimelinsäure

$$HOOC-CH_2-CH_2-CHOH-CH_2-CH_2-COOH$$

$$HOOC-(CH_2)_5-COOH$$
Pimelinsäure

Aus Bernsteinsäure ist durch Chlorierung Maleinsäure (*131, 132*) gewinnbar — dies ist die zweite Möglichkeit, aus der Alkinolsynthese zur Maleinsäure zu gelangen —, die sich ihrerseits durch Hydratation bzw. Anlagerung von H_2O_2 in Äpfelsäure bzw. Weinsäure überführen läßt. Bei weiterer Chlorierung kann Monochlor- und Dichlormaleinsäure gewonnen werden, die in Form ihrer Ester kältebeständige Weichmacher sind.

Ein interessantes Verhalten zeigt Butandiol bei der Dehydrierung. Statt des zu erwartenden Bernsteindialdehyds entsteht beim einfachen Überleiten über Kupferkatalysatoren bei etwa 200° — wahrscheinlich infolge intramolekularer CANNIZZAROscher Reaktion — praktisch quantitativ γ-Butyrolacton (*133*).

$$HOCH_2-CH_2-CH_2-CH_2OH \xrightarrow{-2 H_2} \begin{array}{c} H_2C\!-\!-\!-\!CH_2 \\ | \qquad | \\ H_2C \quad\; C\!=\!O \\ \diagdown_O\diagup \end{array}$$

$$\begin{array}{c} HOCH-CH_2-CH_2-CH_2OH \\ | \\ CH_3 \end{array} \xrightarrow{-2 H_2} \begin{array}{c} H_2C\!-\!-\!-\!CH_2 \\ | \qquad | \\ CH_3-C \quad\; C\!=\!O \\ \diagdown_O\diagup \end{array}$$

Die leichte Zugänglichkeit des γ-Butyrolactons rückt wiederum eine ganze Körperklasse in den Kreis technischer Fabrikationsmöglichkeiten. Wie die in der Anlage angeführte Anlage IX (*134*) zeigt, gelangt man vom γ-Butyrolacton durch Umsetzung mit Halogenwasserstoff zur γ-Halogenbuttersäure:

$$\begin{array}{ccl} & \xrightarrow{\text{HCl}} & Cl-CH_2-CH_2-CH_2-COOH \\[2mm] & \xrightarrow[\text{C}_2\text{H}_5-\text{OH}]{\text{HCl}} & Cl-CH_2-CH_2-CH_2-COOC_2H_5 \\[2mm] \begin{array}{c}\diagdown_O\diagup \end{array}\!C\!=\!O \Big\{ & \xrightarrow[\text{Ar}-\text{ONa}]{\text{Alk}-\text{ONa}} & Alk\,[Ar]\,OCH_2-CH_2-CH_2-COOH \\[2mm] & \xrightarrow{\text{Na}_2\text{SO}_3} & NaO_3S-CH_2-CH_2-CH_2-COONa \\[2mm] & \xrightarrow{\text{RSO}_2\text{NHNa}} & RSO_2-NH-CH_2-CH_2-CH_2-COONa \end{array}$$

und durch Umsetzung mit alkoholischer Salzsäure zu γ-Chlorbuttersäureestern; Alkoholate oder Phenolate bilden mit γ-Butyrolacton Alkalisalze der Alkoxy- (*135*) und Phenoxybuttersäuren (*136*), die in Form ihrer Kobalt-, Mangan-, Zink- oder Bleisalze als Trockenstoffe (Soligene) und in Form ihrer Ester mit mehrwertigen Alkoholen als Farbstoffhilfsprodukte Interesse haben. Mit Na_2SO_3 entsteht sulfobuttersaures Natrium (*137*) und mit Natriumsulfonamiden die entsprechenden Sulfonamidobuttersäuren. Umsetzung mit Alkalilaugen führt zu oxybuttersaurem bzw. dipropylätherdicarbonsaurem Alkali:

$$\begin{array}{c}\diagdown_O\diagup\end{array}\!C\!=\!O \xrightarrow{\text{NaOH}} NaOOC(CH_2)_3-O-(CH_2)_3COONa$$
$$\text{Dipropylätherdicarbonsaures}$$
$$\text{Natrium}$$

mit Natriumsulfid zum thiodibuttersaurem Natrium *(138)*:

$$\text{(Lacton)} \xrightarrow{\text{Na}_2\text{S}} \text{NaOOC(CH}_2)_3\text{—S—(CH}_2)_3\text{COONa}$$

Thiodibuttersaures Natrium

$$\downarrow \text{Cl}_2$$

$$\text{NaOOC(CH}_2)_3\text{—S—(CH}_2)_3\text{COONa}$$
$$\overset{\displaystyle \text{O} \quad \text{O}}{\diagup\diagdown}$$

Sulfondibuttersaures Natrium

Beide nunmehr leicht gewinnbaren Dicarbonsäuren sind interessante
Ausgangsmaterialien für Polyamide, Alkydharze und Weichmacher *(139,
140)*. Mit Natriumcyanid entsteht aus γ-Butyrolacton glatt γ-cyan-
buttersaures Natrium *(141)*:

$$\gamma\text{-Butyro-lacton} \xrightarrow{\text{NaCN}} \text{Cyanbutter-säure} \xrightarrow{\text{H}_2} \text{Piperidon} \xrightarrow{2\,\text{H}_2} \text{Piperidin}$$

$$\downarrow \text{H}_2\text{O} \qquad\qquad \xleftarrow{\;4\,\text{H}_2\;} \quad -\text{NH}_3$$

$$\text{Glutar-säure} \xrightarrow{\text{H}_2\text{O}} \text{Glutarimid} \xrightarrow{\text{NH}_3} \text{Glutar-dinitril} \xrightarrow{4\,\text{H}_2} \text{Pentamethylen-diamin}$$

Hieraus sind über die freie Säure durch Hydrierung α-Piperidon *(142)*
und durch Verseifung Glutarsäure erhältlich. Glutarsäure selbst, eine
brauchbare Komponente für Alkydharze und Weichmacher, kann
katalytisch mit Ammoniak in das Dinitril und weiterhin durch Hydrierung sowohl in Pentamethylendiamin-1,5 als auch in Piperidin *(143)*
verwandelt werden. Pentandiol-1,5 ist durch katalytische Hydrierung
des Glutarsäureesters gewinnbar. Sowohl Pentamethylendiamin-1,5
als Pentandiol-1,5 können als Bausteine für Polyamide dienen.

Butyrolacton reagiert ferner mit Aromaten unter der Einwirkung
FRIEDEL-CRAFFTSscher Katalysatoren. Zum Beispiel entstehen aus
Benzol, Butyrolacton und Aluminiumchlorid Phenylbuttersäure und
Phenylendibuttersäuren *(144)*. Mit Ammoniak oder Aminen setzt sich
γ-Butyrolacton je nach den Reaktionsbedingungen in der Weise um,
daß entweder γ-Oxybuttersäureamide, die als Textilhilfsmittel ver-
wendbar sind, oder, unter gleichzeitiger Wasserabspaltung, α-Pyrrolidon
bzw. dessen N-substituierte Derivate *(145, 146)* entstehen:

$$\gamma\text{-Butyrolacton} \quad\xrightarrow{\text{NH}_3}\quad \alpha\text{-Pyrrolidon}$$

Die Vinylierung des α-Pyrrolidons zum N-Vinyl-α-pyrrolidon gelingt leicht, worauf bereits im ersten Kapitel hingewiesen wurde (Periston). Die aus α-Pyrrolidon erhältliche γ-Aminobuttersäure ist ein Baustein für Kunstharze.

Tetrahydrofuran, das primäre Dehydratisierungsprodukt von Butandiol-1,4, ist eines der wertvollsten Zwischenprodukte der neuen Butadiensynthese. Tetrahydrofuran selbst dürfte allein als Lösungsmittel (*147*) auf Grund seiner außerordentlichen Lösefähigkeit, die auch die Hochpolymeren, wie Polyvinylchlorid, Polyvinylcarbazol, Kautschuk, Buna S usw. umfaßt, überragende Bedeutung erlangen (*148*). Seine wichtigste Reaktion ist seine Umsetzung mit Kohlenoxyd (siehe Carbonylierung) zur Adipinsäure, die ihrerseits in Adipinsäuredinitrii überführbar ist, aus welchem Hexamethylendiamin-1,6 durch Hydrierung gewonnen werden kann:

$$\xrightarrow{\text{2 CO} + \text{H}_2\text{O}} \text{HOOC}-(\text{CH}_2)_4-\text{COOH}$$

Mit Salzsäure wird Tetrahydrofuran aufgespalten, wobei je nach den Reaktionsbedingungen 4-Chlorbutanol (*149*), $\delta\delta'$-Dichlordibutyläther (*150, 151*) oder 1,4-Dichlorbutan entstehen (*152, 153, 154, 155*):

$$\text{Cl}-\text{CH}_2-\text{CH}_2-\text{CH}_2-\text{CH}_2-\text{Cl}$$
1,4-Dichlorbutan

$$\uparrow \text{HCl}$$

$$\xrightarrow{\text{HCl}} \text{HO}-\text{CH}_2-\text{CH}_2-\text{CH}_2-\text{CH}_2-\text{Cl}$$
4-Chlorbutanol-1

$$\xrightarrow[\text{SOCl}_2 \qquad -\text{H}_2\text{O}]{} $$

$$\text{Cl}-(\text{CH}_2)_4-\text{O}-(\text{CH}_2)_4-\text{Cl}$$
ω-ω'-Dichlordibutyl-äther

Über 1,4-Dichlorbutan führt ein weiterer Weg über Adipinsäuredinitril zum Hexamethylendiamin (*156, 157, 158, 159, 160*):

$$\text{Cl}-\text{CH}_2-\text{CH}_2-\text{CH}_2-\text{CH}_2-\text{Cl}$$

$$\downarrow \text{2 NaCN}$$

$$\text{NC}-\text{CH}_2-\text{CH}_2-\text{CH}_2-\text{CH}_2-\text{CN}$$

$$\downarrow \text{4 H}_2$$

$$\text{H}_2\text{N}-\text{CH}_2-\text{CH}_2-\text{CH}_2-\text{CH}_2-\text{CH}_2-\text{CH}_2-\text{NH}_2$$

Die verschiedenen Wege, die vom Acetylen und Formaldehyd ausgehend unter Ausschaltung der knappen und für andere Zwecke (z. B. Bakelite) dringend benötigten Phenol-Basis zu den Bausteinen der Polyamide (Hexamethylendiamin und Adipinsäure) führen, sind aus der Anlage X im Anhang ersichtlich.

Die Umsetzung von Dichlorbutan mit Cyannatrium läßt sich auch so leiten, daß nur ein Chloratom durch die Cyangruppe ersetzt wird, wobei δ-Chlorvaleronitril entsteht, das durch Erhitzen mit Wasser unter Druck in δ-Valerolacton übergeht:

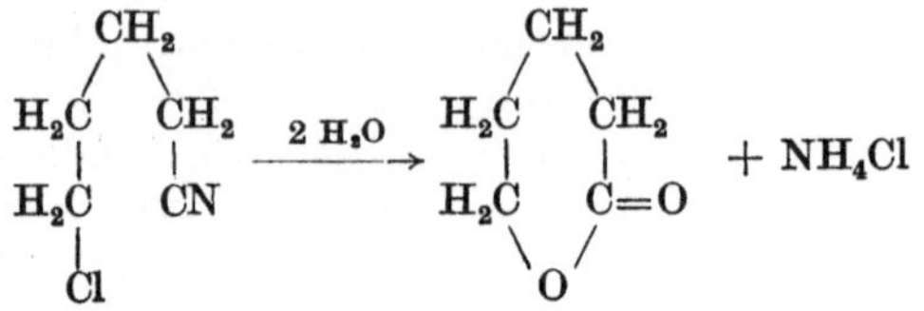

$$
\begin{array}{ccc}
\underset{\text{δ-Chlorvalero-nitril}}{
\begin{array}{c}
CH_2 \\
H_2C \quad CH_2 \\
H_2C \quad CN \\
Cl
\end{array}}
& \xrightarrow{2\ H_2O} &
\underset{\text{δ-Valero-lacton}}{
\begin{array}{c}
CH_2 \\
H_2C \quad CH_2 \\
H_2C \quad C{=}O \\
O
\end{array}} + NH_4Cl
\end{array}
$$

δ-Valerolacton selbst ist durch Verschmelzen mit Cyannatrium über δ-Cyanvaleriansäure und nachfolgende Hydrierung in Caprolactam, einen wichtigen Baustein der Polyamidchemie, überführbar:

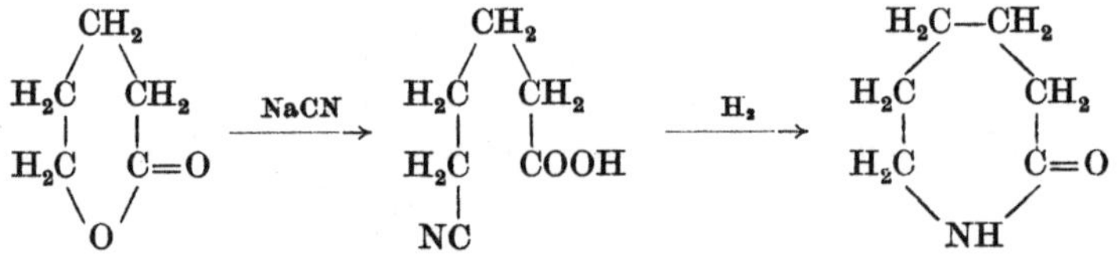

$$
\underset{\text{δ-Valero-lacton}}{
\begin{array}{c}
CH_2 \\
H_2C \quad CH_2 \\
H_2C \quad C{=}O \\
O
\end{array}}
\xrightarrow{NaCN}
\underset{\text{δ-Cyan-valerian-säure}}{
\begin{array}{c}
CH_2 \\
H_2C \quad CH_2 \\
H_2C \quad COOH \\
NC
\end{array}}
\xrightarrow{H_2}
\underset{\text{ε-Capro-lactam}}{
\begin{array}{c}
H_2C{-}CH_2 \\
H_2C \quad CH_2 \\
H_2C \quad C{=}O \\
NH
\end{array}}
$$

Dichlordibutyläther seinerseits reagiert leicht mit Ammoniak, Soda, Natriumsulfhydrat und -cyanid zu den entsprechenden funktionellen Derivaten:

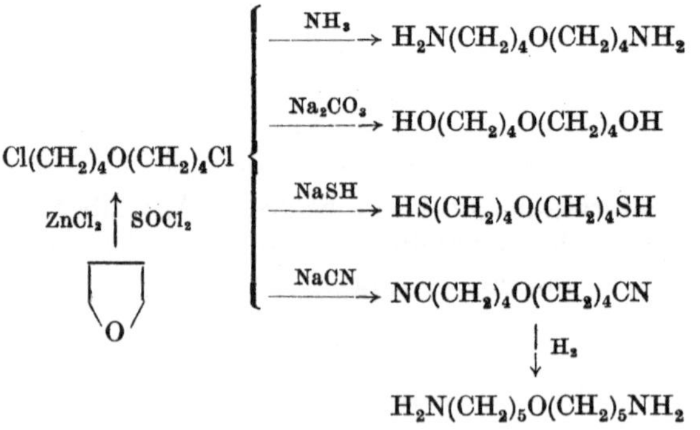

$$
Cl(CH_2)_4O(CH_2)_4Cl
\begin{cases}
\xrightarrow{NH_3} H_2N(CH_2)_4O(CH_2)_4NH_2 \\
\xrightarrow{Na_2CO_3} HO(CH_2)_4O(CH_2)_4OH \\
\xrightarrow{NaSH} HS(CH_2)_4O(CH_2)_4SH \\
\xrightarrow{NaCN} NC(CH_2)_4O(CH_2)_4CN
\end{cases}
$$

$$ZnCl_2 \uparrow SOCl_2$$

$$\xrightarrow{\ H_2\ } H_2N(CH_2)_5O(CH_2)_5NH_2$$

Von weiteren Umsetzungen des Tetrahydrofurans ist seine leichte Aufspaltbarkeit zu 4-Chlorbutanolestern

$$\text{(Tetrahydrofuran)} + CH_3COCl \longrightarrow$$

$$\longrightarrow CH_3COO-CH_2-CH_2-CH_2-CH_2-Cl$$

4-Chlorbutanolacetat

und die ebenfalls leicht eintretende Chlorierung durch elementares Chlor zu 2,3-Dichlortetrahydrofuran (*162*) zu nennen:

$$H_2C-CH_2 \xrightarrow{Cl_2} H_2C-CHCl \xrightarrow{H_2O} H_2C-CHCl$$

Das Chloratom, das an dem dem Sauerstoffatom benachbarten Kohlenstoffatom des 2,3-Dichlortetrahydrofurans sitzt, ist leicht ersetzbar, z. B. durch Alkohole (*163*), Carbonsäure- und Sulfosäureester (*164*).

Technisch wichtig ist die Umsetzung des Tetrahydrofurans mit Ammoniak oder Aminen zu Pyrrolidin bzw. seinen N-Substitutionsprodukten (*165*), aus denen sich Alterungsschutzmittel, Schädlingsbekämpfungsmittel und Vulkanisationsbeschleuniger gewinnen lassen:

N-Methylpyrrol

Die Dehydrierung der Pyrrolidine, und dies gilt im besonderen Maße für die aus Butendiol erhältlichen Pyrroline, führt in die Pyrrolreihe (*166*). Damit sind durch die neue Alkinolsynthese auch die Körperklassen der Pyrrolidine und Pyrrole, die bisher praktisch nicht zugänglich waren, für die technische Verwertung erschlossen worden.

Wie neuere Arbeiten Prof. MEERWEINs (*167*) gezeigt haben, gelingt es bei Verwendung bestimmter Katalysatoren, den 5-Ring des Tetrahydrofurans in der Weise aufzuspalten, daß sich in Ionenkettenreaktion eine kleinere oder größere Anzahl von Tetrahydrofuranmolekülen ätherartig zu weichharzartigen bis festen, kautschukartigen plastischen Massen aneinanderlagert. Die Produkte können u. a. als hochwertige Schmierstoffe eingesetzt werden. Auffallend ist hierbei, daß der sonst so stabile 5-Ring eine derartige Reaktion eingeht, wie wir sie nur vom 3-Ring des Äthylenoxyds kennen.

c) Alkinolsynthese mit Acetaldehyd und Folgereaktionen.

Wie bereits oben angedeutet wurde, vermag Acetylen mit Acetaldehyd unter dem katalytischen Einfluß von Kupferacetylid in ähnlicher Weise wie mit Formaldehyd zu reagieren. Es bilden sich also auch hier durch einseitige bzw. doppelseitige Umsetzung das entsprechende Alkinol, Butin-3-ol-2, und das Alkindiol, Hexin-3-diol-2,5. Im Anhang Anlage XI (*168*) sind die verschiedenen durch die Alkinolsynthese mit Acetaldehyd technisch erschlossenen neuen Zwischenprodukte dargestellt.

Butin-3-ol-2 selbst kann ähnlich wie das Methylbutinol, das durch Umsetzung von Acetylen mit Aceton gewinnbar ist, als Lösungsmittel für Polyamide sowie ähnlich dem Propargylalkohol als Sparbeize Anwendung finden. Als ein noch ein saures Acetylenwasserstoffatom tragendes Molekül ist es zu Äthinylierungsreaktionen befähigt. So reagiert es z. B. mit dem aus Formaldehyd und Diäthylamin erhältlichen Diäthylmethylolamin unter Wasserabspaltung und Bildung von 1-Diäthylamino-pentin-2-ol-4, das durch Hydrierung in 1-Diäthylaminopentanol-4 überführbar ist. Letzteres gibt bei Umsetzung mit 6-Methoxy-chinolin das Malariamittel Plasmochin (siehe S. 26), während bei der Oxydation das entsprechende Keton, das zur Synthese des Malaria-Schizontenmittels Atebrin dient, entsteht.

Butinol vermag ferner unter dem Einfluß von Kupferacetylid mit Formaldehyd unter Bildung des asymmetrischen Alkindiols, des Pentin-3-diol-2,5, zu reagieren, mit dem wieder die ganze Fülle von Reaktionen, die wir beim Butindiol bereits kennengelernt haben, ausgeführt werden kann:

$$CH_3-\overset{\diagup H}{C}=O + HC\equiv CH \longrightarrow CH_3-CHOH-C\equiv CH$$
$$\text{Butin-3-ol-2}$$

$$\Big\downarrow \overset{\diagup H}{HC}=O$$

$$CH_3-CHOH-C\equiv C-CH_2OH$$
$$\text{Pentin-3-diol-2,5}$$

$$\Big\downarrow H_2$$

$$2\,H_2 \quad CH_3-CHOH-CH=CH-CH_2OH$$
$$\text{Penten-3-diol-2,5}$$

$$\Big\downarrow H_2$$

$$CH_3-CHOH-CH_2-CH_2-CH_2OH$$
$$\text{Pentandiol-2,5}$$

Dementsprechend läßt sich Pentindiol partiell zum Penten-3-diol-2,5 hydrieren, sowie zum Pentandiol-2,5 perhydrieren. Pentandiol-2,5 ist seinerseits wieder zu den analogen Wasserabspaltungsreaktionen wie Butandiol-1,4 befähigt, so daß, je nach den Arbeitsbedingungen, 2-Methyltetrahydrofuran bzw. 1-Methyl-butadien (Piperylen), das auf Polymerisate verarbeitet werden kann, erhalten werden. Bei der Dehydrierung liefert Pentandiol γ-Valerolacton (*169*); bei der Wasseranlagerung entsteht aus Pentin-3-diol-2,5 ein Gemisch von 3-Ketopentandiol-2,5 und 4-Ketopentandiol-2,5, das bei der Hydrierung das entsprechende

Gemisch der isomeren Pentantriole mit den Oxygruppen in 2,3,5-Stellung bzw. 2,4,5-Stellung liefert:

$$CH_3\!-\!CHOH\!-\!C\!\equiv\!CH$$
Butin-3-ol-2

$\Big\downarrow CH_2O$

$$CH_3\!-\!CHOH\!-\!C\!\equiv\!C\!-\!CH_2OH$$
Pentin-3-diol-2,5

$H_2O \qquad\qquad H_2O$

$$CH_3\!-\!CHOH\!-\!CO\!-\!CH_2\!-\!CH_2OH \qquad CH_3\!-\!CHOH\!-\!CH_2\!-\!CO\!-\!CH_2OH$$

$\Big\downarrow H_2 \qquad\qquad\qquad\qquad\qquad\qquad \Big\downarrow H_2$

$$CH_3\!-\!CHOH\!-\!CHOH\!-\!CH_2\!-\!CH_2OH \qquad CH_3\!-\!CHOH\!-\!CH_2\!-\!CHOH\!-\!CH_2OH$$
Pentantriol-2,3,5   Pentantriol-2,4,5

Bei der Wasseranlagerung ergibt Butinol Acetoin, das durch Wasserabspaltung in Vinylmethylketon übergeht. Letzteres ergibt bei der Hydrierung Methyläthylketon (*170*):

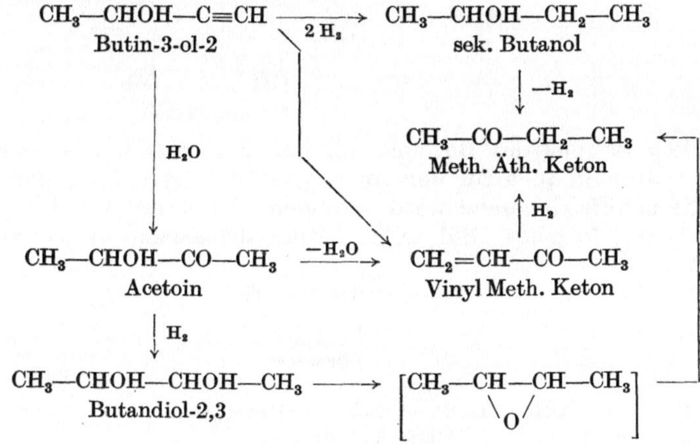

Butandiol-2,3, das bei der Hydrierung von Acetoin entsteht, liefert bei der Dehydratisierung gleichfalls Methyläthylketon und bei der Wasserabspaltung Tetramethyldioxan. Mit der Synthese des 2,3-Butandiols sind sämtliche möglichen Butandiole auf rein synthetischem Wege zugänglich geworden (*171*).

Bei der Dehydrierung von Butanol-2 wird Methyläthylketon erhalten, das also auf Basis Butinol auf drei verschiedenen Wegen zugänglich ist: aus Vinylmethylketon durch Hydrierung, aus Butandiol-2,3 und Butanol-2 durch Dehydrierung.

Aus Butandiol-2,3 wird durch milde Dehydrierung Butandion-2,3, Diacetyl, erhalten, das als einfachstes Diketon und Träger des Butteraromas von besonderem Interesse ist:

$$CH_3\!-\!CHOH\!-\!CHOH\!-\!CH_3 \xrightarrow{-2\,H_2} CH_3\!-\!CO\!-\!CO\!-\!CH_3$$

In analoger Weise wie beim Propargylalkohol lassen sich 2 Moleküle Butinol mit Luftsauerstoff in Gegenwart von $CuCl_2$ zum Octadiin-3,5-diol-2,7 zusammenoxydieren, das über Octadien-3,5-diol-2,7 zum Octandiol-2,7 hydriert werden kann:

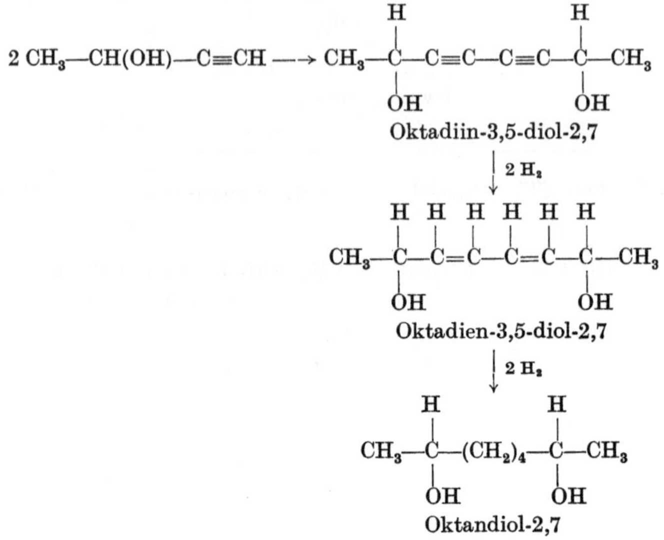

$$2\ CH_3{-}CH(OH){-}C{\equiv}CH \longrightarrow CH_3{-}\underset{\underset{OH}{|}}{\overset{\overset{H}{|}}{C}}{-}C{\equiv}C{-}C{\equiv}C{-}\underset{\underset{OH}{|}}{\overset{\overset{H}{|}}{C}}{-}CH_3$$

Oktadiin-3,5-diol-2,7

$\downarrow\ 2\ H_2$

$$CH_3{-}\underset{\underset{OH}{|}}{\overset{\overset{H}{|}}{C}}{-}\overset{\overset{H}{|}}{C}{=}\overset{\overset{H}{|}}{C}{-}\overset{\overset{H}{|}}{C}{-}\overset{\overset{H}{|}}{C}{=}\overset{\overset{H}{|}}{C}{-}\underset{\underset{OH}{|}}{\overset{\overset{H}{|}}{C}}{-}CH_3$$

Oktadien-3,5-diol-2,7

$\downarrow\ 2\ H_2$

$$CH_3{-}\underset{\underset{OH}{|}}{\overset{\overset{H}{|}}{C}}{-}(CH_2)_4{-}\underset{\underset{OH}{|}}{\overset{\overset{H}{|}}{C}}{-}CH_3$$

Oktandiol-2,7

An dem Beispiel des Butinols soll weiter gezeigt werden, daß die Alkinol-Synthesen auch für den Aufbau vieler interessanter und wertvoller Riechstoffe eingesetzt werden können. Aus Butinol und Önanthol kann, wie das folgende Bild zeigt, Tetrahydrojasmon aufgebaut werden (*172*):

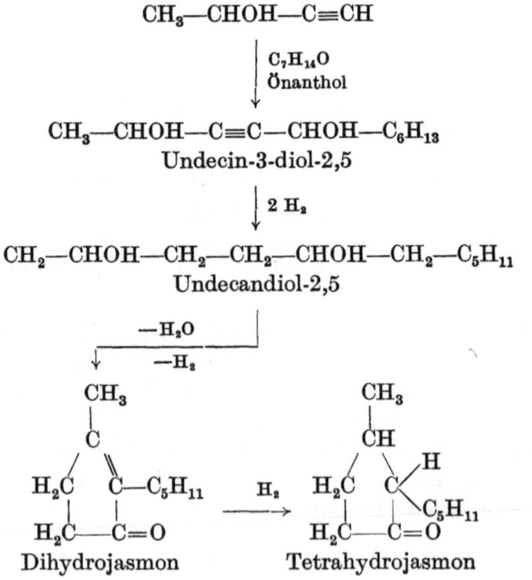

$$CH_3{-}CHOH{-}C{\equiv}CH$$

$\downarrow\ \begin{array}{l}C_7H_{14}O\\ \text{Önanthol}\end{array}$

$$CH_3{-}CHOH{-}C{\equiv}C{-}CHOH{-}C_6H_{13}$$

Undecin-3-diol-2,5

$\downarrow\ 2\ H_2$

$$CH_2{-}CHOH{-}CH_2{-}CH_2{-}CHOH{-}CH_2{-}C_5H_{11}$$

Undecandiol-2,5

$\downarrow\ \begin{array}{l}-H_2O\\ -H_2\end{array}$

Dihydrojasmon $\xrightarrow{\ H_2\ }$ Tetrahydrojasmon

Bei der partiellen Hydrierung liefert Butin-3-ol-2 Buten-3-ol-2 und bei der Perhydrierung Butanol-2:

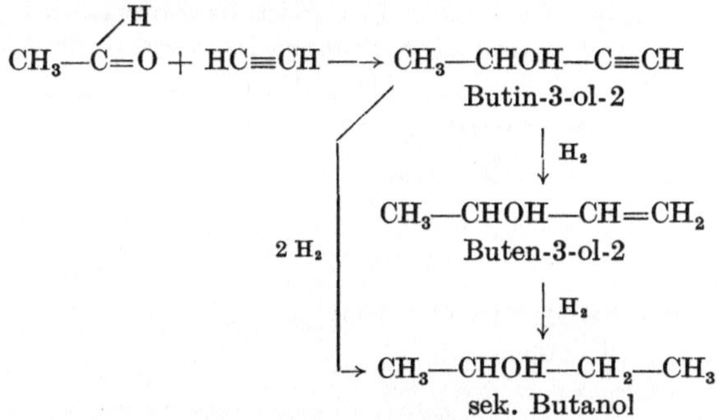

$$CH_3-\overset{\nearrow H}{C}=O + HC\equiv CH \longrightarrow CH_3-CHOH-C\equiv CH$$

Butin-3-ol-2

$$\downarrow H_2$$

$$CH_3-CHOH-CH=CH_2$$

Buten-3-ol-2

$$\downarrow H_2$$

$$CH_3-CHOH-CH_2-CH_3$$

sek. Butanol

Vom Buten-3-ol-2 erhält man durch Anlagerung von Wasserstoffperoxyd Butantriol-1,2,3 (Methylglycerin) (*173*), das ein Isomeres des oben beschriebenen Butantriol-1,3,4 ist:

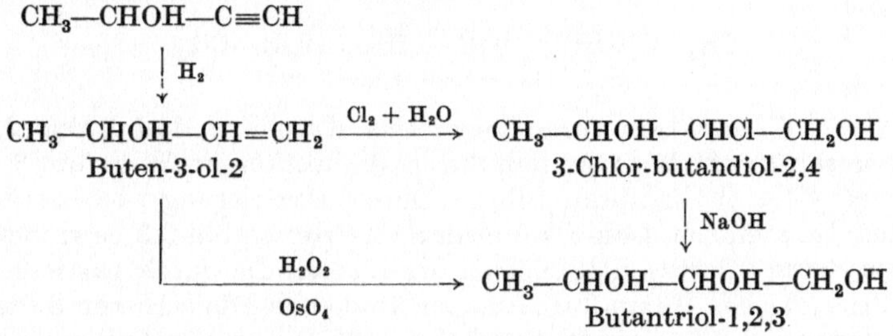

$$CH_3-CHOH-C\equiv CH$$

$$\downarrow H_2$$

$$CH_3-CHOH-CH=CH_2 \xrightarrow{Cl_2 + H_2O} CH_3-CHOH-CHCl-CH_2OH$$

Buten-3-ol-2   3-Chlor-butandiol-2,4

$$\downarrow NaOH$$

$$\xrightarrow[OsO_4]{H_2O_2} CH_3-CHOH-CHOH-CH_2OH$$

Butantriol-1,2,3

Durch Dehydration läßt sich aus Butenol gleichfalls Butadien gewinnen, so daß die Alkinolsynthese sowohl bei Verwendung von Formaldehyd als auch von Acetaldehyd je einen Weg zur Herstellung dieses wichtigsten Diolefins erschließt.

Wie der Formaldehyd, so vermag auch der Acetaldehyd mit beiden Methinwasserstoffatomen des Acetylens in Reaktion zu treten, so daß entweder durch nochmalige Umsetzung von Butin-3-ol-2 mit Acetaldehyd in Gegenwart von Kupferacetylid oder direkt in einem Arbeitsgang aus Acetaldehyd und Acetylen das Hexin-3-diol-2,5 erhalten wird, das nun seinerseits zu mannigfachen Umsetzungen entsprechend dem Butindiol befähigt ist.

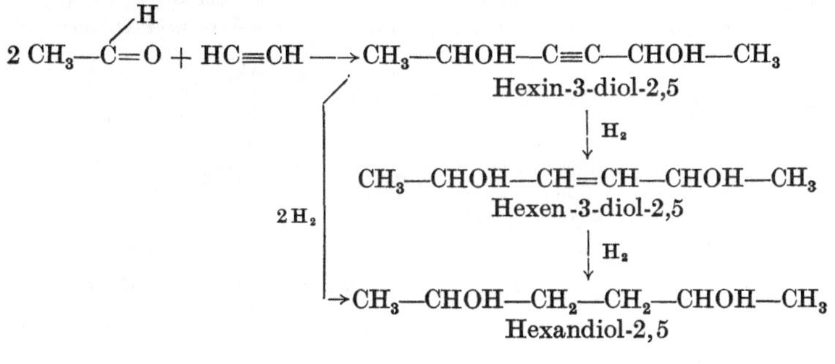

$$2\,CH_3-\overset{\nearrow H}{C}=O + HC\equiv CH \longrightarrow CH_3-CHOH-C\equiv C-CHOH-CH_3$$

Hexin-3-diol-2,5

$$\downarrow H_2$$

$$CH_3-CHOH-CH=CH-CHOH-CH_3$$

Hexen-3-diol-2,5

$$\downarrow H_2$$

$$CH_3-CHOH-CH_2-CH_2-CHOH-CH_3$$

Hexandiol-2,5

Es sollen von diesen Umsetzungen nur die wichtigsten herausgegriffen und die Isomerisierung des Hexindiols zum 2-Oxyhexen-4-on-3 erwähnt werden, das durch Wasseranlagerung in Ketohexandiol übergeht, das bei der Hydrierung in das nächsthöhere Homologe der Pentantriole, nämlich in das Hexantriol-2,3,5 übergeführt wird:

$$CH_3—CHOH—C{\equiv}CH$$
Butin-3-ol-2

$$CH_3—\overset{\displaystyle H}{C}{=}O$$

$$CH_3—CHOH—C{\equiv}C—CHOH—CH_3$$
Hexin-3-diol-2,5

H_2O

$$CH_3—CHOH—CO—CH_2—CHOH—CH_3$$

H_2

$$CH_3—CHOH—CHOH—CH_2—CHOH—CH_3$$
Hexantriol-2,3,5

Bei der Wasserabspaltung liefert das Ketohexandiol 3-Oxo-2,5-dimethyltetrahydrofuran, von dem durch Reduktion ein Weg zum 3-Oxy-2,5-dimethyltetrahydrofuran führt. Durch Hydrierung des bereits erwähnten 2-Oxyhexen-4-on-3 kann man das Hexandiol-2,3 gewinnen.

Eine Reihe interessanter Körper erschließen die durch partielle bzw. Perhydrierung des Hexin-3-diol-2,5 zugänglichen Diole Hexen-3-diol-2,5 sowie Hexandiol-2,5. Der Olefinalkohol läßt sich durch Anlagerung von Wasserstoffperoxyd in den 1,4-Dimethylerythrit überführen, aus dem durch Wasserabspaltung Hexatrien-1,3,5 erhältlich sein muß. Das gesättigte Diol läßt sich leicht dehydrieren zum Hexandion-2,5, das als Acetonylaceton schon lange in der organischen Chemie bekannt ist und das wichtigste 1,4-Diketon darstellt (*174*):

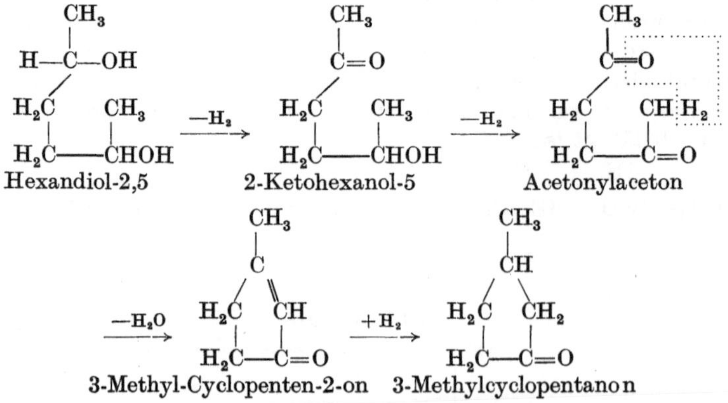

Hexandiol-2,5 $\xrightarrow{-H_2}$ 2-Ketohexanol-5 $\xrightarrow{-H_2}$ Acetonylaceton $\xrightarrow{-H_2O}$ 3-Methyl-Cyclopenten-2-on $\xrightarrow{+H_2}$ 3-Methylcyclopentanon

Die Alkinolsynthese eröffnet also einen eleganten Weg zur Herstellung dieser wichtigen Verbindung, die bisher nur mühsam durch

Umsetzung von Natriumacetessigester mit Jod erhalten werden konnte. Das Hexandiol liefert bei der Wasserabspaltung 2,5-Dimethyl-tetrahydrofuran und bei weiterer Dehydratation 1,4-Dimethyl-butadien-1,3, das allerdings im Gegensatz zum 2,3-Dimethyl-butadien-1,3 wenig polymerisationsfreudig ist. Durch Umsetzung mit Ammoniak und Aminen werden aus dem 2,5-Dimethyl-tetrahydrofuran 2,5-Dimethyl-pyrrolidin und seine N-Substitutionsprodukte synthetisiert.

Analoge Reaktionen haben wir auch mit höheren Aldehyden, wie Propionaldehyd, Butyraldehyd, Crotonaldehyd, Önanthaldehyd, Dodecylaldehyd, Benzaldehyd usw., ausgeführt. Eine Übersicht über die wichtigsten nach der neuen Alkinolsynthese erhaltenen Körper, die in der Literatur zum Teil vorbeschrieben sind, aber nur mit Hilfe der GRIGNARDschen Synthese gewonnen wurden, gibt Anlage XII.

d) Alkinolsynthesen mit höheren Aldehyden und substituierten Acetylenen.

Die Folgereaktionen der nach der Alkinolsynthese aus höheren aliphatischen bzw. aromatischen Aldehyden und Acetylenen zugänglich gewordenen Alkinole bzw. Alkindiole sind noch zu wenig bearbeitet, um hier bereits eingehend gewürdigt zu werden. Erwähnt sei lediglich, daß das aus 2 Mol Crotonaldehyd und Acetylen erhältliche Alkindiol:

$$CH_3\!-\!CH\!=\!CH\!-\!CH\!-\!C\!\equiv\!C\!-\!CH\!-\!CH\!=\!CH\!-\!CH_3$$
$$\overset{|}{O}H \qquad\qquad \overset{|}{O}H$$

Dekadien-2,8-in-5-diol-4,7

den Charakter eines trocknenden Öles besitzt.

Die eingehende Bearbeitung der höheren Aldehyde steht noch aus. Auch hier ist eine Fülle neuer interessanter Zwischenprodukte zu erwarten. Darüber hinaus ergeben sich durch Anwendung der Alkinolsynthesen auf substituierte Acetylene, wie Methyl-, Vinyl-, Phenyl- sowie hauptsächlich Diacetylen weitere große technische Möglichkeiten, da diese Produkte bei der Lichtbogen-Synthese des Acetylens in großen Mengen als bisher unverwertbare Nebenprodukte anfallen. Ferner dürfte das Studium des Verhaltens mehrwertiger Aldehyde, z. B. der Dialdehyde, wie Glyoxal, Bernsteinsäure-, Adipinsäuredialdehyd usw. gegenüber Acetylenen von besonderem Interesse sein, da hier die Bildung langkettiger Polyole mit 3 fachen Bindungen zu erwarten ist.

5. Alkinole und Alkindiole aus Ketonen.

Bei unseren Versuchen, die bekannte stöchiometrisch verlaufende Umsetzung von Ketonen mit Acetylen zu tertiären Acetylenalkoholen (*175*) katalytisch zu gestalten, zeigte sich überraschenderweise, daß hier der Acetylen-Kupfer-Kontakt nur wenig wirksam ist (*176*), daß hingegen diese Reaktion mit katalytischen Mengen von KOH oder NaOH, sogar in wäßriger Lösung, durchführbar ist, wenn man mit *Acetylen unter Druck* arbeitet (*177*). So vereinigt sich Aceton mit Acetylen in umkehrbarer Reaktion:

$$\begin{array}{c}CH_3\\CH_3\end{array}\!\!\Big\rangle C=O \; + \; HC\!\equiv\!CH \;\longrightarrow\; \begin{array}{c}CH_3\\CH_3\end{array}\!\!\Big\rangle C\!\!\Big\langle\!\!\begin{array}{c}OH\\C\!\equiv\!CH\end{array}$$

$$\begin{array}{c}CH_3\\CH_3\end{array}\!\!\Big\rangle\overset{OH}{\underset{}{C}}\!\!-\!C\!\equiv\!C\!-\!\overset{HO}{\underset{}{C}}\!\!\Big\langle\!\begin{array}{c}CH_3\\CH_3\end{array}$$

Das Gleichgewicht ist abhängig von der Konzentration der Reaktionsteilnehmer. Es liegt bei Normaldruck des Acetylens ganz auf Seite der Dissoziation, bei 20 atü Acetylendruck bei ca. 15 % 2-Metyl-butin-3-ol-2.

Als Nebenprodukte entstehen 20—30 % 2,5-Dimethyl-hexin-3-diol-2,5 vom Schmelzpunkt 98° C (*178*).

Über Folgereaktionen (siehe Anlage XIII).

Andere Ketone verhalten sich ganz analog (*179*), so daß auf diesem Wege tertiäre Acetylenalkohole ganz allgemein zugänglich sind. Die tertiären Alkinole, wie 2-Methylbutin-3-ol-2, konnten wir in Gegenwart von Kupferacetylid auch mit Aldehyden umsetzen und so gemischte Alkindiole mit einer tertiären Oxygruppe herstellen (*180*), beispielsweise entsprechend der Gleichung:

$$\begin{array}{c}CH_3\\CH_3\end{array}\!\!\Big\rangle\underset{OH}{C}\!-\!C\!\equiv\!CH \; + \; H\!-\!\overset{H}{C}\!=\!O \;\longrightarrow\; \begin{array}{c}CH_3\\CH_3\end{array}\!\!\Big\rangle\underset{OH}{C}\!-\!C\!\equiv\!C\!-\!CH_2OH$$

aus 2-Methyl-butin-3-ol-2 und Formaldehyd das 2-Methylpentin-3-diol-2,5.

Auch mit Ketonen der hydroaromatischen Reihe läßt sich die Kondensation mit Acetylen unter dem katalytischen Einfluß von Ätzkali oder Ätznatron leicht durchführen. Man arbeitet hier am besten in der Schmelze ohne Anwendung von Lösungsmitteln, z. B. erhält man aus Cyclohexanon bei 85° C und ca. 20 atü Acetylendruck ein Gemisch von:

30 % 1-Oxy-cyclohexyl-acetylen(I) und 60 % 1,1-Dioxy-dicyclohexyl-acetylen(II) (*181*).

Unter dem katalytischen Einfluß von Alkali geht I mit Cyclohexanon in II über, während umgekehrt II bei erhöhter Temperatur in Cyclohexanon und I aufgespalten wird.

Über die hieraus durch Folgereaktionen, wie Wasseranlagerung, Hydrierung, Wasserabspaltung usw. erhältlichen Produkte (siehe Anlage XIV).

6. Schlußbemerkungen.

Aus den vorstehenden Ausführungen dürfte zu ersehen sein, daß die neuen Alkinol-Synthesen als Schlüsselreaktion ein außerordentlich weites Gebiet der aliphatischen organischen Chemie umspannen. Für die Technik ist besonders reizvoll, daß allen diesen neuen Reaktionen einfache und billige Ausgangsmaterialien zugrunde liegen, daß sie glatt und mit guten Ausbeuten verlaufen und somit nicht nur Bildungsweisen theoretischen Interesses, sondern praktisch verwertbare technische Verfahren darstellen.

Eine Fülle von Zwischenprodukten wurde durch sie der technischen Verwertung erschlossen und viele seltene Substanzen einer gründlichen wissenschaftlichen Durchforschung zugänglich gemacht. Infolge der Neuartigkeit der Prozesse und der Vielgestaltigkeit der Folgereaktionen konnten naturgemäß die gegebenen technischen Möglichkeiten nur zu einem geringen Teil ausgeschöpft werden. Die Synthese der zahlreichen Varianten und ihr Einsatz für die verschiedensten Anwendungsgebiete (Kunststoffe, Lackrohstoffe, Lösungsmittel, Weichmacher, Wachse, Leder- und Pelzhilfsmittel, Textilhilfsmittel, photographische und pharmazeutische Produkte, Farbstoff-Zwischenprodukte, Riechstoffe) bietet für lange Zeit ein lohnendes Forschungs- und Anwendungsgebiet.

Die Synthese des Butindiols ist ein Schulbeispiel für die sich immer wiederholende technische Entwicklung moderner Verfahren vom Laboratoriums- über den halbtechnischen und technischen Maßstab hinaus zur Großtechnik. Die folgenden Bilder sind geeignet, eine derartige Entwicklung zu demonstrieren:

Abb. 8. Versuchsautoklaven im Laboratorium.

Abb. 9. 5-Liter-Autoklaven.

Abb. 10. 50-Liter-Autoklav.

Abb. 11. 200-Liter-Autoklav.

Abb. 12. 500-Liter-Autoklav.

Abb. 13. ¹/₂-Liter-Ofen.

Abb. 14. Blick in das Technikum.

Abb. 15. Teil des Maschinenraumes im Technikum.

Abb. 16. 250-Liter-Ofen.

Abb. 17. 2-Tonnen-Ofen.

Abb. 18. Kompressor zum 2-Tonnen-Ofen.

Abb. 19.   Kommandostand.

Abb. 20.   Versuchsanlage Schkopau, Vorderansicht.

Abb. 21. Versuchsanlage Schkopau, Rückansicht.

Abb. 22. Pumpenaggregat Schkopau.

Abb. 23. Großanlage Ludwigshafen, Butindiolfabrik.

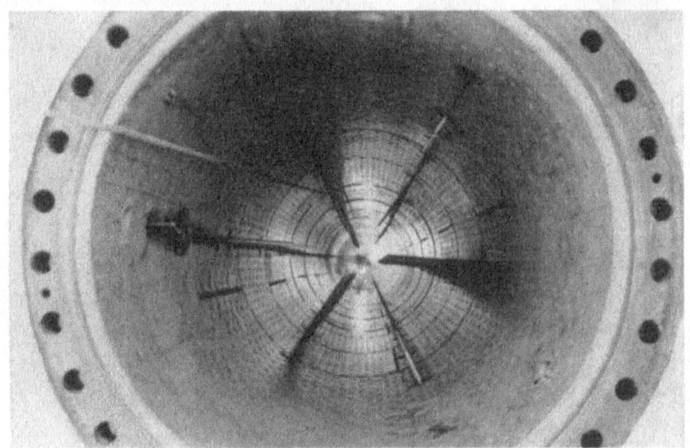

Abb. 24. Blick in einen Butindiol-Kontaktofen.

Abb. 25. Bedienungsstand, Butindiolfabrik.

Abb. 26. Kompressorenanlage und Umlaufpumpe, Butindiolfabrik.

Reppe, Chemie des Acetylens. 5

Abb. 27. Zubringerpumpen, Butindiolfabrikation.

Abb. 28. Zubringerpumpen, Butindiol-Fabrikation.

III. Cyclisierende Polymerisation.

Durch die klassischen Arbeiten Berthelots ist es bekannt geworden, daß Acetylen bei hohen Temperaturen eine pyrogene Kondensation unter Bildung von Aromaten eingeht. Berthelot (*182*) konnte bei der pyrogenen Behandlung des Acetylens neben Benzol Naphthalin, Diphenyl und andere aromatische Kohlenwasserstoffe gewinnen. Nach Berthelot hat sich noch eine große Zahl von Forschern mit der Polymerisationsfreudigkeit des Acetylens und der hierdurch gegebenen Möglichkeiten zur Synthese wertvoller Verbindungen beschäftigt. Erwähnt seien nur die Arbeiten von R. Meyer (*183*) und N. Zelinski (*184*) und neuerdings von R. Schwarz (*185*), der die pyrogene Kondensation des Acetylens im Abschreckrohr vornahm und eine Steigerung der Ausbeuten an Benzol und Toluol erzielen konnte. Auf einem grundsätzlich anderen Weg gelang es Nieuwland, unmittelbar vom Acetylen

ausgehend, dessen aliphatische Polymere, Vinylacetylen, Divinylacetylen, Äthinylbutadien usw. herzustellen.

Eigene Arbeiten auf dem Acetylen-Gebiet hatten nun gezeigt, daß
Nickel oder Nickelverbindungen nicht nur ausgezeichnete Katalysatoren
für Reaktionen mit Kohlenoxyd, sondern auch für solche mit Acetylen
und Kohlenoxyd sind, wie im folgenden Kapitel berichtet wird. Sie
wurden deshalb auch für weitere Acetylen-Reaktionen eingesetzt. Es
zeigte sich hierbei die erstaunliche Tatsache, daß es unter Verwendung
bestimmter Nickel-Katalysatoren möglich ist, vier oder noch mehr
Acetylenmoleküle zu cyclischen Polymeren zu kondensieren (*186*).

Es ist auf diese Weise möglich geworden, das Cyclooctatetraen
WILLSTAETTERs (*187*), das bisher infolge seiner außerordentlich schwie-
rigen Zugänglichkeit nur ein ausgesprochen seltener Stoff geblieben
war, in beliebigen Mengen unmittelbar aus Acetylen leicht herzustellen.
Es unterliegt wohl keinem Zweifel, daß Cyclooctatetraen, dessen Um-
wandlungsprodukte auch wirtschaftliches Interesse haben, eines Tages
technisch in großen Mengen hergestellt wird. Bietet doch die neue
Synthese u. a. erstmalig einen Weg, um auch von der technischen Seite
her in das Gebiet des Achtrings vorzudringen.

WILLSTAETTER und Mitarbeiter (*188*) haben auf einem außerordentlich langwierigen und mühsamen Wege bei der Nachprüfung der THIELE-
schen Valenztheorie erstmalig das Cyclooctatetraen synthetisiert und
hinsichtlich seines ungesättigten Charakters näher untersucht. Sie
gingen hierbei von einem Naturprodukt, einem Alkaloid der Reihe des
Granatapfelbaumes, dem Pseudopelletierin, aus, in dem der Achtring
bereits vorgebildet ist. Durch Hydrierung, mehrfache erschöpfende
Methylierung, Einführung von Doppelbindungen durch Destillation der
quaternären Ammoniumbasen gelangten sie schließlich zum Cyclooctatrien, das durch Bromierung, Austausch des Broms gegen Dimethylamin, weitere erschöpfende Methylierung und schließlich Destillation
der freien Ammoniumbase in Cyclooctatetraen übergeführt wurde.
Aus 100 kg Granatapfelbaumrinde konnten auf diese Weise 100 g
Pseudopelletierin und hieraus schließlich 3—4 g Cyclooctatetraen gewonnen werden:

$$
\begin{array}{ccc}
H_2C-CH\!-\!-\!-\!-CH_2 & & H_2C-CH\!-\!-\!-\!-CH_2 \\
| \quad\; | \qquad\quad | & \xrightarrow[\;100\,\%\;]{\text{Na in Alkohol}} & | \quad\; | \qquad\quad | \\
H_2C \;\; N-CH_3 \; C{=}O & & H_2C \;\; N{+}CH_3 \; CHOH \\
| \quad\; | \qquad\quad | & & | \quad\; | \qquad\quad | \\
H_2C-CH\!-\!-\!-\!-CH_2 & & H_2C-CH\!-\!-\!-\!-CH_2
\end{array}
$$

Pseudopelletierin (Methylgranatonin) Methylgranatolin

elektro-lytisch 68,7% ↓   P + HJ 90%

$$
\begin{array}{ccccc}
H_2C-CH\!-\!-\!-CH & & H_2C\!-\!-\!-CH\!-\!-\!-CH & & H_2C-CH-CH \\
| \quad\; | \qquad \| & \xrightarrow[\;+AgOH\;]{CH_3J} & | \quad HO-N{<}^{CH_3}_{\;\;CH_3} \| & \xrightarrow[\;\text{-dest. }90\%]{\text{Vak.-}} & | \quad\; | \qquad \| \\
H_2C \;\; N-CH_3 \; CH & & H_2C \qquad\qquad CH & & H_2C \qquad\quad CH \\
| \quad\; | \qquad | & & | \qquad\qquad\quad | & & | \quad\; | \qquad | \\
H_2C-CH\!-\!-\!-CH_2 & & H_2C\!-\!-\!-CH\!-\!-\!-CH_2 & & H_2C-CH{=}CH
\end{array}
$$

Methylgranatenin

$$\xrightarrow[+ \text{AgOH}]{\text{CH}_3\text{J}}
\begin{array}{c}
\text{HON(CH}_3)_3 \\
| \\
\text{H}_2\text{C}-\text{CH}-\text{CH} \\
| \qquad \quad \| \\
\text{H}_2\text{C} \qquad \text{CH} \\
| \\
\text{H}_2\text{C}-\text{CH}=\text{CH}
\end{array}
\xrightarrow[72\%]{\text{Vak. dest.}}
\begin{array}{c}
\text{HC}=\text{CH}-\text{CH} \\
| \qquad \quad \| \\
\text{H}_2\text{C} \qquad \text{CH} \\
| \\
\text{H}_2\text{C}-\text{CH}=\text{CH} \\
\text{Cyclooctatrien}
\end{array}
\xrightarrow[100\%]{\text{Br}_2}
\begin{array}{c}
\text{Br} \\
| \\
\text{HC}-\text{CH}=\text{CH} \\
| \qquad \quad | \\
\text{H}_2\text{C} \qquad \text{CH} \\
| \qquad \quad \| \\
\text{H}_2\text{C}-\text{CH}-\text{CH} \\
| \\
\text{Br}
\end{array}$$

$$\xrightarrow[68\%]{(\text{CH}_3)_2\text{NH}}
\begin{array}{c}
\text{H}_3\text{C} \quad \text{CH}_3 \\
\diagdown \diagup \\
\text{N} \\
| \\
\text{HC}-\text{CH}=\text{CH} \\
| \qquad \quad | \\
\text{H}_2\text{C} \qquad \text{CH} \\
| \qquad \quad \| \\
\text{H}_2\text{C}-\text{CH}-\text{CH} \\
| \\
\text{N} \\
\diagup \diagdown \\
\text{H}_3\text{C} \quad \text{CH}_3
\end{array}
\xrightarrow[+ \text{AgOH}]{\text{CH}_3\text{J}}
\begin{array}{c}
\text{HON(CH}_3)_3 \\
| \\
\text{HC}-\text{CH}=\text{CH} \\
| \qquad \quad | \\
\text{H}_2\text{C} \qquad \text{CH} \\
| \qquad \quad \| \\
\text{H}_2\text{C}-\text{CH}-\text{CH} \\
| \\
\text{HON(CH}_3)_3
\end{array}
\xrightarrow[13\%]{\text{Vak. dest.}}
\begin{array}{c}
\text{HC}-\text{CH}=\text{CH} \\
\| \qquad \quad | \\
\text{HC} \qquad \text{CH} \\
| \qquad \quad \| \\
\text{HC}=\text{CH}-\text{CH} \\
\text{Cyclooctatetraen}
\end{array}$$

Im Verlauf dieser Arbeiten über Cyclooctatetraen stellte es sich
heraus, daß bei der neuen Polykondensation des Acetylens neben wenig
Benzol und hauptsächlich Cyclooctatetraen auch je nach den Versuchsbedingungen kleinere oder größere Mengen (5—10%) höher siedender Polycycloolefine ($C_{10}H_{10}$ und $C_{12}H_{12}$ usw.) entstanden neben
einer intensiv blaugefärbten Substanz, die in erster Linie bei höheren
Reaktionstemperaturen auftrat und sich als Azulen ($C_{10}H_8$) erwies (*189*).

1. Cyclopolyolefine.

a) Cyclooctatetraen.

α) Herstellung und physikalische Eigenschaften des Cyclooctatetraens.

Bereits im Jahre 1940 machte man die überraschende Beobachtung,
daß sich Acetylen unter Druck unter der Einwirkung bestimmter Nickelverbindungen, insbesondere von Nickelhalogeniden und Nickelcyanid
in Anwesenheit von Lösungsmitteln — am besten eignet sich Tetrahydrofuran — zu Cyclopolyolefinen, insbesondere zu Cyclooctatetraen,
kondensieren läßt. Als wirksame Katalysatoren sind wohl sehr labile
Acetylen-Nickel-Verbindungen anzunehmen, die aus den als Katalysatoren eingesetzten Nickelverbindungen unter der Einwirkung von
Acetylen unter Druck zunächst entstehen. Die Bildung dieser bisher
unbekannten und zweifellos sehr labilen und daher ungemein reaktionsfähigen Nickel-Acetylide kann z. B. durch Zusatz cyclischer Oxyde,
wie Äthylenoxyd, erleichtert werden, da die z. B. aus den Halogeniden
und Äthylenoxyd wohl intermediär gebildeten instabilen Nickelhalogen-
alkoholate durch Einwirkung von Acetylen leicht in labile Nickel-
acetylide und Äthylenhalogenhydrine aufgespalten werden:

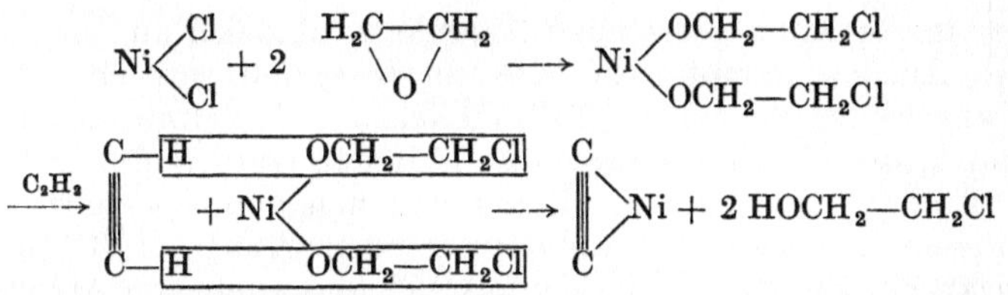

Das Äthylenchlorhydrin kann in diesen Fällen bei der Aufarbeitung des Versuchsansatzes tatsächlich in der erwarteten Menge isoliert werden. — Es wurde bereits erwähnt, daß die Bildung der Cyclopolyolefine nur bei Verwendung von Tetrahydrofuran als Lösungsmittel besonders glatt verläuft. Neben allen anderen Lösungsmitteln gaben lediglich Benzol und Äther einigermaßen brauchbare Resultate. Unter Berücksichtigung der beim Äthylenoxyd dargelegten Verhältnisse dürfte diese Beobachtung dahin zu deuten sein, daß das Tetrahydrofuran, dessen Ring sich bekanntlich verhältnismäßig leicht aufspalten läßt, in ähnlichem Sinne wie das Äthylenoxyd wirkt.

Der Reaktionsmechanismus, der zur Bildung der Cyclopolyolefine führt, ist noch nicht geklärt. Mit Rücksicht auf die Tatsache, daß das Acetylen in vielen Fällen ganz ähnlich wie das Kohlenoxyd reagiert, könnte man annehmen, daß das Nickel bzw. das intermediär entstehende Nickelacetylid vier Moleküle Acetylen in ähnlicher Weise bindet wie dies beim Kohlenoxyd der Fall ist (*190*), so daß die Katalyse nach folgendem Formelbild erklärt werden könnte[1]:

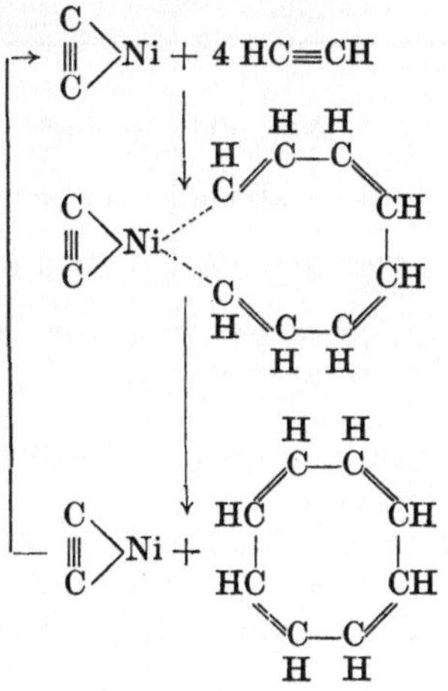

Das Verfahren wurde bisher in diskontinuierlicher Arbeitsweise betrieben. Für die kontinuierliche Herstellung sind noch geeignete Katalysatoren und die Verfahrenstechnik auszuarbeiten.

Die Versuche zur Herstellung von Cyclooctatetraen befinden sich noch im Anfangsstadium. Die Ausbeuten liegen im Mittel bei ca. 70%

---

[1] Diese ältere Auffassung ist allerdings durch moderne elektronentheoretische Anschauungen überholt. Sie ist in ihrer obigen Anwendung lediglich zur Formulierung einer Arbeitshypothese herangezogen worden.

d. Th. des in Reaktion getretenen Acetylens, obgleich auch in wenigen
Versuchen Ausbeuten mit über 90% d. Th. erzielt wurden. Der Rest
bestand aus wenig Benzol, 5—10% höheren Polyolefinen ($C_{10}H_{10}$ und
$C_{12}H_{12}$ usw.), sowie in Tetrahydrofuran löslichen Harzen und unlöslichem
Cupren. Es hat sich aber bei allen Versuchen herausgestellt, daß die
Anwesenheit von Wasser unbedingt vermieden werden muß. In diesem
Sinne wirkt ein Zusatz von Calciumcarbid und auch von Äthylenoxyd
(Umsatz mit Wasser zu Glykol) durchaus reaktionsfördernd.

Thermodynamisch betrachtet ist die Tatsache der Bildung von
Cyclooctatetraen aus Acetylen überraschend, da Cyclooctatetraen einen
höheren Energiegehalt als Benzol besitzt. Die Verbrennungs- und Bil-
dungswärmen sowie die Wärmetönung der verschiedenen Konden-
sationsreaktionen des Acetylens sind in folgenden beiden Bildern zusammengestellt:

Verbrennungs- und Bildungswärmen

	Verbrennungs- wärme Qp	Bildungs- wärme ($C = 94,3$ $H = 34,2$)
Vinylacetylen . .	569 kcal/Mol	—57 kcal/Mol
Benzol	783 kcal/Mol	—12,4 kcal/Mol
Cyclooctatetraen .	1069 kcal/Mol	—40 kcal/Mol

Wärmetönungen bei der Bildung aus Acetylen.

	Q (flüssig)	Q (gasförmig)	Q je Mol C_2H_2
$2\,C_2H_2 \longrightarrow$ Vinylacetylen	$+$ 55,8 kcal/Mol	$+$ 49,6 kcal/Mol	$+25$ kcal
$3\,C_2H_2 \longrightarrow$ Benzol	$+153,8$ kcal/Mol	$+146,4$ kcal/Mol	$+49$ kcal
$4\,C_2H_2 \longrightarrow$ Cyclooctatetraen . . .	$+180,6$ kcal/Mol	$+170,6$ kcal/Mol	$+42,5$ kcal

Das Cyclooctatetraen ist eine goldgelbe Flüssigkeit vom Siedepunkt 142—143° bei 760 mm bzw. 42,0—42,5° bei 17 mm Hg und
schmilzt bei —7,0° C.

Die von WILLSTAETTER gefundenen physikalischen Daten sind von
den unseren, wie die folgende Tabelle zeigt, etwas verschieden, was
sich daraus erklärt, daß uns erheblich größere Mengen als WILLSTAETTER
zur Verfügung standen und es für uns deshalb leichter war, die physikalischen Daten mit großer Genauigkeit zu ermitteln (siehe Tabelle auf
der folgenden Seite).

Es besteht aber kein Zweifel, daß trotz der kleinen Verschieden-
heiten das WILLSTAETTERsche Produkt mit dem unsrigen identisch ist,
und daß in beiden Fällen das 1,3,5,7-Cyclooctatetraen vorliegt. Für den
symmetrischen Bau des Cyclooctatetraen-Moleküls spricht neben dem
später zu beschreibenden chemischen Verhalten das Dipolmoment, das
von uns praktisch gleich 0 gemessen wurde, ferner das Raman-Spektrum,
das von den an und für sich möglichen 42 Raman-Linien nur 7 Linien
zeigt (siehe Abb. 29).

Physikalische Daten des Cyclooctatetraens.

	eigene Werte	nach Willstätter	
Kp_{760}	142°—143°	—	
Kp_{17}	42°— 42,5°	42,2°—42,4°	
Fp	—7,0°	—27°	
d_4^0	0,9382	0,943	
d_4^{20}	0,9206	0,925	
n_D^{20}	1,5390	1,5389	
Mol. Refraktion	35,17	35,20	ber. C_8H_8 $F_4 = 35,08$
Mol. Exaltation	—0,09	0,12	
Dielektrizitätskonstante ε . .	2,74 bei 20° u. $1,5 \cdot 10^6$ Hz	— —	
Verbrennungswärme Qp . .	1069,02 kcal/Mol	—	
Dipolmoment μ	$0,069 \cdot 10^{-18} \, e \cdot E \cong 0$	—	

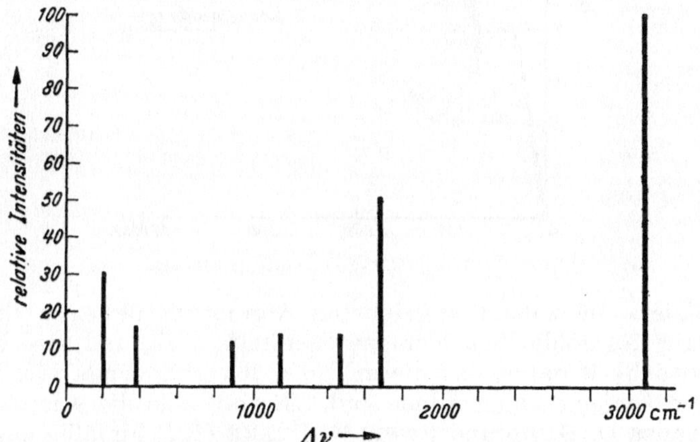

Abb. 29. Raman-Spektrum von Cyclooctatetraen.

Die beiden stärksten Linien (Raman-Frequenz 1673 und 3068 cm⁻¹) entsprechen erfahrungsgemäß der „C—C—" und „C—H—"-Bindung. Vergleichsweise liegen z. B. beim Benzol die entsprechenden Raman-Frequenzen bei 1605 bzw. 3060 cm⁻¹.

Man könnte schließlich noch die Formel

mit kumulierten Doppelbindungen, die in ihrem Aufbau ebenfalls symmetrisch ist und das Dipolmoment 0 ergeben würde, zur Diskussion stellen. Das Vorhandensein von CH_2-Gruppen ist jedoch nach Untersuchungen von Prof. MECKE, Freiburg, über das Ultrarotspektrum des Cyclooctatetraens auszuschließen.

Ferner beweist die Hydrierung mit Pd-Tierkohle-Katalysatoren in Eisessig die geforderte Gleichheit der 4-Doppelbindungen des Cyclooctatetraens.

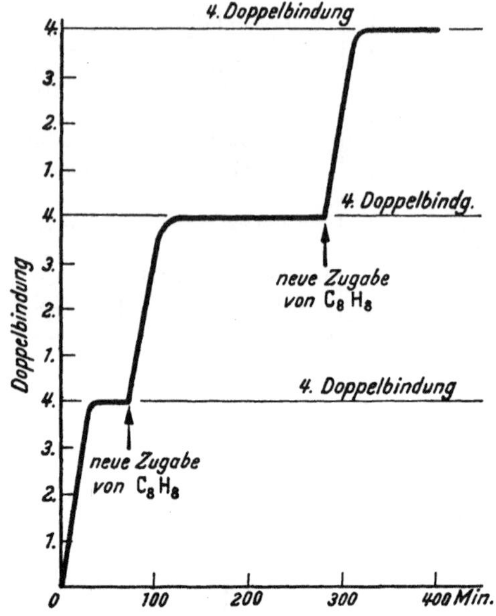

Abb. 30. Hydrierkurve von C₈H₈ in Eisessig.

Besonders die zuletzt angeführten Argumente beweisen die hohe Symmetrie des goldgelben Kohlenwasserstoffs C_8H_8 und sprechen mit aller Deutlichkeit dafür, daß die im Molekül vorhandenen vier Doppelbindungen *konjugiert* angeordnet sind. Hiermit sind die Anschauungen von CHARLES D. HURD und LEWIS R. DRAKE (*191*) hinfällig geworden, die auf Grund ihrer Methylierungsversuche am 1,2- und 2,3-Dibrombutan — pyrogene Zersetzung von 1,2- bzw. 2,3-Butan-bis-(trimethylammonium)-hydroxyd — im Cyclooctatetraen WILLSTAETTERs kumulierte Doppelbindungen anzunehmen glaubten. Der von GOLDWASSER und TAYLOR (*192*) geäußerten Ansicht, daß das Cyclooctatetraen WILLSTAETTERs in Wirklichkeit Styrol gewesen wäre, da nach ihren Versuchen Cycloocten bei der katalytischen Dehydrierung oberhalb 400° Styrol ergibt, kann nicht beigepflichtet werden. WILLSTAETTER selbst hatte ja festgestellt, daß sein Cyclooctatetraen bei der Hydrierung Cyclooctan liefert, das er durch Oxydation in Korksäure überführen konnte.

Der olefinische Charakter des Cyclooctatetraens wurde bereits von WILLSTAETTER festgestellt. Nach neuen Erkenntnissen von ERICH HÜCKEL (*193*) ist die Elektronengruppe des Cyclooctatetraens im Gegensatz zum Benzol nicht abgeschlossen. Cyclooctatetraen verfügt über 8π-Elektronen gegenüber 6π-Elektronen des Benzols, die eine abgeschlossene Gruppe darstellen. Hierdurch, sowie durch die aller

Voraussicht nach nicht ebene Anordnung der Kohlenstoffatome des Achtrings erklärt sich die olefinische Natur des Cyclooctatetraens (*194*). Die magnetischen Messungen wurden durch Herrn Prof. Dr. W. KLEMM, Technische Hochschule Danzig, ausgeführt und zeigen übereinstimmend mit dem ganzen Verhalten des Cyclooctatetraens, daß hier nicht ein aromatischer, sondern ein aliphatischer Stoff vorliegt. Eine genaue Deutung dieses Ergebnisses wird wohl erst möglich sein, wenn die vorliegenden Messungen durch weitere Untersuchungen über Temperaturen und Konzentrationsabhängigkeit der magnetischen Suszeptibilität und die entsprechenden Werte für die reinen Kohlenwasserstoffe $C_{10}H_{10}$ und $C_{12}H_{12}$ vorliegen.

Das Cyclooctatetraen zeigt im ultraroten, sichtbaren und ultravioletten Spektralgebiet folgende Absorption:

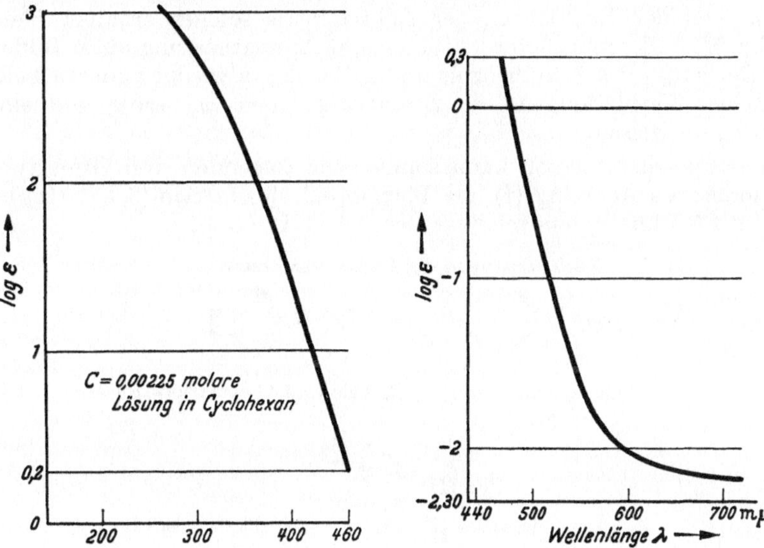

Abb. 31. Molarer Extinktionskoeffizient ε im Ultraviolett in Cyclohexan.

Abb. 32. Absorptionsspektrum im Sichtbaren $d = 1$ cm.

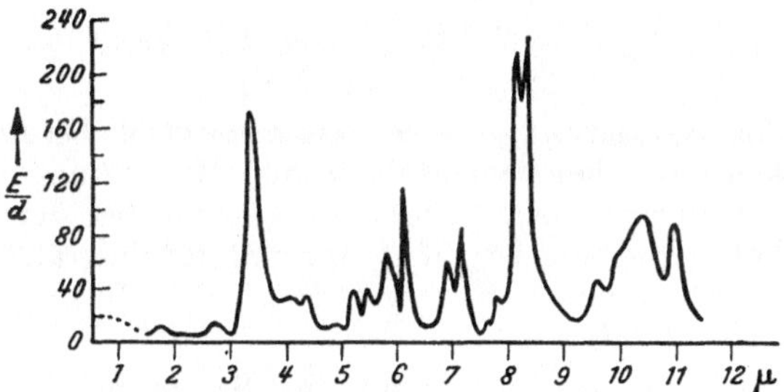

Abb. 33. Absorptionsspektrum im Ultrarot $d = 0,05$.

β) Reaktionen des Cyclooctatetraens.

Das Cyclooctatetraen ist infolge seines olefinischen Charakters gegenüber den verschiedenen Agenzien sehr labil. Wie schon WILL-STAETTER beobachtete, scheidet es bereits beim Stehen an der Luft gelbe Flocken ab. Von Oxydationsmitteln wird es außerordentlich leicht angegriffen. Halogene werden rasch addiert. Es kann Dien-Synthesen unterworfen werden unter Bildung charakteristischer Addukte Bei längerem Stehen, schneller beim Erhitzen, verwandelt es sich in ein Gemisch von Dimeren und harzartigen Substanzen. Mit wässeriger Silbernitrat- und ammoniakalischer Kupferchlorür-Ammonchlorid-Lösung entstehen krystallisierte Additionsverbindungen.

Das Studium der Reaktionsfähigkeit des Cyclooctatetraens zeigt nun, daß es unter dem Einfluß verschiedener Agentien nach mehreren, strukturell verschiedenen Formen zu reagieren vermag. Während bei einem Teil der Reaktionen der Achtring als solcher erhalten bleibt, erfolgt bei anderen außerordentlich leicht Aromatisierung unter Bildung von Derivaten des Äthylbenzols und p-Xylols; in wieder anderen Fällen entstehen Verbindungen, die gleichzeitig einen Sechsring und einen Vierring aufweisen.

Das Cyclooctatetraen kann somit nach folgenden drei Grundtypen reagieren: als Achtring (I), als Bicyclo[0,2,4]-octatrien-(2,4,7) (II) und als 1,2,4,5-Dimethylencyclohexadien-2,5 (III) (*195*),

Reaktionstypen des Cyclooctatetraens

Cyclooctatetraen   Bicyclo-[0,2,4]-octatrien-(2,4,7)

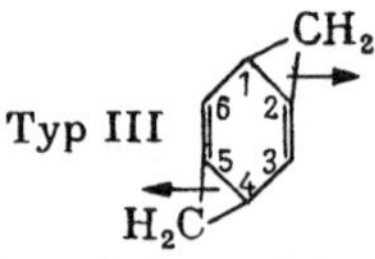

1,2-4,5-Dimethylencyclohexadien-2,5

wobei im Fall II noch eine Aufspaltung des Vierrings unter Bildung von Derivaten des Äthylbenzols eintreten kann.

αα) Reaktionen des Cyclooctatetraens unter Erhaltung des Achtrings als Cyclooctatetraen (1.3.5.7). (Siehe Anlage XV).

Katalytische Hydrierung. Wie WILLSTAETTER bereits feststellte, geht Cyclooctatetraen bei der katalytischen Hydrierung mit Pt-Katalysatoren in Cyclooctan über. Es bleibt also hierbei der Achtring erhalten. Die Perhydrierung ist nicht nur mit Edelmetallkatalysatoren, sondern auch mit unedlen Katalysatoren, wie Nickel, unter Druck glatt durchführbar (*196*).

Bei der Oxydation des Cyclooctans mit Salpetersäure erhielten wir, wie WILLSTAETTER, Korksäure in einer Ausbeute von etwa 40% d. Th.

Es zeigte sich nun, daß die Hydrierung des Cyclooctatetraens bei Verwendung nichtsaurer Lösungsmittel, wie Methanol, Äthanol, Tetrahydrofuran usw. auch partiell mit z. B. Palladium-Calciumcarbonat als Katalysator, nur bis zum Cycloocten durchführbar ist (*197*). Unter diesen Bedingungen erfolgt die Aufnahme von 3 Mol Wasserstoff sehr schnell, während für das 4. Mol etwa die zehnfache Zeit beansprucht wird.

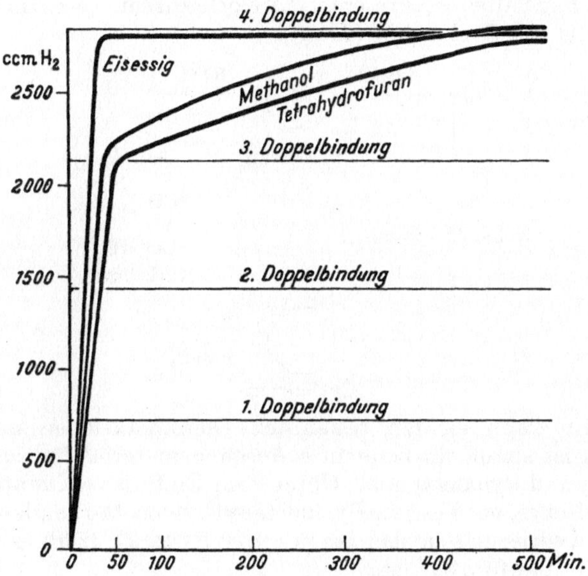

Abb. 34. Hydrierkurve von C_8H_8 in verschiedenen Lösungsmitteln.

Bricht man die Hydrierung nach Aufnahme von 3 Mol Wasserstoff ab, so läßt sich leicht mit ca. 90% Ausbeute Cycloocten vom Siedepunkt 140° isolieren. Vergleichende Hydrierungsversuche mit so gewonnenem Cycloocten in alkoholischer und essigsaurer Lösung ergaben im letzteren Fall eine etwa zehnfach schnellere Wasserstoffaufnahme

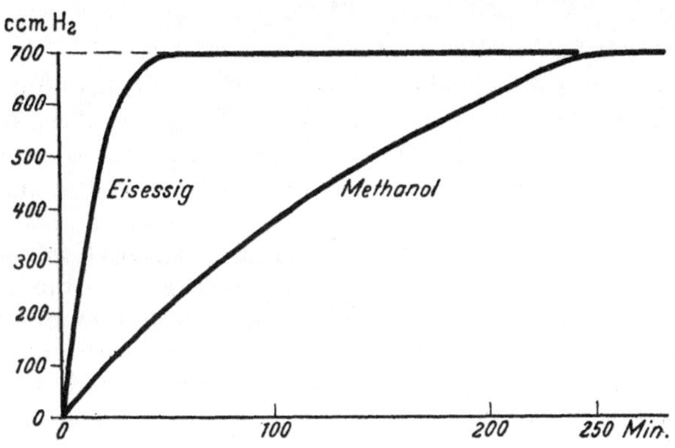

Abb. 35. Hydrierkurve von Cycloocten.

gegenüber der Hydrierung in alkoholischer Lösung, womit der auch
an anderen Beispielen beobachtete Einfluß des Lösungsmittels bei der
selektiven katalytischen Hydrierung aufs neue bestätigt wurde.

Cyclooeten läßt sich leicht mit Brom in das Dibromid $C_8H_{14}Br_2$ vom
$Kp._5$ 123—124° und mit Benzopersäure in das bekannte krystallisierte
Oxyd $C_8H_{14}O$ vom Schmp. 45° überführen. Bei der Oxydation des
Cyclooctens mit Salpetersäure entsteht Korksäure in wesentlich besseren
Ausbeuten als aus Cyclooctan (*198*).

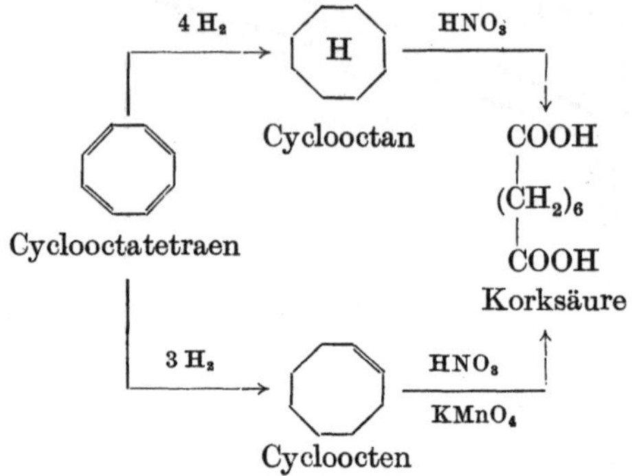

Als Olefin kann es den bekannten Olefinreaktionen unterworfen
werden und ist somit ein bequemes Ausgangsmaterial für substituierte
Cyclooctane und Cyclooctanon. Unter dem Einfluß verdünnter Säuren,
wie Schwefelsäure, wird es zum Cyclooctenyl-cyclooctan kondensiert (*199*)
das durch Hydrierung in das bereits von RUZICKA (*200*) beschriebene
Dicyclooctan überführbar ist:

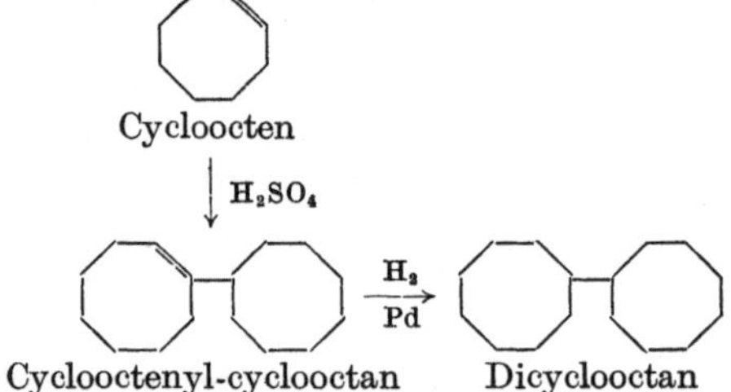

Mit Eisessig und Schwefelsäure läßt sich aus Cycloocten das Cyclo-
octylacetat herstellen, hieraus durch Verseifung das Cyclooctanol und
weiterhin das Cyclooctanon. Durch Oximierung und Umlagerung entsteht weiterhin das Capryllactam, ein neuer Baustein für die Polyamid-
Chemie.

Reaktionen mit Persäuren. Bei der Behandlung des Cyclooctatetraens
mit einem oder mehreren Mol Benzopersäure in Chloroformlösung
(PRILESCHAJEW) entsteht unter Aufnahme von nur einem Sauerstoffatom ein fast farbloses Oxyd von der Zusammensetzung C_8H_8O, das
bei der katalytischen Hydrierung 4 Mol H_2 aufnimmt und in Cyclooctanol
übergeht. Durch Oxydation mit Salpetersäure erhält man hieraus Korksäure:

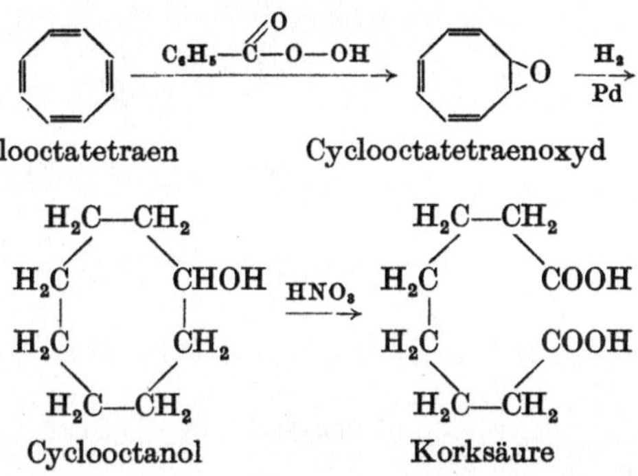

Cyclooctatetraen   Cyclooctatetraenoxyd

Cyclooctanol   Korksäure

Wird Cyclooctatetraenoxyd mit einigen Tropfen verdünnter Schwefelsäure erwärmt, so entsteht in heftiger Reaktion (Aufkochen) unter Aromatisierung quantitativ Phenylacetaldehyd (*201*):

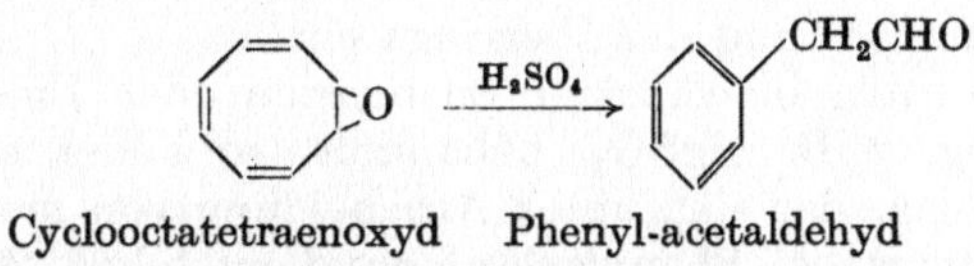

Cyclooctatetraenoxyd   Phenyl-acetaldehyd

Reaktion mit Wassergas (CO + H$_2$). Unter dem katalytischen Einfluß von CO-Katalysatoren reagiert nur eine Doppelbindung des Cyclooctatetraens mit CO+H$_2$ nach Art der „Oxo-Reaktion" unter Carbinol-Bildung, während die übrigen drei Doppelbindungen abgesättigt werden. Den Reaktionsverlauf, der zum Cyclooctylcarbinol vom Kp.$_7$ 106° führt, zeigt folgendes Schema:

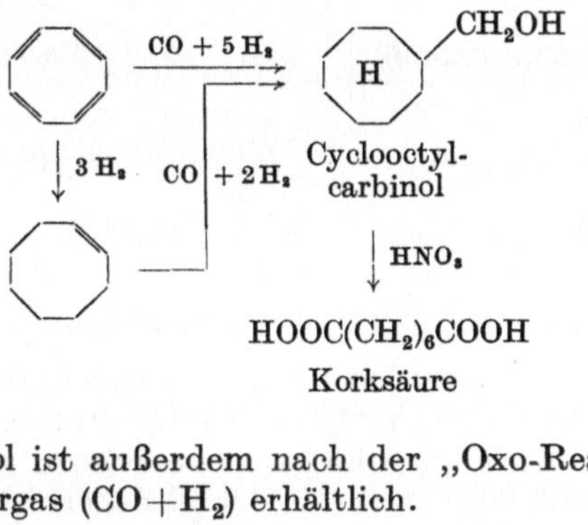

Cyclooctylcarbinol

HOOC(CH$_2$)$_6$COOH

Korksäure

Cyclooctylcarbinol ist außerdem nach der „Oxo-Reaktion" aus Cyclooceten und Wassergas (CO+H$_2$) erhältlich.

Einwirkung von Alkalimetallen. Cyclooctatetraen lagert unter Erhaltung des Achtrings 2 Atome Alkalimetall an. Mit CO$_2$ entsteht hieraus eine krystallisierte gelbe Dicarbonsäure. Mit Alkoholen findet ein Austausch der Alkalimetall-Atome gegen Wasserstoff statt unter Bildung von Cyclooctatrien. Die Versuche wurden mit metallischem Lithium ausgeführt (*202*):

Cyclooctatrien-1,3,6

$\beta\beta$) *Reaktionen des Cyclooctatetraens unter Aromatisierung zu Bicyclo-[0,2,4]-octatrien-(2,4,7) und weiterer Aufspaltung des Vierrings zu Derivaten des Äthylbenzols.* (Siehe Anlage XVI).

Bei der Behandlung von Cyclooctatetraen mit oxydativ wirkenden Agenzien tritt in allen Fällen, mit Ausnahme von Benzopersäure, Aromatisierung unter Aufspaltung des Vierrings ein.

Wird Cyclooctatetraen in wäßriger Suspension oder Emulsion mit Quecksilbersalzlösung, z. B. $HgSO_4$, behandelt, so bildet sich sofort ein weißer Niederschlag, der sich unter Abscheidung von metallischem Quecksilber schwärzt, wobei Phenylacetaldehyd entsteht[1] (*203*). Wird das Wasser durch Eisessig bzw. Alkohol ersetzt, so entsteht unmittelbar das bekannte Phenyläthylidendiacetat bzw. das Diäthylacetal des Phenylacetaldehyds:

Phenylacet-aldehyd

Phenyläthyliden-diacetat   Phenylacetaldehyd-diäthylacetal

Bei der Oxydation des Cyclooctatetraens mit Luft in der Gasphase unter Verwendung von z. B. V_2O_5 als Katalysator gewinnt man unter Aromatisierung praktisch quantitativ Benzoesäure. Mit Permanganat in wäßriger Lösung bildet sich Benzaldehyd neben Benzoesäure.

Mit unterchloriger Säure in alkalischer Lösung als Oxydationsmittel erfolgt Aromatisierung unter Bildung von Derivaten des p-Xylols, wobei die intermediäre Bildung von 1,2,4,5-Dimethylencyclohexadien-2,5

---

[1] Der Konstitutionsbeweis erfolgte durch Isolierung und Identifizierung des Oxims und Semicarbazons, ferner durch Stilbensynthese und Oxydation zur Phenylessigsäure.

angenommen werden kann. Es entsteht Terephthaldialdehyd neben Benzaldehyd und Benzoesäure. Chromsäure in Eisessig gibt Terephthalsäure neben wenig Benzaldehyd:

Cyclooctatetraen $\xrightarrow{\text{HOCl}}$ Terephthalaldehyd

$\downarrow CrO_3$

Terephthalsäure

$\gamma\gamma$) *Reaktionen des Cyclooctatetraens unter Aromatisierung zu Bicyclo-[0,2,4]-octatrien-(2,4,7) und Erhaltung des Vierrings* (siehe Anlage XVI).

Ein großer Teil der von uns bisher untersuchten Reaktionen des Cyclooctatetraens verläuft unter struktureller Umwandlung des Achtrings und unter Bildung von Derivaten des Bicyclo-[0,2,4]-octatriens-(2,4,7), wobei der Vierring als solcher erhalten bleibt. Unter diese Reaktionsweise fallen in erster Linie die Umsetzungen des Cyclooctatetraens mit Halogenen (204) und dienophilen Komponenten (205). Durch eingehendes Studium der Reaktionen der zunächst erhaltenen Addukte und ihrer Abbauprodukte ist es möglich geworden, die Konstitution dieser Addukte zu ermitteln und zu beweisen, daß sie sich alle gemeinsam vom Bicyclo-[0,2,4]-octan als Grundkohlenwasserstoff ableiten lassen.

Halogenierung des Cyclooctatetraens. Die bisher erhaltenen Halogenierungsprodukte sind aus folgender Tabelle ersichtlich:

$C_8H_8Br_2$	Br_2 in CHCl, bei —20° C WILLSTÄTTER	Smp. 71° C
$C_8H_8Br_2$	Br_2 in CHCl$_3$ bei 0°—5° C	Kp.$_1$ 90° C
$C_8H_8Br_4$ $C_8H_8Br_4$	2 Br_2 in CHCl$_3$	Smp. 94° C Smp. 147°—1 48° C
$C_8H_8Br_6$	3 Br_2 in CHCl$_3$	Smp. 156° C + flüss. Isomere
$C_8H_8Cl_2$	SO_2Cl_2 in CHCl$_3$	Kp.$_{0,5}$ 62° C
$C_8H_8Cl_4$ $C_8H_8Cl_4$	2 SO_2Cl_2 in CHCl$_3$ oder CH_2Cl_2	Smp. 111°—112° C Kp.$_1$ 126°—128° C
$C_8H_8Cl_6$	Cl_2 in CHCl$_3$ bei 0°—5° C	Smp. 126°—127° C + flüss. Isomere

Es fällt auf, daß bei der Halogenierung als höchste Halogenierungsstufe nur Hexahalogen-Verbindungen entstehen.

Der Befund, daß die höchstmögliche Halogenierungsstufe, die Hexahalogenverbindung, gesättigt ist und die Dihalogenverbindung bei der katalytischen Hydrierung nur 2 Mol statt der zu erwartenden 3 Mol Wasserstoff aufnimmt, wobei ein gesättigtes Dihalogenid entsteht, zwingt zu der Annahme, daß bei der Halogenierung eine tiefgreifende Änderung der Struktur des Cyclooctatetraens vor sich gegangen ist und der den Halogenierungsprodukten zugrunde liegende gesättigte Kohlenwasserstoff C_8H_{14} bicyclischer Natur sein muß. Aus dem Achtring des Cyclooctatetraens ist also durch Ringverengerung ein bicyclisches System entstanden, das, wie im folgenden bewiesen wird, einen Sechsring und einen Vierring enthält:

Durch Hydrierung des Dichlorids $C_8H_{12}Cl_2$ in alkalischem Medium unter Druck läßt sich der Grundkohlenwasserstoff C_8H_{14}, das Bicyclo-[0,2,4]-octan, in reiner Form gewinnen. Besonders auffällig ist die Stabilität dieses Systems. Während Cyclobutan selbst durch Hydrierung leicht zum n-Butan aufgespalten wird, ist es nicht möglich, den Vierring im Bicyclooctan aufzuspalten.

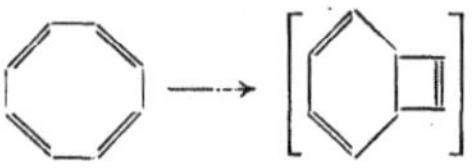

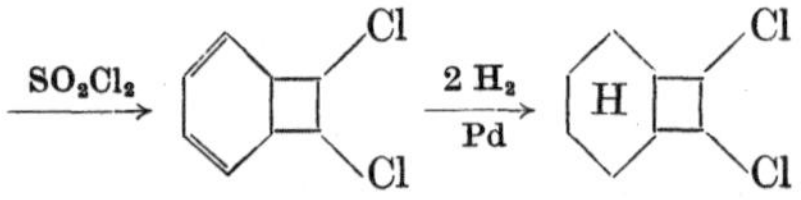

7,8-Dichlor-
-bicyclo-[0,2,4]-
-octadien-(2,4)

7,8-Dichlor-
-bicyclo-[0,2,4]-
-octan

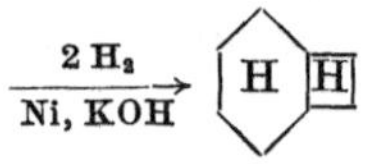

Bicyclo-[0,2,4]-
-octan

Der Konstitutionsbeweis sowie die Begründung für die in obiger Formel angegebene Stellung der Halogen-Atome wurde wie folgt erbracht:

Setzt man das Dichlorid $C_8H_8Cl_2$ mit Kaliumacetat in Eisessig um, so entsteht das krystallisierte Diacetat $C_8H_8(OCOCH_3)_2$,

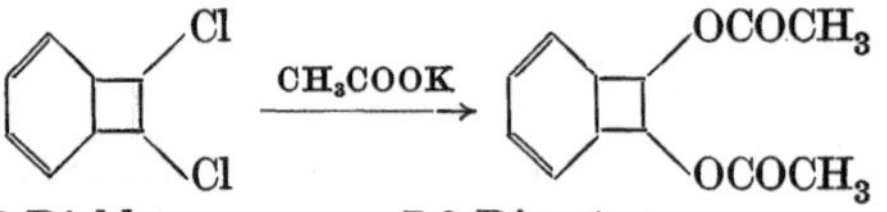

7,8-Dichlor-
-bicyclo-[0,2,4]-
-octadien-(2,4)

7,8-Diacetoxy-
-bicyclo-[0,2,4]-
-octadien-(2,4)

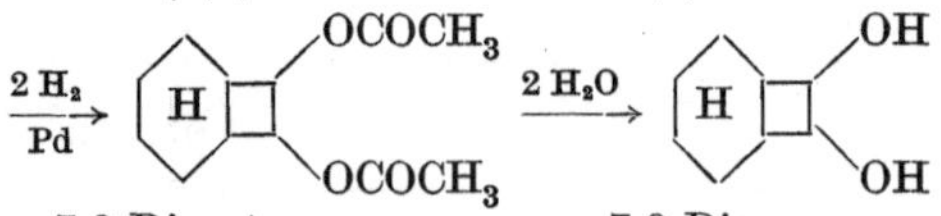

7,8-Diacetoxy-
-bicyclo-[0,2,4]-
-octan

7,8-Dioxy-
-bicyclo-[0,2,4[-
-octan

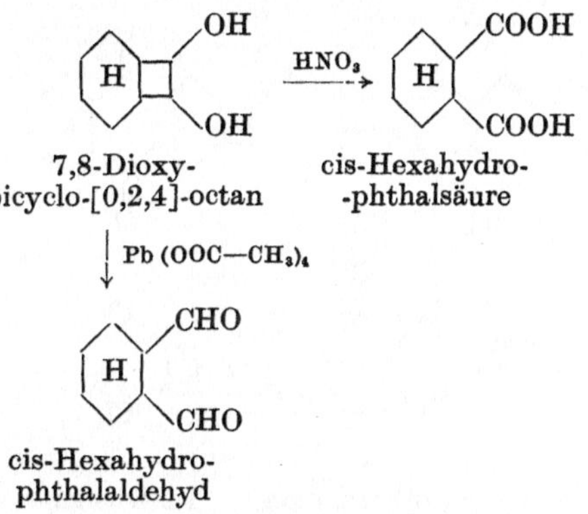

7,8-Dioxy-
-bicyclo-[0,2,4]-octan

cis-Hexahydro-
-phthalsäure

$\downarrow$ Pb (OOC—CH$_3$)$_4$

cis-Hexahydro-
phthalaldehyd

das bei der Perhydrierung 2 Mol Wasserstoff aufnimmt und hierbei
in das gesättigte Diacetat C$_8$H$_{12}$(OCOCH$_3$)$_2$ übergeht, das bei der nach-
folgenden Verseifung das Glykol C$_8$H$_{14}$O$_2$ ergibt. Letzteres geht bei der
Oxydation in cis-Hexahydrophthalsäure über, woraus die Ortho-Kon-
densation des Sechs- und Vierrings, sowie die Stellung der beiden
Cl-Atome im Vierring hervorgeht. Hierfür spricht auch die Entstehung
von cis-Hexahydrophthalaldehyd bei der oxydativen Spaltung des
Glykols C$_8$H$_{14}$O$_2$ mit Bleitetraacetat nach CRIEGEE.

Auch auf anderem Wege ließ sich der Beweis für das Vorhandensein
des Vierrings erbringen. Wird das Dichlorid C$_8$H$_8$Cl$_2$, das noch zwei
konjugierte Doppelbindungen im Sechsring enthält und somit der
Diensynthese zugänglich ist, der Umsetzung mit Naphthochinon unterworfen, so entsteht ein in farblosen Nadeln krystallisiertes Addukt, das
in alkalischer Lösung mit Luft leicht zur Anthrachinonstufe dehydriert
wird. Die Anthrachinonstufe zerfällt bei der thermischen Spaltung in
Anthrachinon und das bisher unbekannte 1,2-Dichlorcyclobuten-3 (206).
Der gesamte Reaktionsverlauf wird durch folgendes Formelbild wieder-
gegeben:

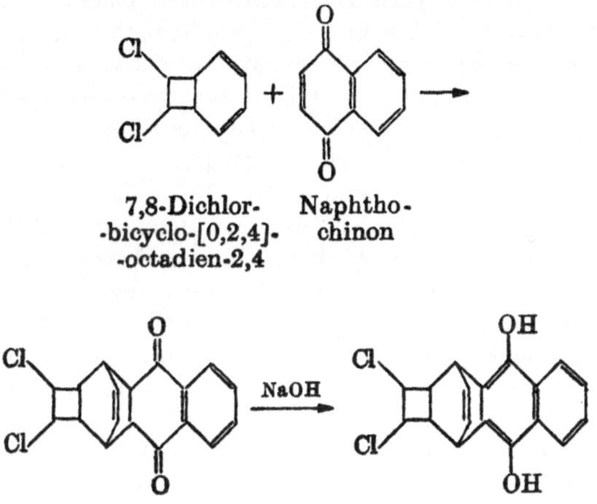

7,8-Dichlor-
-bicyclo-[0,2,4]-
-octadien-2,4

Naphtho-
chinon

NaOH

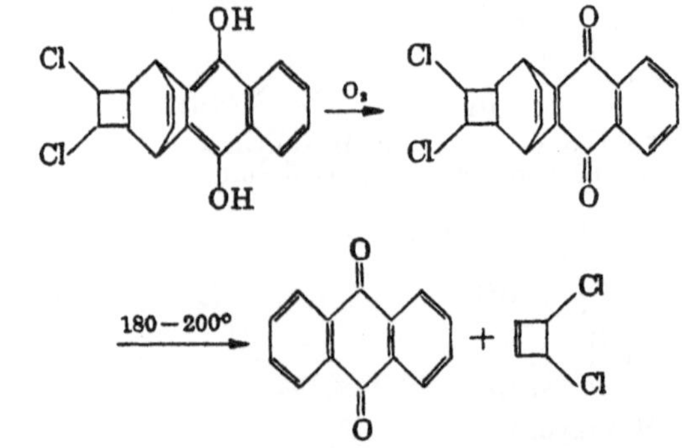

Anthrachinon   1,2-Dichlor-
                    -cyclobuten-3

Das gleiche Verhalten bei der thermischen Spaltung zeigt das Addukt der Dichlorverbindung des Cyclooctatetraens an Acetylendicarbonsäureester, wobei in quantitativer Ausbeute Phthalsäureester und 1,2-Dichlorbuten-3 entstehen:

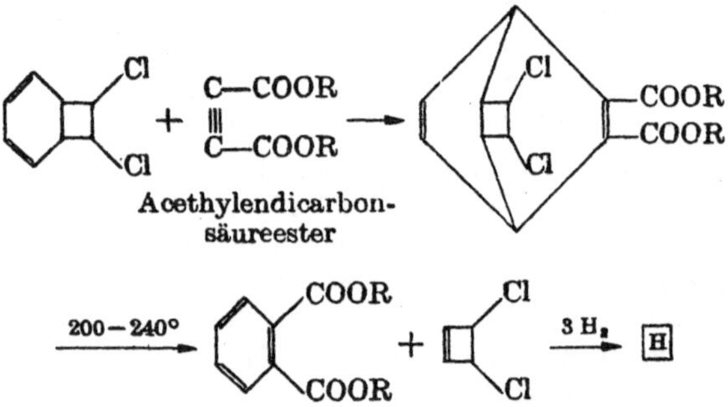

Acethylendicarbon-
säureester

Phthalsäure-   1,2-Dichlor-   Cyclo-
ester   -cyclobuten-3   butan

Diese Ergebnisse stimmen überein mit den Beobachtungen von DIELS (*207*) und mit der ALDER-RICKERTschen Regel (*208*), die besagt, daß Addukte cyclischer Diene mit Naphthochinon oder Acetylendicarbonsäureestern, die eine Endo-äthylenbrücke enthalten, thermoinstabil sind und in Aromaten und Endorest gespalten werden können.

Daß dem cyclischen Dichlorid $C_4H_4Cl_2$ die oben angegebene Konstitution zukommt, wurde wie folgt bewiesen:

Durch Aufnahme von nur einem Mol Brom ist es in das gesättigte Dibromid $C_4H_4Cl_2Br_2$ überführbar, enthält also nur eine Doppelbindung und muß infolgedessen cyclisch sein. Durch Oxydation mit Salpetersäure entsteht Fumarsäure, wobei die beiden die Cl-Atome tragenden C-Atome zu Carboxylgruppen oxydiert werden. Bei der katalytischen Hydrierung bei Gegenwart von Alkali entsteht nach Aufnahme von 3 Mol H_2 Cyclobutan. Hierdurch ist mit aller Sicherheit das Vorhandensein eines Vierrings bewiesen.

Bemerkenswert ist das Verhalten der Dihalogen-Verbindung des Cyclooctatetraens gegenüber Eisessig, Alkoholen und Alkoholaten.

Während in den beiden ersten Fällen Aromatisierung eintritt, findet im letzten Fall eine überraschende strukturelle Umwandlung statt. Erwärmt man die Dichlorverbindung $C_8H_8Cl_2$ mit Eisessig, so entsteht unter starker Chlorwasserstoffentwicklung in guter Ausbeute Styrylacetat, das durch Hydrierung und Verseifung in β-Phenyläthylalkohol übergeführt und als Phenylurethan identifiziert wurde:

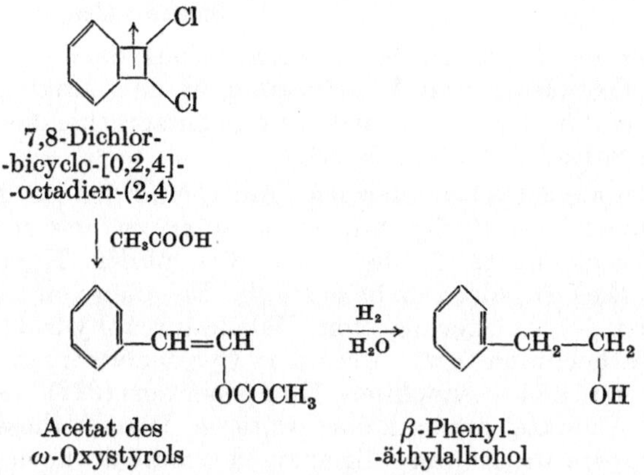
Cl
Cl
7,8-Dichlor-
-bicyclo-[0,2,4]-
-octadien-(2,4)
CH_3COOH
—CH=CH
OCOCH$_3$
H$_2$
H$_2$O
—CH$_2$—CH$_2$
OH
Acetat des
ω-Oxystyrols
β-Phenyl-
-äthylalkohol

Bei der gleichen Behandlung mit Alkoholen in der Wärme erhält man ebenfalls unter Aromatisierung und Sprengung des Vierrings den Dimethyläther des Phenylglykols (Nachweis durch Vergleich mit durch Methylierung von Phenylglykol erhaltenem Dimethyläther):

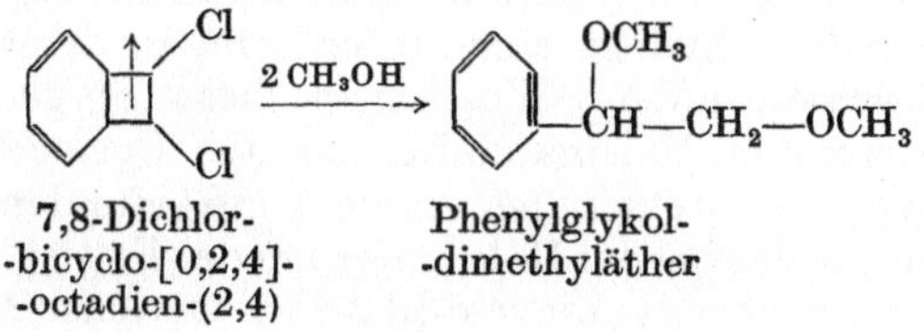
Cl
Cl
2 CH$_3$OH
OCH$_3$
CH—CH$_2$—OCH$_3$
7,8-Dichlor-
-bicyclo-[0,2,4]-
-octadien-(2,4)
Phenylglykol-
-dimethyläther

Auch bei der Behandlung des Dichlorids $C_8H_8Cl_2$ mit Alkalialkoholaten findet nicht der zu erwartende Austausch der beiden Halogenatome durch Alkoxygruppen statt, gemäß folgendem Schema:

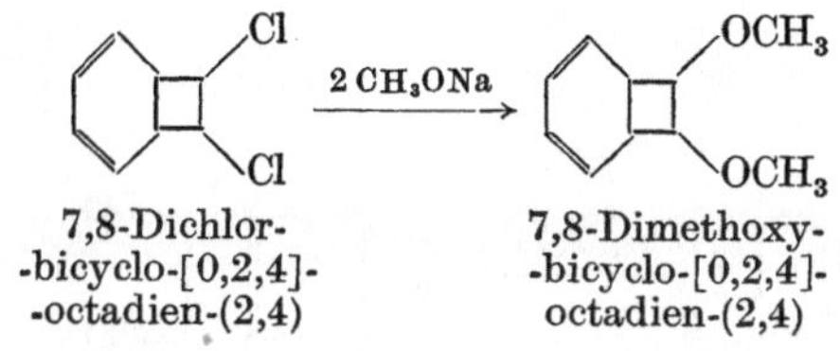
Cl
Cl
2 CH$_3$ONa
OCH$_3$
OCH$_3$
7,8-Dichlor-
-bicyclo-[0,2,4]-
-octadien-(2,4)
7,8-Dimethoxy-
-bicyclo-[0,2,4]-
octadien-(2,4)

Das genaue Studium der Hydrierung zeigte, daß bei der Umsetzung des Dichlorids $C_8H_8Cl_2$ mit Alkoholaten eine überraschende strukturelle Umwandlung eintritt, die schließlich, wie aus folgendem Schema ersichtlich, zum Suberanaldehyd führt (*209*):

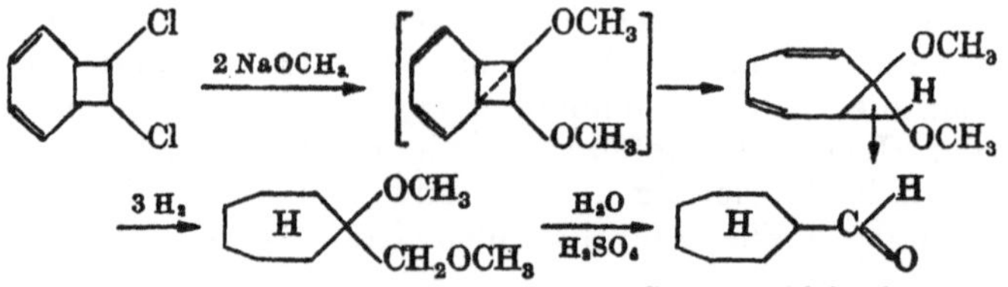

Suberanaldehyd

Der Suberanaldehyd wurde in Form seines Semicarbazons (*210*), ferner nach Oxydation und Überführung in das Amid als Suberancarbonsäureamid in der Mischprobe mit den entsprechenden synthetisch hergestellten Substanzen identifiziert.

Diensynthese mit Cyclooctatetraen. Auf Grund der vier konjugierten Doppelbindungen des Cyclooctatetraens wäre zu erwarten, daß das Cyclooctatetraen mit je 2 Mol einer dienophilen Komponente reagiert (*211*). Dies ist jedoch nicht der Fall. Bei allen von uns studierten Diensynthesen — Anlagerung von Maleinsäureanhydrid, Acrylsäure, Chinon, Naphthochinon usw. — reagiert Cyclooctatetraen nur im Verhältnis 1:1 mit den dienophilen Komponenten (*212*). Auch die so gewonnenen Addukte gehen keine weiteren Diensynthesen ein. Die Reaktionstemperatur ist im allgemeinen ziemlich hoch; man muß gewöhnlich auf 100° erwärmen oder in manchen Fällen die Reaktion im Autoklaven bei höherer Temperatur erzwingen. Alle Dienaddukte des Cyclooctatetraens zeigen das gemeinsame Merkmal, bei der Perhydrierung ein Mol H_2 weniger aufzunehmen, als bei einfachem Verlauf der Diensynthese zu erwarten wäre. Es muß also während der Diensynthese eine Sekundärreaktion unter struktureller Umwandlung des Cyclooctatetraen-Achtrings eingetreten sein, in deren Verlauf eine Doppelbindung verschwindet. Wir haben diese Frage an dem sehr schön krystallisierenden Maleinaddukt, das aus Cyclooctatetraen und Maleinsäureanhydrid entsteht, näher studiert und gefunden, daß die Diensynthese, ähnlich wie das bei der Halogenierung der Fall ist, über die hypothetische Zwischenstufe des Bicyclo-[0,2,4]-octatriens-(2,4,7) verläuft:

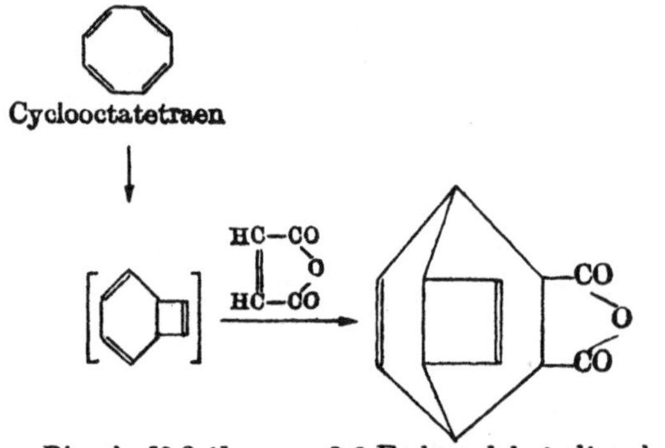

Cyclooctatetraen

Bicyclo-[0,2,4]-octatrien-(2,4,7)

3,6-Endocyclobutadienylen-cyclohexen-4-dicarbonsäure-1,2-anhydrid

Das Ergebnis der katalytischen Hydrierung ist nur mit dem Vorhandensein eines tricyclischen Ringsystems im Addukt vereinbar.

Zum weiteren Konstitutionsbeweis wurde das Acrylsäureaddukt
hergestellt, perhydriert und über das Carbonsäureacid und Amin bis
zum gesättigten tricyclischen Kohlenwasserstoff $C_{10}H_{16}$ abgebaut:

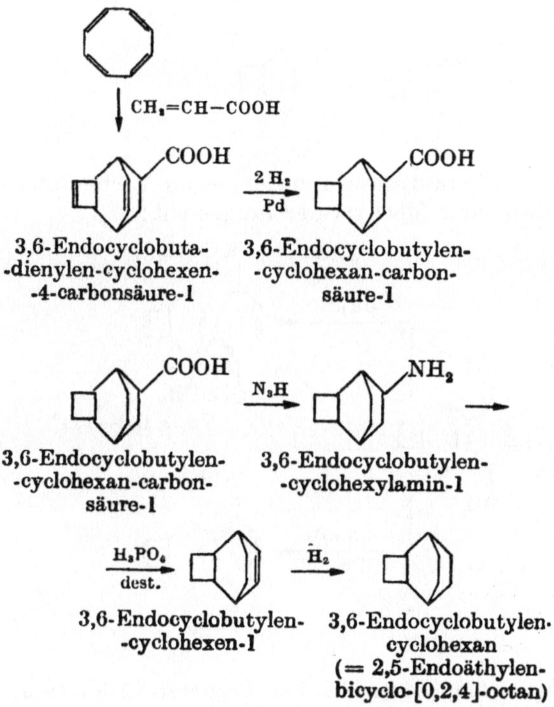

$CH_2=CH-COOH$

COOH
$\xrightarrow{\;2\,H_2\;}{Pd}$
COOH

3,6-Endocyclobuta-
-dienylen-cyclohexen-
-4-carbonsäure-1

3,6-Endocyclobutylen-
-cyclohexan-carbon-
säure-1

COOH
$\xrightarrow{N_3H}$
NH_2

3,6-Endocyclobutylen-
-cyclohexan-carbon-
säure-1

3,6-Endocyclobutylen-
-cyclohexylamin-1

$\xrightarrow[\text{dest.}]{H_3PO_4}$
$\xrightarrow{\dot{H}_2}$

3,6-Endocyclobutylen-
-cyclohexen-1

3,6-Endocyclobutylen-
cyclohexan
(= 2,5-Endoäthylen-
bicyclo-[0,2,4]-octan)

In ganz analoger Weise reagiert Chinon mit Cyclooctatetraen, wobei
je nach den Reaktionsbedingungen die chinoide oder benzoide Form
entsteht.

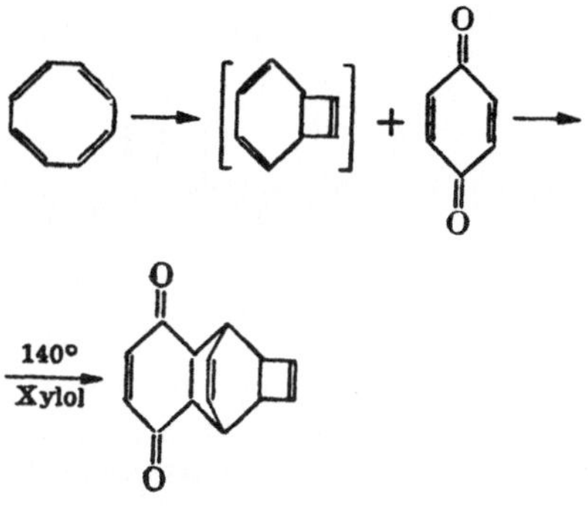

$\xrightarrow[\text{Xylol}]{140^\circ}$

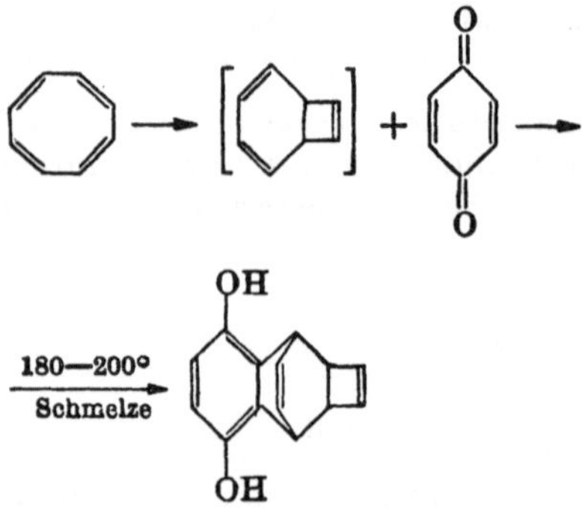

Zur weiteren Charakterisierung der neuen Verbindungen haben wir auch die Acetate und Methyläther hergestellt:

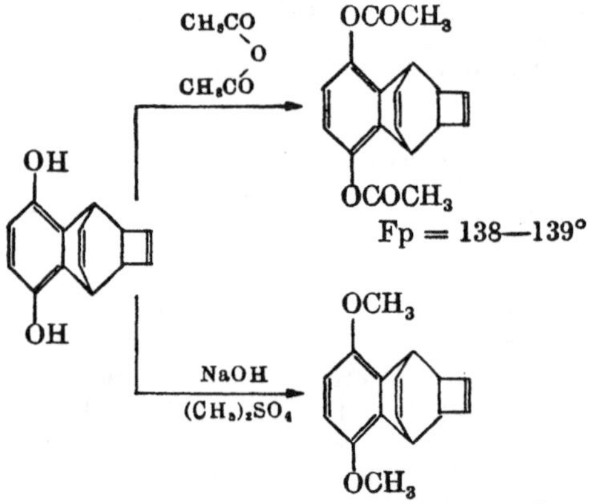

Fp = 138—139°

Fp = 106°

Somit liegen bei diesen beiden isomeren Addukten die gleichen Verhältnisse vor wie bei dem Addukt aus Benzochinon und Butadien (*213*). Benzochinon lagert auch in untergeordnetem Maße 2 Moleküle Cyclooctatetraen nach der Diensynthese an, wobei folgendes Produkt erhalten wird:

Addukt aus 2 Mol Cyclooctatetraen und 1 Mol Chinon

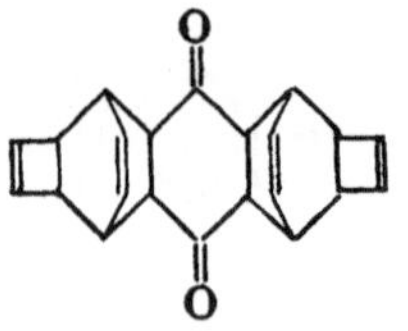

Fp 223°

Es wurden weiterhin die Addukte mit Naphthochinon und Acetylendicarbonsäureester hergestellt, die bei der thermischen Spaltung nach ALDER-RICKERT in Anthrachinon bzw. Phthalsäureester zerfallen. Hiermit ist bewiesen, daß die Kondensation in 1,4-Stellung des Cyclo-

octatetraens erfolgt ist, wobei im Falle des Naphthochinons die vier
C-Atome des dritten Sechsrings des bei der thermischen Spaltung entstehenden Anthrachinons dem Cyclooctatetraen entstammen. An Stelle
des hierbei zu erwartenden unbekannten Cyclobutadiens (*214*) konnten
nur harzartige Polymerisationsprodukte festgestellt werden.

Trotz des Fehlens dieses letzten Beweisstückes können wir in Übereinstimmung mit den Ergebnissen bei der Hydrierung, der Bildung von
Aromaten bei der Zersetzung nach ALDER-RICKERT annehmen, daß
die Diensynthese des Cyclooctatetraens auch hier über die Zwischenstufe des Bicyclooctans verläuft, aus dem dann das tricyclische Ring-
system gebildet wird:

1,4-Endocyclobutadi-
enylen-1,4-dihydro-
-anthrachinon

3,6-Endocyclobutadi-
-enylen-cyclohexadien-
-1,4-dicarbonsäure-1,2

Polymerisation des Cyclooctatetraens sowie seiner Dihalogenderivate.
Cyclooctatetraen und seine Dihalogenierungsprodukte gehen bereits
bei längerem Stehen, schneller beim Erhitzen, in polymere Produkte
über (*215*). Genauer untersucht wurden bisher nur die dimeren Polymerisationsprodukte des Cyclooctatetraens. Dimere Polymere sind
leicht durch mehrstündiges Kochen des Cyclooctatetraens unter Rück-
fluß bei Luftzutritt gewinnbar (*216*). Hierbei erhält man eine Mischung
von mindestens zwei strukturisomeren Kohlenwasserstoffen der Summen-
formel $C_{16}H_{16}$, von denen der eine fest ist (*217*) und nach den Ergebnissen der katalytischen Hydrierung noch drei, der isomere flüssige
nur noch zwei Doppelbindungen besitzt. Die Dimerisation läßt sich
aber auch unter Ausschluß von Luft (Stickstoff) einheitlich gestalten (*218*), wobei nur der flüssige Kohlenwasserstoff $C_{16}H_{16}$ gebildet wird.

Die Dimerisation des Cyclooctatetraens stellt zweifellos eine Diensynthese dar.

Über die Konstitution der Dimeren liegen noch keine Ergebnisse vor. Man muß annehmen, daß die Kohlenwasserstoffe $C_{16}H_{16}$ sich durch Dienkondensation aus 2 Molekülen Cyclooctatetraen bilden. Hierbei dürfte wahrscheinlich eine doppelte Diensynthese eintreten, die sowohl in der „Exo"- als auch in der „Endoform" erfolgen könnte, und von der man sich folgende bildliche Vorstellung machen kann (*219*):

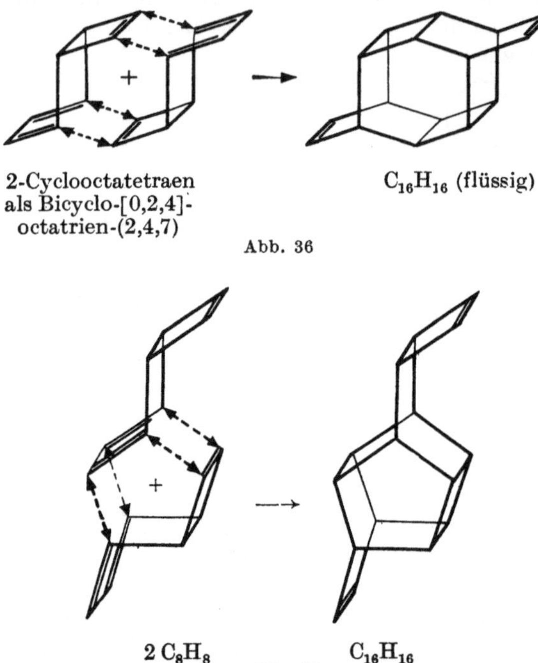

2-Cyclooctatetraen
als Bicyclo-[0,2,4]-
octatrien-(2,4,7)

$C_{16}H_{16}$ (flüssig)

Abb. 36

2 C_8H_8 $C_{16}H_{16}$

Abb. 37

Analog gehen die flüssigen Dihalogenierungsprodukte in schön krystallisierende Dimere über.

Konfiguration der Dien-Addukte. Die Arbeiten über die Konfiguration der verschiedenen erwähnten Dien-Addukte des Cyclooctatetraens wurden begonnen, mußten jedoch infolge der Kriegsverhältnisse vorläufig zurückgestellt werden.

Es liegen schon sehr interessante Ergebnisse vor, jedoch würde es im Rahmen dieser Ausführungen zu weit gehen, diese näher zu behandeln.

Das ganze Gebiet der Chemie des Cyclooctatetraens steckt noch in den Anfängen. Neben dem weiteren Ausbau der chemischen Untersuchungen müssen vor allem in größerem Umfange physikalische Methoden nicht nur für die Cyclopolyolefine selbst, sondern auch für ihre aus den Folgereaktionen sich herleitenden neuen Stoffe herangezogen werden. Messungen von Dipolmomenten sind erforderlich zur Unterscheidung von cis- und trans-Isomerie (schon in den einfachsten

Fällen der Dihalogenierungsprodukte des Cyclooctatetraens), interferometrische Abstandsmessungen in der Dampfphase nach DEBEYE und WIERL, LAUE-Diagramm und evtl. Auswertung durch FOURIER-Analyse, Molkohäsion usw. müssen zur endgültigen Klärung des Feinbaues der Cyclopolyolefine durchgeführt werden.

Durch Einbeziehung der homologen Acetylene (Methyl-, Äthyl-, Isopropyl-, Phenyl-, Vinyl- usw. -acetylen), die zu den entsprechenden substituierten Polycycloolefinen führen müssen, eröffnet sich ein neues unabsehbares Arbeitsfeld.

δδ) Verwendungsmöglichkeiten des Cyclooctatetraens.

Auf Grund unserer bisherigen vorbereitenden Arbeiten läßt sich schon heute voraussagen, daß das Cyclooctatetraen eine erhebliche technische Bedeutung erlangen wird. Es ist nicht daran zu zweifeln, daß es gelingen wird, dieses interessante und so reaktionsfähige Produkt mit guten Ausbeuten auch in kontinuierlicher und für technische Verwertung geeigneter Arbeitsweise herzustellen. Es wäre hiermit eine neue und verhältnismäßig billige Basis für einen neuen Zweig der technischen, organischen Chemie erschlossen, die nicht nur in die bisher kaum zugängliche Chemie des Acht- und Siebenrings führt, sondern darüber hinaus die Herstellung nur schwer zugänglicher Benzol-Derivate und einer unübersehbaren Zahl interessanter neuer Körperklassen ermöglicht, von denen sicher viele praktische Bedeutung erlangen werden.

Schon heute zeichnet sich eine Reihe interessanter Verwendungsmöglichkeiten für Cyclooctatetraen ab; u. a. sind seine Dien-Addukte ausgezeichnete Ausgangsmaterialien für wertvolle Lackrohstoffe; die aus Cyclooctatetraen über Cyclooctan bzw. Cyclooocten erhältliche Korksäure hat großes Interesse für das Polyamidgebiet. Vor allem eröffnet das interessante Cyclooocten, dessen Doppelbindung allen Reaktionen der Äthylenchemie zugänglich ist, einen neuen Weg in die Chemie des Achtrings und seiner Abwandlungsprodukte. Beispielsweise ist es möglich, über das Cyclooocten ――→ Cyclooctanol ――→ Cyclooctanon ――→ Cyclooctanonoxim das Capryllactam zu synthetisieren, einen in der Polyamidchemie sehr erwünschten Baustein. Darüber hinaus läßt die neue Totalsynthese des Ccylooctatetraens erhoffen, mit diesem heute leicht zugänglichen Körper ein neues Ausgangsmaterial für Alkaloid-Synthesen zur Verfügung zu haben und neue wertvolle pharmazeutische Produkte zu schaffen (vgl. Anlage XVII).

b) Kohlenwasserstoffe $C_{10}H_{10}$, $C_{12}H_{12}$ und $C_{10}H_8$ (Azulen).

Es lag die Vermutung nahe, daß die bei der Synthese des Cyclooctatetraens anfallenden höher siedenden Kohlenwasserstoffe vom Sdp. ca. 195 und ca. 240° und höhere, die in einer Menge von 5—10% des erhaltenen Cyclooctatetraens entstehen, die lange gesuchten höheren Homologe des Cyclooctatetraens, nämlich das Cyclodecapentaen, Cyclododecahexaen usw. sein könnten. Es gelang uns bisher mit verfeinerten Arbeitsmethoden, besonders durch Anwendung der chromatographischen Adsorption, 3 Kohlenwasserstoffe zu isolieren: 2 Kohlenwasserstoffe $C_{10}H_{10}$ (orangegelb und hellgelb) mit einer Siedepunktdifferenz von 6° und einen Kohlenwasserstoff $C_{12}H_{12}$.

Die beiden Kohlenwasserstoffe $C_{10}H_{10}$ mit je 5 Doppelbindungen unterscheiden sich in ihrem Verhalten bei der katalytischen Hydrierung hinsichtlich Temperatur und Druck, bei der die Absättigung der einzelnen Doppelbindungen erfolgt. Beide Kohlenwasserstoffe geben 2 Additionsverbindungen mit 2 bzw. 3 Mol Maleinsäureanhydrid. Der hellgelbe $C_{10}H_{10}$ gibt gegenüber dem orangegelben $C_{10}H_{10}$ keine Additionsverbindung mit $CuCl\text{-}NH_4Cl$. Beim Überleiten des Kohlenwasserstoffes $C_{12}H_{12}$ im Vakuum über Pd-Tierkohle bei 250—260° wurde 1,2-Dimethylnaphthalin erhalten.

Neben den Kohlenwasserstoffen $C_{10}H_{10}$ und $C_{12}H_{12}$ entstand bei höheren Reaktionstemperaturen (120—130°) das tiefblau gefärbte Azulen, das wir durch chromatographische Adsorption oder als Tribenzolat bzw. Pikrat oder schließlich nach der von SHERNDALL (*220*) und KREMERS (*221, 222*) beschriebenen Phosphorsäure-Methode isolierten. Letztere erwies sich auf Grund unserer kolorimetrischen Bestimmungsmethoden für Azulen als am ausgiebigsten.

Mit unserem sicheren Nachweis der Bildung von Azulen aus Acetylen dürfte auch endgültige Klarheit über das Auftreten der blauen Färbung bei den dunkelblau gefärbten Destillaten bestehen, die SCHLÄPFER und STEDTLER aus Cuprenteer, HERZENBERG und RUHEMANN aus Braunkohlengeneratorteer und schließlich R. SCHWARZ bei seinen Acetylenversuchen im Abschreckrohr erhielten. Auch die oft bei Vinylierungen hochsiedender Alkohole und Glykole auftretende tiefblaue Färbung der Destillate ist auf Spuren von Azulen zurückzuführen.

Die Konstitution der Kohlenwasserstoffe $C_{10}H_{10}$ und $C_{12}H_{12}$ konnte infolge der Kriegs- und Nachkriegsverhältnisse noch nicht geklärt werden, aber schon heute läßt sich sagen, daß die nähere Durchforschung dieses sehr interessanten Gebietes zweifellos eine Fundgrube neuer wissenschaftlicher Erkenntnisse zu werden verspricht. Dürften doch wesentliche Beiträge zu unseren Anschauungen und Vorstellungen über das Wesen und die Struktur aromatischer Verbindungen zu erhoffen sein.

2. Benzol, Benzolderivate und hydroaromatische Verbindungen aus Acetylenen bzw. Acetylenen und Vinylverbindungen.

Es wurde bereits auf Arbeiten von BERTHELOT, N. ZELINSKY, R. SCHWARZ u. a. hingewiesen, welche die cyclisierende Polymerisation des Acetylens zu Benzol unter Anwendung pyrogener Prozesse zum Ziele hatten. In allen Fällen entstanden neben mehr oder weniger Benzol u. a. Toluol, Xylol, wenig Styrol, ferner Naphthalin, Methylnaphthalin, Phenanthren usw. neben anderen höher siedenden Produkten des Steinkohlenteers. Auch Versuche von COUPARD mit bestimmten Metallcarbiden als Katalysatoren bei Temperaturen von ca. 800° C brachten keine brauchbare Lösung.

Gelegentlich meiner Arbeiten über neue Reaktionen des Kohlenoxyds, wobei Metallcarbonyle als Katalysatoren erstmalig im Rahmen der Katalyse zur Anwendung kamen, stießen wir auf gut definierte und schön krystallisierende Verbindungen, die durch Ersatz einer oder zweier CO-Gruppen des Nickelcarbonyls durch Triphenylphosphin-Reste entstanden waren:

$$\mathrm{Ni(CO)_4} \; \overbrace{\begin{array}{l} \xrightarrow{\ (C_6H_5)_3\,P\ } (C_6H_5)_3\,P\,Ni(CO)_3 \;+\; CO \\ \qquad\qquad\qquad \text{Smp. } 123^\circ \\ \xrightarrow{\ 2\,(C_6H_5)_3\,P\ } [(C_6H_5)_3\,P]_2\,Ni(CO)_2 \;+\; 2\,CO \\ \qquad\qquad\qquad \text{Smp. } 206\text{—}209^\circ \end{array}}$$

Die „Triphenylphosphin-Nickelcarbonyle" können durch einfaches Vermischen der Komponenten im gewünschten Verhältnis in einem wasserfreien Lösungsmittel, z. B. reinem Äthylalkohol, gewonnen werden.

a) Benzol aus Acetylen.

Die neuen Triphenylphosphin-Nickelcarbonyle eignen sich hervorragend für die Cyclisierung von Acetylen, seinen Derivaten und Substitutionsprodukten, wobei in einheitlicher Weise und bei äußerst milden Bedingungen in praktisch quantitativer Ausbeute Benzol bzw. Benzolderivate erhalten werden (223). So wird z. B. mit dem durch zwei Triphenylphosphin-Reste substituierten Nickelcarbonyl $Ni(CO)_2$-$[(C_6H_5)_3P]_2$ Acetylen bei 60—70° und 15 atü Acetylendruck zu 88% zu Benzol neben 12% Styrol cyclisiert. Man arbeitet in Anwesenheit eines Lösungsmittels, im vorliegenden Fall zweckmäßigerweise mit Benzol selbst.

Die Wirkungsweise der Katalysatoren dieser glatt verlaufenden Reaktion konnte noch nicht eindeutig geklärt werden. Die ursprünglich eingesetzten Stoffe übernehmen — wie in vielen Fällen der bereits erwähnten Reaktionen — zweifellos nicht unmittelbar die Rolle von Katalysatoren, sondern müssen vor Beginn der eigentlichen Cyclisierungsreaktion bei etwa 100—120° einer „Kontaktentwicklung" unter Druck unterworfen werden, ohne die eine Umsetzung nicht in Gang kommt. Da die Arbeiten infolge der Kriegsverhältnisse vorzeitig abgebrochen werden mußten, war es bisher noch nicht möglich, das Wesen der sogenannten „Kontaktentwicklung" und die Natur der eigentlich wirksamen Katalysatoren aufzuklären. Unsere Beobachtungen lassen aber darauf schließen, daß unter der Einwirkung des Acetylens die Triphenylphosphin-Reste ganz oder zum Teil abgespalten werden, wobei sich wahrscheinlich Nickelcarbonylacetylide oder Nickelacetylide mit mehr oder weniger lose gebundenem Acetylen bilden. Die Konstitution dieser Katalysatoren muß jedoch verschieden sein von derjenigen, die — wie wir bereits in diesem Kapitel ausgeführt haben — die Cyclisierung des Acetylens zu Cyclooctatetraen und höheren Cyclopolyolefinen bewirken.

b) Trimethylolbenzole aus Propargylalkohol.

Während die Kondensation von Acetylen zu Benzol aus preislichen Gründen kaum nennenswertes technisches Interesse erhalten dürfte, hat die Übertragung der neuen Arbeitsweise auf die Derivate des Acetylens erhebliche technische Bedeutung. Butin-2-diol-1,4 zeigt allerdings unter dem Einfluß der neuen Katalysatoren keinerlei Reaktion, wohl infolge Fehlens der für die „Kontaktentwicklung" erforderlichen Methin-Gruppe. Hingegen reagiert Propargylalkohol außerordentlich leicht und stürmisch. Die Reaktion muß deshalb in einem Verdünnungsmittel (Toluol) vorgenommen werden, in dem der Katalysator („Triphenylphosphin-Nickelcarbonyl") aufgelöst wird. Wasserfreier Propargylalkohol wird zu dieser Lösung *allmählich* entsprechend dem Fortschreiten der Reaktion hinzugegeben. Es kann in diesem Falle ohne Anwendung von Druck gearbeitet werden, wobei allerdings nach den bisherigen Erfahrungen der Katalysator nur einmal benutzt werden kann. Das in praktisch quantitativer Ausbeute gebildete Gemisch von 1,2,4- und 1,3,5-Trimethylolbenzol (entstanden im Verhältnis 1:1) scheidet sich vom Lösungsmittel als untere Schicht ab und wird durch Fraktionierung gereinigt. Durch Oxydation mit $KMnO_4$ oder HNO_3 entsteht in praktisch quantitativer Ausbeute ein Gemisch etwa gleicher Teile von Trimesin- und Trimellithsäure, die auf Grund ihrer verschiedenen Löslichkeit in Wasser leicht voneinander zu trennen sind:

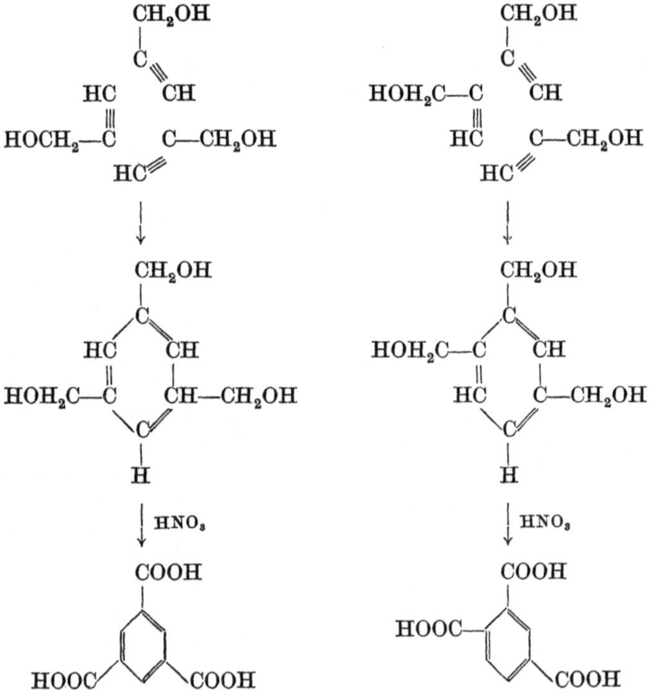

Diese heute leicht zugänglichen dreiwertigen aromatischen Alkohole und Säuren können als solche oder nach erfolgter Perhydrierung für den Aufbau von Weichmachern und Lackrohstoffen, sowie bei der Herstellung von Kunststoffen verwendet werden.

c) Derivate des Di- und Tetrahydrobenzols aus Acetylen und Vinyl-Verbindungen.

Es stellte sich bei diesen Arbeiten weiterhin heraus, daß ein oder sogar zwei Drittel des angewandten Acetylens oder der Acetylen-Derivate durch Vinylverbindungen (Vinyläther oder Acrylester) ersetzt werden können, wodurch Derivate des Dihydro- und Tetrahydrobenzols leicht zugänglich werden.

α) Aus einem Mol Acrylester und 2 Mol Acetylen entsteht Δ,2,4-Dihydrobenzoesäureester:

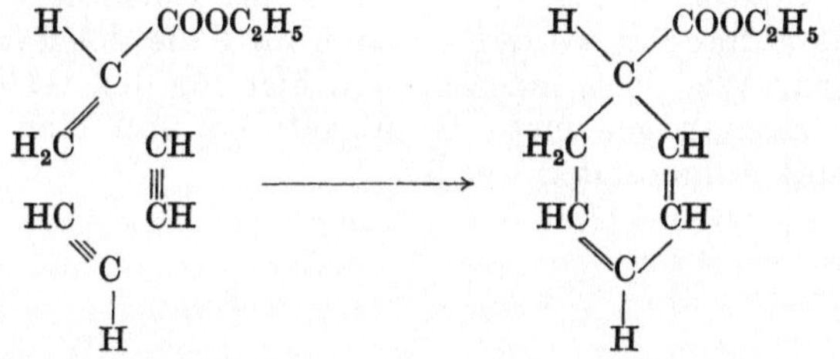

$$\begin{array}{ccc}
\text{H}\diagdown\quad\diagup\text{COOC}_2\text{H}_5 & & \text{H}\diagdown\quad\diagup\text{COOC}_2\text{H}_5 \\
\text{C} & & \text{C} \\
\text{H}_2\text{C}\quad\text{CH} & & \text{H}_2\text{C}\quad\text{CH} \\
\text{HC}\quad\text{CH} & \longrightarrow & \text{HC}\quad\text{CH} \\
\text{C} & & \text{C} \\
\text{H} & & \text{H}
\end{array}$$

β) Aus 2 Mol Acrylester und 1 Mol Acetylen entsteht ein Gemisch der drei isomeren Tetrahydrophthalsäurediester.

γ) Aus je einem Mol Acrylester, Vinyläther und Acetylen gelingt es, Derivate der Tetrahydrooxybenzoesäuren aufzubauen. In allen diesen Fällen ist es erforderlich, zunächst den Nickelcarbonyl-triphenyl-phosphin-Katalysator in einem Lösungsmittel bei ca. 100° C mit Acetylen allein zu „entwickeln" und dann erst die zweite Komponente (Vinyläther bzw. Acrylsäureester) hinzuzugeben bei gleichzeitiger Anwesenheit von Acetylen.

Durch Variation der Nickelcarbonyl-triphenylphosphin-Katalysatoren, z. B. Ersatz des Triphenylphosphin-Restes durch andere organische Reste, dürften weitere Varianten der Reaktionsmöglichkeiten in den einzelnen Fällen zu erwarten sein; z. B. sollte es auf diese Weise möglich sein, eine praktisch quantitative Überführung von Acetylen in Styrol in einem Arbeitsgang zu erzielen. Vielleicht wird es dann auch gelingen, die Vinylester, z. B. Vinylacetat, die sich bisher hartnäckig der Cyclisierungs-Reaktion mit Acetylen entzogen haben, mit Acetylen gleichzeitig zu cyclisieren und auf diese Weise letzten Endes neue Synthesen für ein- und zweiwertige Phenole zu schaffen.

Es kann aber schon jetzt bei dem Anfangszustand dieser Arbeiten gesagt werden, daß mit der Einführung der neuen Katalysatoren, die sowohl anorganischer als auch organischer Natur sind, sich neue Perspektiven für interessante chemische Synthesen eröffnen.

3. Schlußbemerkungen.

Die hier erwähnten Totalsynthesen der Cyclopolyolefine und der Benzolderivate stehen noch ganz in den Anfängen ihrer Entwicklung. Es läßt sich im Augenblick noch nicht abschätzen, wohin die neuerschlossenen Gebiete führen werden, doch dürfte man nicht fehlgehen, wenn man ihnen schon jetzt eine große technische Bedeutung voraussagt. Allerdings ist hierzu noch ein erheblicher Arbeitsaufwand zu leisten, nicht nur in wissenschaftlicher, sondern auch ganz besonders in technischer Hinsicht. Es ist ja nicht nur unsere Aufgabe, in den Laboratorien neue und interessante Reaktionsmöglichkeiten aufzuspüren, sondern darüber hinaus die Weiterentwicklung der aufgefundenen neuen Verfahren über den halbtechnischen, technischen und wenn erforderlich bis zum großtechnischen Maßstab voranzutreiben. Es besteht kein Zweifel, daß uns das wie in allen anderen Fällen — im letzten Kapitel konnte ja an Hand des Butindiols eine derartige Entwicklung aufgezeigt werden — auch im Falle des Cyclooctatetraens gelingen wird. Wie dort, müssen auch hier für den technischen kontinuierlichen Betrieb geeignete Katalysatoren und eine spezielle Verfahrenstechnik aufgefunden werden.

IV. Carbonylierung.

Das Kohlenoxyd spielt seit längerer Zeit eine bedeutende Rolle in der chemischen Technik. Neben seinen älteren Anwendungen als Ausgangsmaterial für die Gewinnung von Phosgen und Ameisensäure hat es im letzten Jahrzehnt als Grundstoff für neue moderne katalytische Prozesse eine überragende Bedeutung gewonnen. Erinnert sei nur an die Gewinnung von Wasserstoff für die Ammoniaksynthese des aus CO und H_2 bestehenden Wassergases, an die Synthesen des Methanols aus Kohlenoxyd und Wasserstoff und weiterhin der Ameisensäureester aus Methanol und Kohlenoxyd und die sich anschließenden großtechnischen Prozesse der Gewinnung von Formamid und Blausäure, erinnert sei ferner an die FISCHER-TROPSCH-Synthese, die der Fabrikation von Benzinen und Paraffinen dient, sowie schließlich an die auf dem MOND-Prozeß fußende großtechnische Gewinnung des Nickels durch Aufschluß abgerösteter Nickelerze mit Kohlenoxyd unter Druck. In der neuen Patentliteratur sind besonders von Seiten der Amerikaner Verfahren in Vorschlag gebracht worden, die den Einsatz von CO für die Herstellung von Carbonsäuren aus Olefinen und Wasser oder aus Alkoholen bzw. Äthern zum Gegenstand haben. Inwieweit diese Verfahren, die nach den amerikanischen Angaben mit stöchiometrischen Mengen von Borfluorid bei außerordentlich hohen Drucken und Temperaturen arbeiten, technische Bedeutung erlangt haben, ist nicht bekannt geworden.

Die außerordentliche Reaktionsfähigkeit des Kohlenoxyds, die in seinen freien Valenzen oder, im Sinne der Elektronentheorie ausgedrückt, in seinen beiden einsamen Elektronenpaaren ihre Ursache hat, ließ vermuten, daß das Kohlenoxyd über das bisher Bekannte hinaus noch zu weiteren interessanten Reaktionen befähigt ist. Unsere erfolgreichen Arbeiten auf dem Acetylen-Gebiet legten nun den Gedanken nahe, das billige und reaktionsfähige Kohlenoxyd mit Acetylen zu kombinieren, um so auf einfachstem Wege zu interessanten Körperklassen zu gelangen. Für diese Überlegung war nicht allein die durch die Wohlfeilheit des Kohlenoxyds zu erwartende wesentliche Verbilligung des Acetylens in den zu synthetisierenden Körperklassen maßgebend, es leitete uns vielmehr auch der Gedanke, hierdurch eine günstigere Verwertung für das beim Carbidprozeß zwangsläufig anfallende Kohlenoxyd zu finden. Bekanntlich entstehen beim Carbidprozeß, der nach dem Schema:

$$CaO + 3\,C \longrightarrow CaC_2 + CO$$
$$\downarrow H_2O$$
$$HC\equiv CH$$

verläuft, im Endeffekt gleiche Volumina Acetylen und Kohlenoxyd, wobei letzteres bisher mangels anderweitiger chemischer Verwertungsmöglichkeit für Heizzwecke verwandt wurde.

Man dachte zunächst daran, durch eine Kombination von Kohlenoxyd mit Acetylen zum Acetylenmono- bzw. Acetylendialdehyd zu gelangen. Es erwies sich nun im Laufe dieser Versuche als ein besonders glücklicher Umstand, daß gleich zu Anfang dieser Arbeiten Nickel bzw. Nickelcarbonyl als Reaktionsvermittler zwischen Acetylen und Kohlenoxyd bzw. als CO-Überträger gewählt wurde; denn es zeigte sich bald, daß nur Metallcarbonyle bzw. solche Metalle oder deren Verbindungen, die zur Carbonylbildung befähigt sind, das Zustandekommen einer Reaktion zwischen Acetylen und Kohlenoxyd ermöglichen. Der erstmalige Einsatz der carbonylbildenden Metalle, ihrer Verbindungen, sowie der Carbonyle selbst und weiterhin der Carbonylwasserstoffe als Katalysatoren erwies sich für eine Reihe wichtiger Synthesen mit Kohlenoxyd in der aliphatischen Chemie als besonders glücklich und fruchtbar.

1. Synthese der Acrylsäure und ihrer Derivate.

Die ersten Versuche mit Gemischen von Acetylen und Kohlenoxyd unter Verwendung von Nickel bzw. Nickelcarbonyl als Katalysatoren, die man in Anwesenheit von Wasser ausführte, verliefen nun allerdings anders, als gedacht war. Die Bildung des erwarteten Acetylenmono- bzw. -dialdehyds blieb aus, es entstand vielmehr in kleiner Menge eine Carbonsäure, die sich als Acrylsäure erwies. Im weiteren Verlauf der Arbeiten stellte sich heraus, daß außer Wasser auch andere Verbindungen mit beweglichen Wasserstoffatomen zum Teil in noch wesentlich glatterer Reaktion, mit Kohlenoxyd und Acetylen sich zu Derivaten der Acrylsäure umzusetzen vermögen. So liefern Alkohole mit Acetylen und Kohlenoxyd Acrylsäureester; Amine liefern Acrylamide, Mercaptane geben Acrylsäurethioester bzw. die tautomeren Thioacrylsäureester, und aus organischen Säuren entstehen gemischte Anhydride mit Acrylsäure, wie aus folgenden Schemata ersichtlich ist:

$$C_2H_2 + CO + H_2O \longrightarrow H_2C{=}CH{-}COOH \qquad + 50{,}6 \text{ kcal}$$
$$\text{Acrylsäure}$$

$$C_2H_2 + CO + ROH \longrightarrow H_2C{=}CH{-}COOR \qquad + 53{,}8 \text{ kcal } (R{=}CH_3)$$
$$\text{Acrylsäureester}$$

$$C_2H_2 + CO + RNH_2 \longrightarrow H_2C{=}CH{-}CO{-}NHR \quad + 87{,}1 \text{ kcal } (R{=}C_6H_5)$$
$$\text{Acrylsäureamid}$$

$$C_2H_2 + CO + RSH \longrightarrow H_2C{=}CH{-}CO{-}SR$$
$$\text{Acrylsäure-thioester}$$

$$C_2H_2 + CO + R{-}COOH \longrightarrow \begin{array}{c} H_2C{=}CH{-}CO \\ \diagdown \\ O \\ \diagup \\ R{-}CO \end{array}$$
$$\text{gemischt. Acrylsäure-}$$
$$\text{-Carbonsäureanhydrid}$$

$$C_2H_2 + CO + CH_2{=}CH{-}COOH \longrightarrow$$
$$2\,C_2H_2 + 2\,CO + H_2O \longrightarrow \begin{array}{c} H_2C{=}CH{-}CO \\ \diagdown \\ O \\ \diagup \\ H_2C{=}CH{-}CO \end{array}$$
$$\text{Acrylsäureanhydrid}$$

a) Theorie der Acrylester-Bildung.

Es liegt nun nahe, den Reaktionsverlauf in der Weise zu deuten, daß das Acetylen in seiner Isoform mit CO zum Methylenketen reagiert, das sich dann mit Wasser, Alkoholen usw. zu Acrylsäure, Acrylestern usw. umsetzt:

$$\overset{\text{Acetylen}}{\underset{\text{(iso-Form)}}{H_2C{=}C{<}}} + CO \longrightarrow \underset{\text{Methylenketen}}{[CH_2{=}C{=}C{=}O]} \quad \begin{array}{l} \xrightarrow{\;H_2O\;} \underset{\text{Acrylsäure}}{CH_2{=}CH{-}COOH} \\[2ex] \xrightarrow{\;ROH\;} \underset{\text{Acrylester}}{CH_2{=}CH{-}COOR} \end{array}$$

Von den Ketenen ist ja bekannt, daß sie sich mit Wasser und Alkoholen bereits bei relativ tiefen Temperaturen spontan zu Säuren bzw. Säureestern vereinigen, so daß hierdurch die Bildungsweise z. B. der Acrylester aus Acetylen, Alkoholen und CO bzw. Metallcarbonylen, die bereits unter außerordentlich milden Bedingungen verläuft, ihre Deutung finden könnte. Diese Theorie erklärt jedoch nicht die analoge Reaktionsfähigkeit der einseitig und doppelseitig substituierten Acetylene. Im ersteren Falle entstehen Reaktionsprodukte, deren Bildung mit der Ketentheorie nicht vereinbar ist; im zweiten Falle, wo überhaupt keine beweglichen Wasserstoff-Atome vorhanden sind, ist eine Ketenbildung nicht möglich.

Wir nehmen infolgedessen als Arbeitstheorie die intermediäre Bildung eines hypothetischen Cyclopropenon-Rings aus Acetylen und CO an, der dann durch Verbindungen mit beweglichem Wasserstoffatom, wie Wasser, Alkohole, Amine, Mercaptane, Carbonsäuren usw. nach folgendem Schema aufgespalten wird:

$$HC\equiv CH + \underset{O}{\overset{\displaystyle C}{\|}} \longrightarrow \left[\underset{O}{\overset{HC\!\!-\!\!CH}{\underset{\|}{C}}} \right] \quad \text{Cyclopropenon (hypothetisch)}$$

$$\underset{O}{\overset{HC\!\!-\!\!CH}{\underset{\|}{C}}} + \overset{H}{OH} \longrightarrow \underset{COOH}{\overset{HC=CH_2}{|}} \quad \text{Acrylsäure}$$

$$\underset{O}{\overset{HC\!\!-\!\!CH}{\underset{\|}{C}}} + \overset{H}{OR} \longrightarrow \underset{COOR}{\overset{HC=CH_2}{|}} \quad \text{Acrylsäure-ester}$$

$$\underset{O}{\overset{HC\!\!-\!\!CH}{\underset{\|}{C}}} + \overset{H}{SR} \longrightarrow \underset{COSR}{\overset{HC=CH_2}{|}} \quad \text{Acrylsäure-thioester}$$

$$\underset{O}{\overset{HC\!\!-\!\!CH}{\underset{\|}{C}}} + \overset{H}{NHR} \longrightarrow \underset{CONHR}{\overset{HC=CH_2}{|}} \quad \text{N-subst. Acryl-säureamide}$$

$$\underset{O}{\overset{HC\!\!-\!\!CH}{\underset{\|}{C}}} + \underset{O}{\overset{H}{\underset{\|}{OCR}}} \longrightarrow \underset{O\quad O}{\overset{HC=CH_2}{\underset{\|\quad\|}{C\!\!-\!\!O\!\!-\!\!C\!\!-\!\!R}}} \quad \text{Gem. Acryl-carbonsäure-anhydride}$$

Die Aufspaltung mit molekularem Wasserstoff hat bisher zu keinen brauchbaren Resultaten geführt.

Entsprechend unserer Theorie wird aus Phenylacetylen, Kohlenoxyd und Alkoholen α-Phenylacrylsäure erhalten, während die gleichzeitig zu erwartende Zimtsäure, die nach der Keten-Theorie ausschließlich entstehen müßte, nicht nachgewiesen werden konnte:

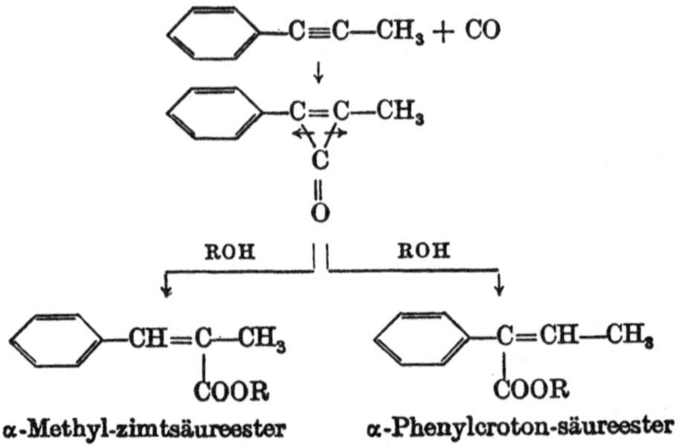

$$\text{C}_6\text{H}_5\text{—C}\equiv\text{C—CH}_3 + \text{CO}$$

$$\downarrow$$

$$\text{C}_6\text{H}_5\text{—C}=\text{C—CH}_3 \quad \text{C}\!\!=\!\!\text{O}$$

ROH		ROH

$$\text{C}_6\text{H}_5\text{—CH}=\underset{\underset{\text{COOR}}{|}}{\text{C}}\text{—CH}_3 \qquad\qquad \text{C}_6\text{H}_5\text{—}\underset{\underset{\text{COOR}}{|}}{\text{C}}\text{=CH—CH}_3$$

α-Methyl-zimtsäureester   α-Phenylcroton-säureester

Aus Methylphenylacetylen wurden entsprechend der Dreiring-Hypothese tatsächlich zwei verschiedene Carbonsäuren, α-Phenyl-crotonsäure und α-Methylzimtsäure, erhalten:

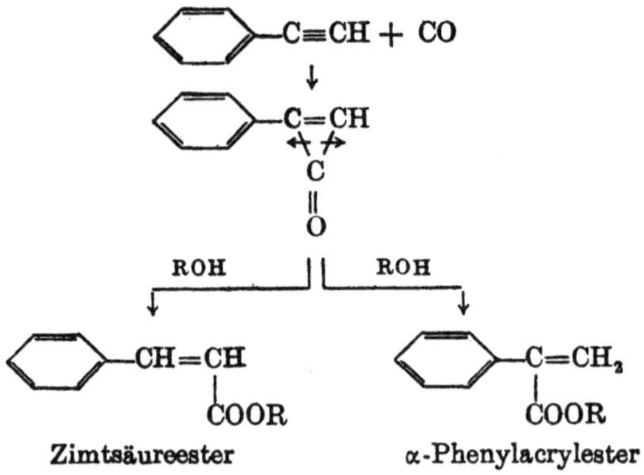

$$\text{C}_6\text{H}_5\text{—C}\equiv\text{CH} + \text{CO}$$

$$\downarrow$$

$$\text{C}_6\text{H}_5\text{—C}=\text{CH} \quad \text{C}\!\!=\!\!\text{O}$$

ROH		ROH

$$\text{C}_6\text{H}_5\text{—CH}=\underset{\underset{\text{COOR}}{|}}{\text{CH}} \qquad\qquad \text{C}_6\text{H}_5\text{—}\underset{\underset{\text{COOR}}{|}}{\text{C}}\text{=CH}_2$$

Zimtsäureester   α-Phenylacrylester

Im Laufe unzähliger Versuche, die wir unter Einsatz von Nickel-carbonyl und den verschiedensten Nickelverbindungen (Nickelhalogenide, insbesondere Nickeljodid, Nickelsalze der verschiedensten anorganischen und hauptsächlich organischen Säuren) unter Zusatz von Basen und Säuren als weitere katalytisch wirkende Stoffe unternahmen, wobei die Mengenverhältnisse der Katalysatoren in weiten Grenzen variiert wurden, stellten sich zwei grundsätzlich verschiedene Verfahrens-möglichkeiten für die Herstellung von Derivaten der Acrylsäure heraus:

Einmal das ohne Anwendung von Druck arbeitende stöchiometrische Verfahren, bei dem Alkohole usw. mit Acetylen und Nickelcarbonyl bei Anwesenheit von Säuren umgesetzt werden. Der CO-Lieferant ist hier das Nickelcarbonyl, das im Laufe der Reaktion in Nickelsalz, z. B. Nickelhalogenid, übergeführt wird. Zum anderen das katalytische Verfahren (*224*), bei dem unter der katalytischen Einwirkung von Nickelsalzen Acetylen und Kohlenoxyd mit z. B. Alkoholen unmittel-bar zu Derivaten der Acrylsäure, z. B. Acrylsäureestern, zusammentreten.

b) Stöchiometrische Arbeitsweise.

Im Falle der Arbeitsweise (*225*) in stöchiometrischen Verhältnissen unter Verwendung von Metallcarbonylen als CO-Lieferanten ist gleichzeitige Anwesenheit von Säuren oder Halogenen erforderlich, um das Metall des Carbonyls als Salz zu binden. Der Reaktionsverlauf ist aus folgendem Schema ersichtlich, das die mit Hilfe von Nickelcarbonyl durchgeführten Umsetzungen veranschaulicht:

$$H_2O + C_2H_2 + {}^1\!/_4\,Ni(CO)_4 + {}^1\!/_2\,HCl\,aq \longrightarrow$$
$$\longrightarrow H_2C{=}CH{-}COOH + {}^1\!/_4\,NiCl_2\,aq + {}^1\!/_4\,H_2$$
$$\text{Acrylsäure}$$

$$ROH + C_2H_2 + {}^1\!/_4\,Ni(CO)_4 + {}^1\!/_2\,HCl\,aq \longrightarrow$$
$$\longrightarrow H_2C{=}CH{-}COOR + {}^1\!/_4\,NiCl_2\,aq + {}^1\!/_4\,H_2$$
$$\text{Acrylsäureester}$$

$$RSH + C_2H_2 + {}^1\!/_4\,Ni(CO)_4 + {}^1\!/_2\,HCl\,aq \longrightarrow$$
$$\longrightarrow H_2C{=}CH{-}COSR + {}^1\!/_4\,NiCl_2\,aq + {}^1\!/_4\,H_2$$
$$\text{Acrylsäure-thioester}$$

Als Carbonyl ist in erster Linie das Nickelcarbonyl geeignet. Kobaltcarbonyl liefert ähnliche Resultate, ist jedoch schwerer zugänglich. Leider versagt die Reaktion völlig mit Eisencarbonyl allein; in Mischung mit Nickelcarbonyl tritt das Eisencarbonyl nur zum Teil in Reaktion. Zur Salzbildung des im Nickelcarbonyl enthaltenen Nickels sind als Säuren besonders Essigsäure, Halogenwasserstoffsäuren sowie Phosphorsäure geeignet. Zweckmäßig werden die Säuren in *wäßriger* Lösung verwendet. Arbeitet man z. B. bei der Herstellung von Acrylestern aus Nickelcarbonyl, Alkoholen und Säuren unter *Ausschluß* von Wasser, so findet leicht durch die hydrierende Wirkung des bei der Reaktion entstehenden Wasserstoffs (siehe obiges Formelbild) eine beträchtliche Bildung von Propionsäureester statt — ca. 25% des gesamten entstandenen Acrylesters werden zu Propionsäureester hydriert —, die merkwürdigerweise *bei Anwesenheit von genügend Wasser*, z. B. bei Verwendung einer ca. 35%igen Salzsäure, *völlig ausbleibt*.

Der Verbleib des Wasserstoffes in diesem Falle ist noch nicht mit Sicherheit geklärt. In den Rückständen der Acrylester-Fraktionierung konnte mit großer Wahrscheinlichkeit β-Vinylpropionsäureester (Allylessigester) nachgewiesen werden. Seine Entstehung ist wohl auf intermediäre Bildung von Vinylacetylen aus Acetylen unter den geschilderten Reaktionsbedingungen zurückzuführen. Das Vinylacetylen reagiert weiterhin mit Kohlenoxyd über Vinylcyclopropenon zu 1- bzw. 2-Butadiencarbonsäureäthylester. Während der erstere durch den bei der Reaktion freiwerdenden Wasserstoff zu β-Vinylpropionsäureäthylester partiell hydriert wird, scheint der letztere der Polymerisation anheimzufallen. Es erklärt sich hierdurch auch der erhöhte Acetylenverbrauch, der stets unter den genannten Reaktionsbedingungen beobachtet wurde. Er ist höher, als er sich unter Zugrundelegung der eingesetzten Nickelcarbonylmenge theoretisch errechnet.

Die geschilderten Verhältnisse gibt folgendes Formelbild wieder:

7*

$$2\ HC\equiv CH \longrightarrow CH_2=CH-C\equiv CH \xrightarrow{\ CO\ }$$

$$
\begin{array}{c}
CH_2=CH-\underset{\underset{\displaystyle O}{\parallel}}{C}=CH \\
\end{array}
\ \xrightarrow{\ ROH\ }\
\left\{
\begin{array}{l}
\longrightarrow\ CH_2=CH-\underset{\underset{\displaystyle COOR}{|}}{C}=CH_2 \ \longrightarrow\ \text{Polymere}\\[3em]
\longrightarrow\ CH_2=CH-CH=CH-COOR
\end{array}
\right.
$$

$$\downarrow H_2 \qquad\qquad\qquad\qquad \downarrow H_2$$

$$CH_2=CH-CH_2-CH_2-COOR \qquad\qquad CH_3-CH=CH-CH_2-COOR$$

Allylessigester $\qquad\qquad\qquad\qquad\qquad\qquad$ Propenylessigester

Für die Qualität der Enderzeugnisse bedeutet das Eintreten der Nebenreaktion keinerlei Nachteile, da die Nebenprodukte mit dem Acrylester zusammen polymerisieren. Im Gegenteil wird hierdurch die erwünschte größere Weichheit der Acrylester-Polymerisate erzielt.

Technisch arbeitet man zweckmäßig mit der gewöhnlichen, konzentrierten etwa 36%igen Salzsäure. Die Reaktion verläuft stürmisch bereits bei sehr gelinden Temperaturen (40 bis 42° C). Die Ausbeute beträgt etwa 96% an Acrylsäurederivaten (Estern, Amiden, Thioestern usw. neben wenig freier Säure). Es ist merkwürdig, daß diese so leicht verlaufenden Reaktionen bisher noch nie beobachtet wurden, zumal das hierfür erforderliche Rüstzeug in jedem auch noch so primitiv eingerichteten Laboratorium zur Verfügung steht.

Im Falle der Herstellung von Acrylsäureäthylester nach diesem Verfahren braucht man lediglich in einem Dreihalsrührkolben Alkohol mit konzentrierter Salzsäure vorzulegen, die Luft durch Acetylen zu verdrängen und die erforderliche Menge Nickelcarbonyl aus einer Bürette bei 40 bis 42° zutropfen zu lassen. Es ist nur darauf zu achten, daß stets genügende Mengen Acetylen in das Reaktionsgefäß nachgeliefert werden, da sonst leicht Unterdruck in der Apparatur entstehen kann. Nach Abdestillation des Acrylester-Alkohol-Gemisches vom gebildeten Nickelchlorid wird der Acrylester in üblicher Weise durch Waschen mit Wasser und Destillation in reiner Form erhalten.

Der Vorteil dieser Arbeitsweise liegt darin, daß sie, abgesehen von der Regenerierung des Nickelcarbonyls, ohne Anwendung von Druck arbeitet, also kein Einsatz von Druck-Acetylen erforderlich ist. Nachteilig ist der erhebliche Verbrauch von Salzsäure und Kalk, die letzten Endes in Form wertloser dünner Chlorcalciumlösung anfallen.

Dieses in stöchiometrischen Verhältnissen arbeitende Verfahren hätte jedoch keine praktische Bedeutung, wenn es nicht gelungen wäre, aus den hierbei anfallenden wäßrigen Lösungen von Nickelchlorid das Nickelcarbonyl in einfacher Weise zu regenerieren.

Die Regenerierung des Nickelcarbonyls aus dem gebildeten Nickelchlorid läßt sich — wofür sich bereits bei der Ausarbeitung des neuen Acrylester-Verfahrens genügend Hinweise ergeben hatten — in einfacher Weise dadurch erzielen, daß die wäßrige Nickelchloridlösung zunächst mit etwas mehr Ammoniak, als zur Bildung des komplexen

Hexaminnickel-2-chlorids erforderlich ist, versetzt und dann mit CO bei etwa 80° und 50 bis 100 atü behandelt wird. Hierbei bildet sich quantitativ Nickelcarbonyl, während die darüberstehende wäßrige Lösung neben überschüssigem NH_3 Salmiak und Ammoncarbonat enthält. Durch Behandlung der wäßrigen Phase mit Kalkmilch wird das freie und in Salzform gebundene Ammoniak zurückgewonnen und von neuem dem Prozeß zugeführt. Diese einfache Überführung von Nickelsalzen in Nickelcarbonyl in *wäßriger Lösung*, die in Türmen nach dem Riesel- oder besser nach dem Sumpf-Verfahren ohne weiteres *kontinuierlich (226)* gestaltet werden kann, stellt *gegenüber der bisherigen metallurgischen Arbeitsweise* — Fällung der Nickelchloridlösung mittels Soda—Filtrieren, Trocknen, Muffeln und Umsetzung des trockenen Oxyds mit CO in diskontinuierlicher Arbeitsweise zum Nickelcarbonyl einen *erheblichen technischen Fortschritt* dar.

Den Chemismus der Regenerierung wäßriger Nickelchlorid-Lösungen zu Nickelcarbonyl zeigt folgendes Schema:

$$Ni\boxed{Cl_2 + 2\,NH_3 + H_2O + CO} \longrightarrow Ni(CO)_4 + 2\,NH_4Cl + CO_2$$

$$\uparrow$$
$$4\,CO$$

$$[Ni(NH_3)_6]Cl_2 + 5\,CO + 2\,H_2O \longrightarrow$$
$$Ni(CO)_4 + 2\,NH_4Cl + (NH_4)_2CO_3 + 2\,NH_3$$

Die Acrylester-Synthese nach dem beschriebenen stöchiometrischen Verfahren aus Nickelcarbonyl, konzentrierter Salzsäure und Alkohol kann in technischem Maßstab kontinuierlich in der Sumpfphase im Turm durchgeführt werden.

Der außerordentlich glatte Reaktionsverlauf bei druckloser Arbeitsweise und tiefer Temperatur in Verbindung mit den hohen erzielbaren Ausbeuten von Acrylsäurederivaten und der leichten Regenerierbarkeit des Nickelcarbonyls lassen bei wesentlich geringeren Gestehkosten gegenüber der bisherigen Darstellungsweise das Verfahren auch technisch als sehr aussichtsreich erscheinen. Der nach diesem Verfahren erhältliche Acrylester eignet sich in hervorragender Weise für die Herstellung von Acrylester-Polymerisaten.

c) Katalytische Arbeitsweise.

Es war nun naturgemäß unser Bestreben, die neu aufgefundene Reaktion auch katalytisch durchzuführen, was sich als durchaus möglich erwies.

Als Katalysatoren sind Verbindungen des Nickels geeignet, in erster Linie die Halogenide und das Nickelsulfid. Die Wirksamkeit der Nickel-Halogenide (Ni-Fluorid ist unbrauchbar) nimmt vom Chlorid über das Bromid zum Jodid stark zu. Letzteres wirkt aber bereits stark polymerisierend auf den gebildeten Acrylester. Das neue Verfahren arbeitet unter Anwendung von Druck und wird zweckmäßigerweise in homogener Katalyse in kontinuierlicher Arbeitsweise durchgeführt, wobei Acrylsäure, Acrylester *(227)*, Acrylamide *(228)* usw. in einem Arbeitsgang unmittelbar aus Acetylen, Kohlenoxyd und Alkoholen usw. gewonnen werden können. Im Falle der Acrylester braucht man bei Ausübung des neuen katalytischen Verfahrens lediglich Alkohole in einem Druckturm bei Temperaturen von 150 bis 180° über geeignete Katalysatoren herabrieseln zu lassen, während gleichzeitig ein Acetylen-Kohlenoxyd-Gemisch (1:1) im Gleich- oder Gegenstrom durch die Apparatur bei ca. 30 atü zirkuliert. Am Fuße des Turmes kann ein hochprozentiger Acrylester entnommen werden, der leicht auf Reinprodukt zu verarbeiten ist. Nach neueren Ergebnissen ist jedoch die Arbeitsweise im Turm nach dem „Sumpf-Verfahren" unter Verwendung gelöster Katalysatoren vorzuziehen.

Als Katalysator wählten wir nach unzähligen Versuchen Nickelbromid. Seine katalytische Wirksamkeit ist wohl so zu erklären, daß mit Kohlenoxyd zunächst das unbekannte, sicher sehr instabile und deshalb sehr reaktionsfähige $NiCOBr_2$ entsteht, das unter Abgabe von „aktiviertem" CO wieder als rückgebildetes $NiBr_2$ von neuem mit CO reagiert. Seine Wirksamkeit kann durch ein Zusatzmetall (ZM) gesteigert werden, das eine gewisse Affinität zum Brom hat und so eine Lockerung des Broms im $NiCOBr_2$ und damit eine weitere Aktivierung des CO hervorruft. Das Zusatzmetall (229) muß so gewählt sein, daß die Bildungswärme seines Bromids kleiner als die von $NiBr_2$ ist, da sonst infolge Bildung des Zusatzmetall-Bromids die Katalyse bald zum Erliegen kommt.

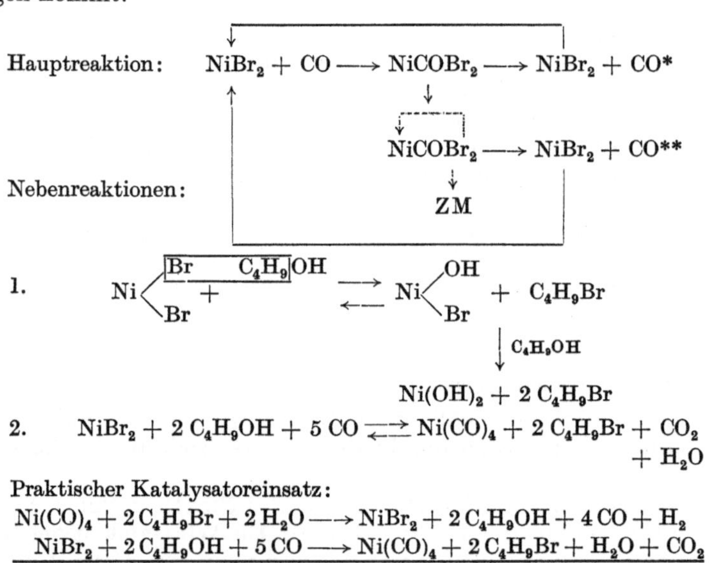

Infolge von Nebenreaktionen (siehe voriges Schema) bildet sich basisches Nickelbromid bzw. Nickelhydroxyd und Nickelcarbonyl. Beide Nebenreaktionen lassen sich durch Alkylbromid zurückdrängen, so daß wir praktisch mit einem Katalysator-Gemisch, bestehend aus

$NiBr_2$ und Butylbromid, z. B. im Falle des Acrylsäurebutylesters, arbeiten. Hierbei muß allerdings eine, wenn auch sehr untergeordnete Bildung von CO_2 und H_2 (Wassergas-Gleichgewicht, siehe voriges Schema) in Kauf genommen werden. Ferner sind ca. 2% Wassergehalt im Butanol von Vorteil, da hierdurch einerseits die Löslichkeit des $NiBr_2$ im Butanol erhöht, andererseits die Dibutylätherbildung zurückgedrängt wird.

Bei der Suche nach Nickelkomplexen höherer Löslichkeit wurde schließlich im Nickelbromid-Triphenylphosphin-Komplex — siehe Kapitel III über „Cyclisierende Polymerisation der Acetylene zu Benzol und Benzolderivaten" — ein Katalysator gefunden, der in ausgezeichneter Weise allen Anforderungen der Acrylester-Synthese entsprach. Wir arbeiten heute mit Nickelbromid-Triphenylphosphin-Alkylbromid-Komplexen, z. B. im Falle des Butanols bzw. Acrylsäurebutylesters mit dem Komplex

$$\{NiBr_2[(C_6H_5)_3P]_2\}C_4H_9Br$$

und erreichen damit alle günstigen Bedingungen: Hohe Löslichkeit in Alkoholen und somit Beschleunigung der Katalyse, Vermeidung der unerwünschten Bildung von Nickelcarbonyl und leichte Regenerierbarkeit infolge hohen Krystallisationsvermögens. Etwa während der Reaktion entstandenes $Ni(CO)_4$ wird unter den Reaktionsbedingungen (170° bei ca. 30 atü) unmittelbar unter Erhaltung des „Nickelspiegels" wieder in den ursprünglichen Nickelbromid-Komplex zurückverwandelt gemäß folgendem Schema:

$$\{NiBr_2[(C_6H_5)_3P]_2\}C_4H_9Br + C_4H_9Br$$

$$\Big\downarrow \begin{array}{l} 5\ CO \\ 2\ C_4H_9OH \end{array}$$

$$Ni(CO)_4 + 2\,[(C_6H_5)_3P\,C_4H_9Br] + C_4H_9Br + H_2O + CO_2$$

$$Ni(CO)_2[(C_6H_5)_3P]_2 + NiBr_2 + C_4H_9Br + 2\ CO$$

$$\Big\downarrow 3\ C_4H_9Br + 2\ C_4H_9OH$$

$$\{NiBr_2[(C_6H_5)_3P]_2\}C_4H_9Br + 2\ C_4H_9COOC_4H_9 + H_2$$

Die hier angedeuteten Nebenreaktionen bei der Regenerierung entstandenen Nickelcarbonyls laufen — wie bereits im vorhergehenden Schema gezeigt — auf eine untergeordnete Bildung von CO_2 und H_2 nach $CO + H_2O \longrightarrow CO_2 + H_2$ und von Valeriansäure bzw. deren Butylester nach $C_4H_9OH + CO \longrightarrow C_4H_9COOH$ (siehe S. 110 Carbonsäuren aus Alkoholen usw.) hinaus. Der Gesamtanfall von Nebenprodukten beträgt nur ca. 5%, bezogen auf Ester.

Der außerordentliche technische Fortschritt dieser eleganten neuen Acrylester-Synthese, die in *einem* Arbeitsgang aus den einfachen Bausteinen Acetylen, Kohlenoxyd und Alkoholen zu Acrylestern führt,

wird ohne weiteres ersichtlich, wenn man sich die bisherige langwierige
Acrylester-Synthese vor Augen hält:

$$
\begin{array}{ccccc}
H_2C{=}CH_2 & \xrightarrow[\text{bzw. HOCl}]{Cl_2 + H_2O} & & HO{-}CH_2{-}CH_2Cl & \\[2mm]
H_2 \uparrow Pd & & & \downarrow Ca(OH)_2 & \\[2mm]
HC{\equiv}CH & & & H_2C{-}\!\!\overset{\diagdown\;\;\diagup}{\underset{O}{}}\!\!{-}CH_2 & \\[2mm]
\begin{array}{c} CO + \\ C_2H_5OH \end{array}\!\downarrow\! \begin{array}{c} Kat: NiBr_2 \\ + C_2H_5Br \end{array} & & & \downarrow HCN & \\[2mm]
H_2C{=}CH{-}COOC_2H_5 & \xleftarrow[H_2SO_4]{C_2H_5OH} & & HOCH_2{-}CH_2CN &
\end{array}
$$

Es sei erwähnt, daß SKRAUP und NIETEN (*230*) bereits im Jahre
1924 die umgekehrte Reaktion unserer Acrylester-Katalyse gelungen
war, nämlich die Spaltung des Acrylsäurephenylesters in Phenol, CO
und Acetylen bei 300—320° im geschlossenen Rohr.

Die beschriebenen Reaktionen zwischen Acetylen und CO einerseits und Verbindungen mit beweglichen Wasserstoffatomen, wie
Wasser, Alkohole, Amine, Mercaptane und Carbonsäuren andererseits,
sind auf alle Acetylenverbindungen, wie Methyl-, Äthyl-, Phenyl-,
Vinyl-, Divinyl- und Diacetylen, ferner auf Alkinole, Alkindiole, deren
Ester und Äther, sowie schließlich auf den Acetylenrest tragende Amine
und Mercaptane anwendbar. In allen Fällen kann sowohl nach der
stöchiometrischen Arbeitsweise unter Einsatz von Metallcarbonylen
als auch auf dem katalytischen Wege unter Verwendung von carbonylbildenden Metallen oder deren Verbindungen als Katalysatoren gearbeitet werden.

2. Synthese von Carbonsäuren und ihren Derivaten.

a) Aus Olefinen und olefinischen Verbindungen.

Auf Grund der Erfahrungen mit den Acetylenen und Kohlenoxyd
ist man sofort dazu übergegangen, die gefundenen Reaktionserkennt-
nisse auch auf die Olefine zu übertragen. Hier war zu erwarten, daß
sich das Kohlenoxyd zunächst an die olefinische Doppelbindung unter
intermediärer Bildung des hypothetischen Cyclopropanon-Ringes anlagern würde, worauf in Gegenwart eines Acceptors mit labilem Wasserstoffatom — also z. B. von Wasser, Alkoholen, Aminen, Mercaptanen usw.
— eine Aufspaltung des Cyclopropanon-Ringes zu aliphatischen Carbonsäuren bzw. deren Estern, Amiden, Thioestern usw. erfolgen müßte.
In der Tat konnten die auf Grund dieser Theorie zu erwartenden Reaktionen, wie folgendes Schema zeigt, realisiert werden (siehe Formel
auf nebenstehender Seite).

Wie aus den Formeln in Übereinstimmung mit den tatsächlichen
Befunden hervorgeht, erfolgt die Aufspaltung des Cyclopropanon-
Ringes in beiden möglichen Richtungen, so daß neben geradkettigen
auch α-methylsubstituierte Reaktionsprodukte (letztere in überwiegen-
dem Maße) entstehen. In analoger Weise wie bei den Acetylenen
lassen sich auch bei den Olefinen die verschiedenen Reaktionsmöglich-

$$R\text{—}CH\text{=}CH_2 \longrightarrow \left[\begin{array}{c} R\text{—}CH\text{—}CH_2 \\ \diagdown\diagup \\ C \\ \| \\ O \end{array}\right]$$

$$\begin{array}{l} R\text{—}CH\text{—}CH_2 \\ \diagup\diagdown \\ C \\ \| \\ O \end{array} + \begin{array}{l} H \\ | \\ OH \end{array} \longrightarrow \begin{cases} R\text{—}CH\text{—}CH_3 \\ \phantom{R\text{—}}| \\ \phantom{R\text{—}}COOH \end{cases} \alpha\text{-Methylcarbon-säuren}$$

$$\longrightarrow R\text{—}CH_2\text{—}CH_2\text{—}COOH \quad \text{n-Carbonsäuren}$$

$$\begin{array}{l} R\text{—}CH\text{—}CH_2 \\ \diagup\diagdown \\ C \\ \| \\ O \end{array} + \begin{array}{l} H \\ | \\ OR_1 \end{array} \longrightarrow \begin{cases} R\text{—}CH\text{—}CH_3 \\ \phantom{R\text{—}}| \\ \phantom{R\text{—}}COOR_1 \end{cases} \alpha\text{-Methylcarbon-säureester}$$

$$\longrightarrow R\text{—}CH_2\text{—}CH_2\text{—}COOR_1 \quad \text{n-Carbonsäureester}$$

$$\begin{array}{l} R\text{—}CH\text{—}CH_2 \\ \diagup\diagdown \\ C \\ \| \\ O \end{array} + \begin{array}{l} H \\ | \\ O\text{—}C\text{—}R_1 \\ \phantom{O\text{—}}\| \\ \phantom{O\text{—}}O \end{array} \longrightarrow \begin{cases} R\text{—}CH\text{—}CH_3 \quad R_1 \\ \phantom{R\text{—}}| | \\ O\text{=}C\text{—}O\text{—}C\text{=}O \\[4pt] R\text{—}CH_2\text{—}CH_2 \quad R_1 \\ \phantom{R\text{—}CH_2}| | \\ O\text{=}C\text{—}O\text{—}C\text{=}O \end{cases} \begin{array}{l}\text{Carbonsäure-}\\\text{anhydride}\end{array}$$

$$\begin{array}{l} R\text{—}CH\text{—}CH_2 \\ \diagup\diagdown \\ C \\ \| \\ O \end{array} + \begin{array}{l} H \\ | \\ NH_2 \end{array} \longrightarrow \begin{cases} R\text{—}CH\text{—}CH_3 \\ \phantom{R\text{—}}| \\ \phantom{R\text{—}}CO\text{—}NH_2 \end{cases} \begin{array}{l}\alpha\text{-Methylcarbonsäure-}\\\text{amide}\end{array}$$

$$\longrightarrow R\text{—}CH_2\text{—}CH_2\text{—}CONH_2 \quad \text{n-Carbonsäureamide}$$

$$\begin{array}{l} R\text{—}CH\text{—}CH_2 \\ \diagup\diagdown \\ C \\ \| \\ O \end{array} + \begin{array}{l} H \\ | \\ H \end{array} \longrightarrow \begin{cases} R\text{—}CH\text{—}CH_3 \\ \phantom{R\text{—}}| \\ \phantom{R\text{—}}HC\text{=}O \end{cases} \alpha\text{-Methylaldehyde}$$

$$\longrightarrow R\text{—}CH_2\text{—}CH_2\text{—}CHO \quad \text{n-Aldehyde}$$

Oxo-Verfahren

keiten, sowohl unter Verwendung von stöchiometrischen Mengen von Metallcarbonylen (*231*) bei Anwesenheit von Säuren als auch auf rein katalytischem Wege (*232*) verwirklichen.

Die „Cyclopropanon-Theorie" findet eine Stütze in der Tatsache(*233*), daß Cyclopropanonhydrat, herstellbar aus Diazomethan und Keten, sich leicht bereits beim Stehen zu Propionsäure isomerisiert.

Das größte Interesse findet von den genannten Olefin-CO-Reaktionen die Carbonsäure-Synthese aus Olefinen mit CO und Wasser, die unter Einsatz von *Nickelcarbonyl* als *Katalysator* bei 200—300° und 150 bis 300 atü außerordentlich glatt verläuft. Dies gilt sowohl für die niederen Olefine, wie Äthylen, Propylen und Butylen, als auch für die höheren und höchsten Glieder dieser Reihe mit 5 bis 25 C-Atomen (*234*). Neben der für die Seifenherstellung wichtigen Synthese von Fettsäuren mit 12 bis 18 C-Atomen, auf Basis von Krack- oder Synthese-Olefinen (abgewandelte FISCHER-TROPSCH-Synthese) — die Fettsäuren lassen sich durch einfache Druckhydrierung leicht in die für die Waschmittelfabrikation wertvollen entsprechenden Fettalkohole überführen — beansprucht die Synthese der niederen Fettsäuren, insbesondere der Propionsäure größtes Interesse. In diesem Falle ist es von großer technischer Bedeutung, daß *unter dem katalytischen Einfluß* von *Nickelcarbonyl* die Carbonsäure-Synthese aus Olefinen, CO und Wasser durch weitere Einwirkung von Olefin und CO über die Carbonsäure-Stufe hinaus bis zum Carbonsäureanhydrid getrieben werden kann. Es ist in dieser Weise leicht möglich, in *einem Arbeitsgang* aus Äthylen, CO und Wasser das für die Cellulosepropionat-Herstellung erforderliche und sonst nur umständlich zugängliche Propionsäureanhydrid unmittelbar herzustellen (*235*). Es ist zu erwarten, daß durch diese einfache Synthese die Chemie der Cellulose-Propionate, die in vieler Hinsicht gegenüber den Celluloseacetaten Vorteile besitzen, neuen Auftrieb erhält. Die Bildung von Carbonsäuren oder deren Anhydriden, die beliebig bis zur Carbonsäure- oder Anhydridstufe geleitet werden kann, wird am Beispiel des Äthylens durch folgendes Schema näher erläutert:

$$H_2C{=}CH_2 + CO + H_2O \longrightarrow CH_3{-}CH_2{-}COOH$$

$$H_2C{=}CH_2 + CO + CH_3{-}CH_2{-}COOH \longrightarrow \begin{array}{l} CH_3{-}CH_2{-}CO \\ \phantom{CH_3{-}CH_2{-}}{\Large\rangle} O \\ CH_3{-}CH_2{-}CO \end{array}$$

$$2\,H_2C{=}CH_2 + 2\,CO + H_2O \longrightarrow \begin{array}{l} CH_3{-}CH_2{-}CO \\ \phantom{CH_3{-}CH_2{-}}{\Large\rangle} O \\ CH_3{-}CH_2{-}CO \end{array}$$

Bemerkenswert ist in diesem Zusammenhang eine Arbeit von A. MAILHE (*236*), in der auf die umgekehrte Teilreaktion 2, nämlich auf die Spaltung von Säureanhydriden in Olefine, CO und Carbonsäuren unter dem Einfluß von feinverteiltem Nickel als Katalysator hingewiesen wird.

Die aus den höheren Olefinen erhältlichen Fettsäuren bieten auf Grund ihrer Konstitution — es sind neben geradkettigen vorwiegend α-methylsubstituierte Säuren vorhanden — in Form ihrer Seifen gegenüber den natürlichen Fettsäuren mancherlei Vorteile, z. B. größere Löslichkeit und besseres Kalkseifendispergiervermögen. Das gleiche gilt für die Sulfonate der durch Hydrierung dieser Fettsäuren gewinnbaren Alkohole. Da die höheren Olefine billig nur in verhältnismäßig niedrigprozentigen Gemischen mit Paraffinen technisch gewinnbar sind, gestaltet sich die praktische Ausführung der Carbonsäure-Synthese aus Olefinen mit CO und Wasser hinsichtlich der Reindarstellung der Fettsäuren und somit auch der entsprechenden Fettalkohole besonders einfach (*237*); denn die beigemengten Paraffine können nach Überführung der Fettsäuren in ihre Seifen leicht abgetrennt und die so gereinigten Fettsäuren durch Destillation in die gewünschten Fettsäurefraktionen zerlegt werden, die als solche oder durch Überführung in die entsprechenden Alkohole im Waschmittelsektor eingesetzt werden können.

Es war bereits bekannt, Fettsäuren bzw. deren Ester aus Olefinen, Wasser bzw. Alkoholen und Kohlenoxyd bei hohen Drucken und Temperaturen herzustellen. Es mußten hierbei jedoch wesentlich höhere Drucke als die genannten angewandt werden. Die Reaktion erfordert außerdem den Einsatz großer (stöchiometrischer) Mengen von Borfluorid. Die Regenerierung dieser erheblichen Borfluorid-Mengen ist nicht sehr angenehm und zudem teuer, so daß wohl von der neuen Arbeitsweise mit Nickelcarbonyl als Katalysator erhebliche technische Vorteile zu erwarten sind.

In gleicher Weise reagieren cyclische Olefine mit CO und H_2O zu den entsprechenden Carbonsäuren, z. B. entsteht aus Cyclohexen die Cyclohexylcarbonsäure und aus Cycloocten die Cyclooctylcarbonsäure:

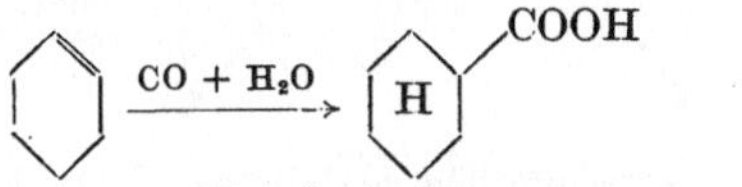

$$\text{Cyclohexen} \xrightarrow{\text{CO} + H_2O} \text{Hexahydrobenzoesäure (COOH)}$$

Hexahydrobenzoesäure

$$\text{Cycloocten} \xrightarrow{\text{CO} + H_2O} \text{Cyclooctylcarbonsäure (COOH)}$$

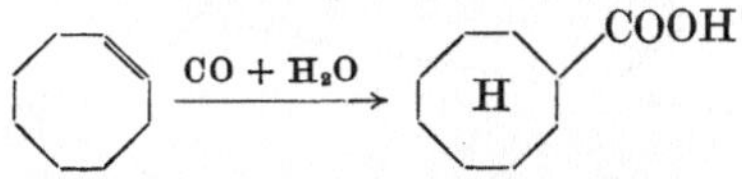

Cyclooctylcarbonsäure

In einigen Fällen genügt Nickelcarbonyl allein als Katalysator nicht, um die Bildung von Carbonsäuren aus Olefinen zu verwirklichen. Es ist hier die zusätzliche Anwesenheit von Halogen erforderlich. Zweckmäßigerweise arbeitet man in diesen Fällen mit einer Mischung von Nickelcarbonyl und Nickeljodid als Katalysator, z. B. im Falle des Isobutylens. Die Reaktion zwischen Isobutylen, Kohlenoxyd und Wasser verläuft bei 200—300 atü bei Einsatz des genannten Katalysatoren-Gemisches ziemlich glatt. Die Temperatur beträgt hierbei 230° bis 250° C. Vorteilhaft arbeitet man in Isobutanol-Lösung, wobei das Isobutanol in analoger Weise wie das Isobutylen mit Kohlenoxyd in Reaktion tritt:

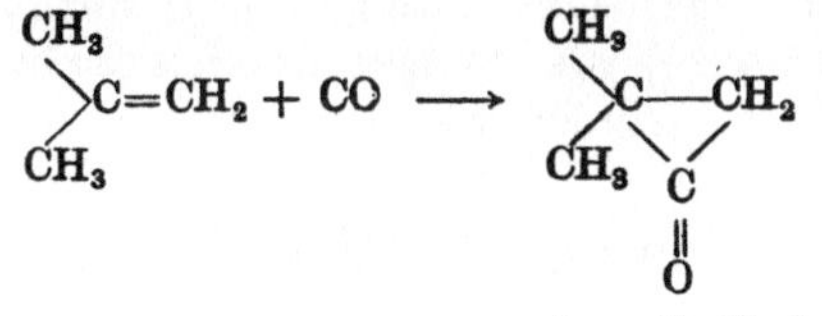

hypothetisch

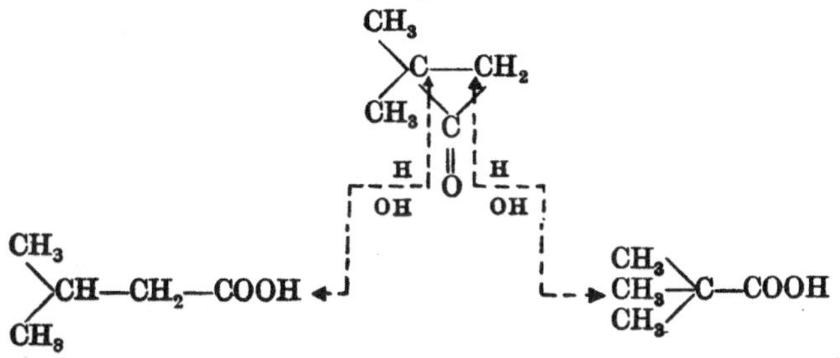

Iso-Valeriansäure (ca. 40%)   Trimethylessigsäure (ca. 60%)

Auch Diolefine sind der Reaktion zugänglich, z. B. Diallyl; Butadien erleidet zunächst Cyclisierung zum Vinylcyclohexen, das weiterhin zu einem Gemisch isomerer Mono- und Dicarbonsäuren reagiert:

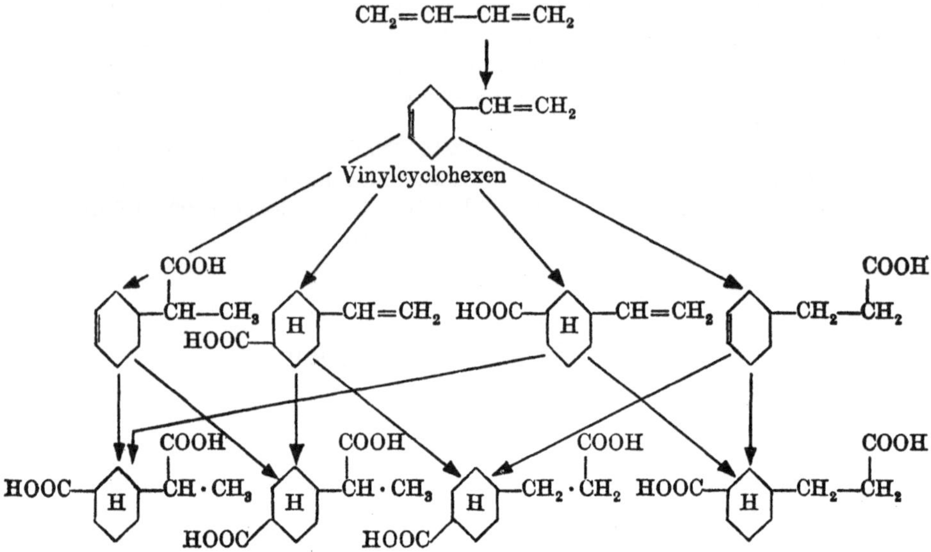

$$CH_2{=}CH{-}CH{=}CH_2$$

Vinylcyclohexen

Neben den eigentlichen Olefinen zeigen auch viele ungesättigte Verbindungen, wie Olefinmono- und -polyalkohole, Olefincarbonsäuren (*238*), ungesättigte Ketone usw., die Eigenschaft, CO und H_2O unter dem Einfluß von Metallcarbonylen als Katalysatoren unter Bildung einer Carbonsäure-Gruppe anzulagern. In der Regel entstehen auch hier 2 Isomere.

Zum Beispiel entstehen aus Allylcarbinol mit CO und H_2O über die primären unbeständigen Oxysäuren, die α-Methyl-γ-Oxybuttersäure und δ-Oxyvaleriansäure, die entsprechenden Laktone, das α-Methylbutyrolakton und das δ-Valerolakton:

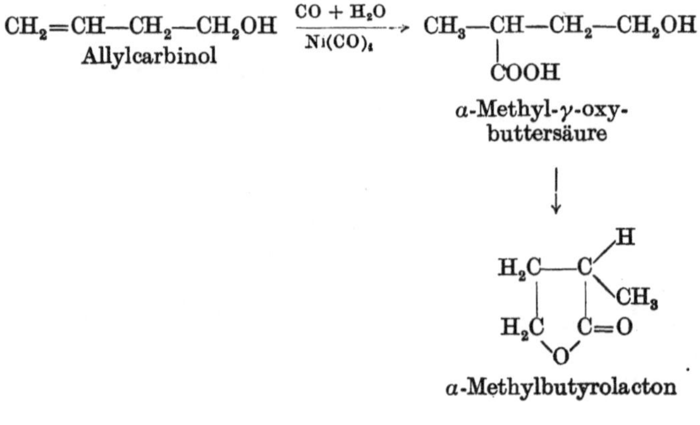

$$CH_2{=}CH{-}CH_2{-}CH_2OH \xrightarrow[\text{Ni(CO)}_4]{\text{CO}+\text{H}_2\text{O}} CH_3{-}CH{-}CH_2{-}CH_2OH$$

Allylcarbinol

α-Methyl-γ-oxy-buttersäure

α-Methylbutyrolacton

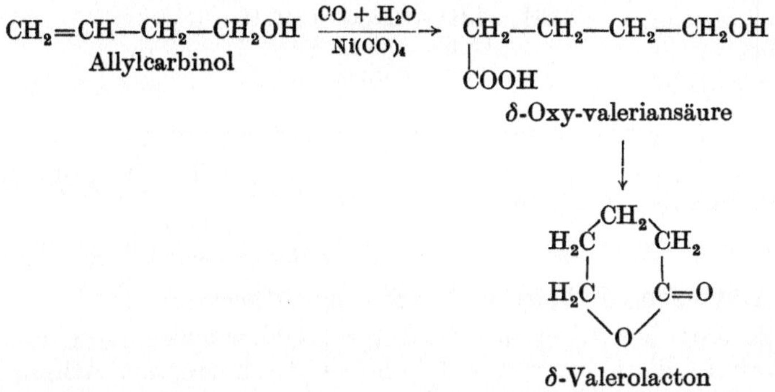

$$CH_2\!=\!CH\!-\!CH_2\!-\!CH_2OH \xrightarrow[\text{Ni(CO)}_4]{\text{CO + H}_2\text{O}} CH_2\!-\!CH_2\!-\!CH_2\!-\!CH_2OH$$

Allylcarbinol

$$| \atop COOH$$

δ-Oxy-valeriansäure

δ-Valerolacton

Aus Allylalkohol entsteht durch Anlagerung von CO und H_2O β-Oxy-isobuttersäure, die bereits während der Reaktion zu Methacrylsäure dehydratisiert wird (als Polymerisat isoliert):

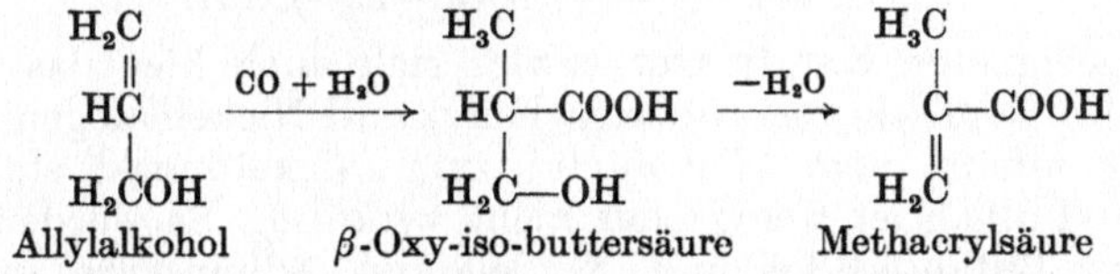

Allylalkohol $\qquad$ β-Oxy-iso-buttersäure $\qquad$ Methacrylsäure

γ-Oxybuttersäure bzw. γ-Butyrolakton konnten nicht aufgefunden werden.

Von größtem Interesse ist das Verhalten der Olefincarbonsäuren gegenüber Kohlenoxyd und Wasser bzw. anderen Verbindungen mit beweglichem H-Atom. Es gelang uns in glatter Reaktion, an Ölsäure und Undecylensäure Kohlenoxyd und Wasser anzulagern und daraus wertvolle Dicarbonsäuren zu erhalten, die für den Aufbau von Polyamiden, Alkydalen, Weichmachern usw. neue Effekte erwarten lassen:

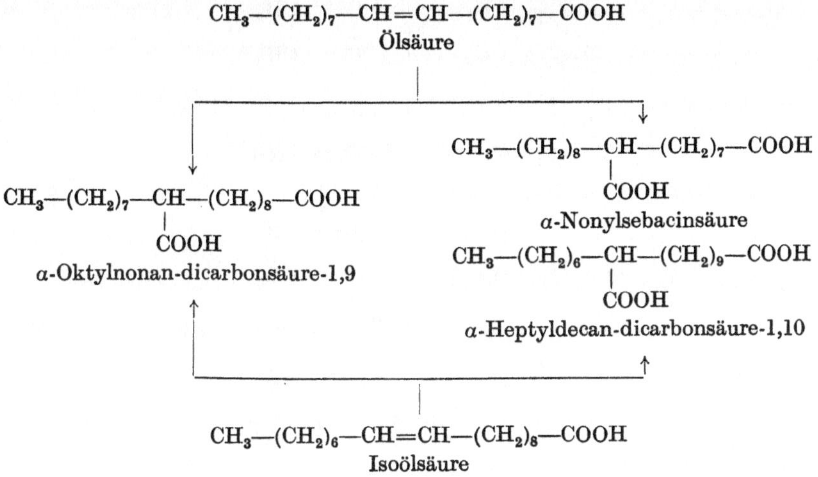

$$CH_3\!-\!(CH_2)_7\!-\!CH\!=\!CH\!-\!(CH_2)_7\!-\!COOH$$

Ölsäure

$$CH_3\!-\!(CH_2)_8\!-\!CH\!-\!(CH_2)_7\!-\!COOH$$
$$| \atop COOH$$
α-Nonylsebacinsäure

$$CH_3\!-\!(CH_2)_6\!-\!CH\!-\!(CH_2)_9\!-\!COOH$$
$$| \atop COOH$$
α-Heptyldecan-dicarbonsäure-1,10

$$CH_3\!-\!(CH_2)_7\!-\!CH\!-\!(CH_2)_8\!-\!COOH$$
$$| \atop COOH$$
α-Oktylnonan-dicarbonsäure-1,9

$$CH_3\!-\!(CH_2)_6\!-\!CH\!=\!CH\!-\!(CH_2)_8\!-\!COOH$$

Isoölsäure

$$CH_2\!=\!CH\!-\!(CH_2)_8\!-\!COOH$$

Undecylensäure
(aus Rizinusöl)

$$HOOC\!-\!CH_2\!-\!CH_2\!-\!(CH_2)_8\!-\!COOH \qquad\qquad CH_3\!-\!CH\!-\!(CH_2)_8\!-\!COOH$$

        Dekandicarbonsäure-1,10   COOH

α-Methylnonan-dicarbonsäure-1,9

b) Aus Alkoholen, Glykolen und cyclischen Äthern.

Im Verlauf der Arbeiten mit Kohlenoxyd wurden auch dessen an sich bekannte Reaktionen mit Alkoholen, Glykolen und Äthern unter Einsatz der Metallcarbonyle als Katalysatoren einer näheren Bearbeitung unterzogen (239):

$$ROH + CO \longrightarrow R\!-\!COOH$$
$$ROR_1 + 2\,CO + H_2O \longrightarrow R\!-\!COOH\!-\!R_1\!-\!COOH$$
$$HOR_2OH + 2\,CO \longrightarrow HOOC\!-\!R_2\!-\!COOH$$

Als bestgeeigneter Katalysator erwies sich auch hier das bereits oben erwähnte Gemisch von Nickelcarbonyl und Nickelhalogenid. Die Wirksamkeit nimmt vom Nickeljodid zum Nickelfluorid stark ab. Nickelcarbonyl allein ist wenig oder nicht wirksam. Es wurden unter anderem aus Butandiol-1,4 und Kohlenoxyd Adipinsäure und aus Hexandiol-1,6 [1] und Kohlenoxyd Korksäure hergestellt. Im wesentlichen blieben diese Arbeiten jedoch auf die Überführung des nach der neuen Buna-Synthese (REPPE-Verfahren) billig und in beliebiger Menge gewinnbaren Tetrahydrofurans beschränkt, aus dem unter dem katalytischen Einfluß von Nickelcarbonyl und Nickeljodid nach folgendem Reaktionsschema Adipinsäure gewonnen werden kann (240):

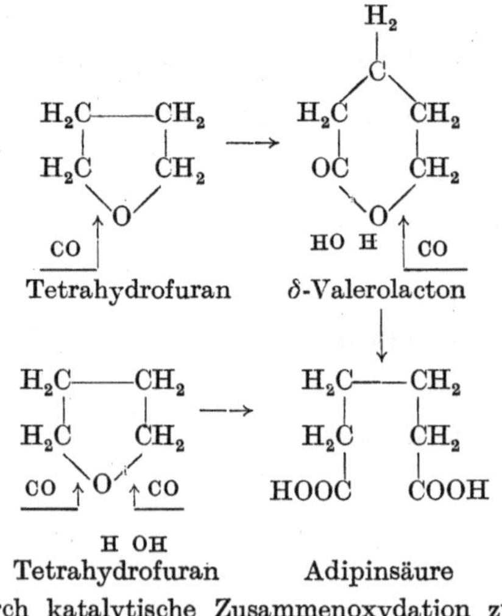

Tetrahydrofuran δ-Valerolacton

Tetrahydrofuran   Adipinsäure

---

[1] Gewonnen durch katalytische Zusammenoxydation zweier Moleküle Propargylalkohol (aus Acetylen und Formaldehyd) und Perhydrierung des zunächst entstandenen Hexadiin-2,4-diols-1,6.

Der Reaktionsmechanismus ist nun keineswegs so einfach wie das Schema zeigt. Die neben Adipinsäure entstehenden und durch ihre Isolierung nachgewiesenen Nebenprodukte (n- und iso-Valeriansäure, α-Methylglutarsäure, Dimethyl- und Äthylbernsteinsäure, α- und γ-Methylbutyrolakton) deuten bereits auf einen ziemlich komplizierten Reaktionsverlauf. Wir nehmen an, daß aus Nickeljodid, Kohlenoxyd und Wasser zunächst intermediär freie Jodwasserstoffsäure entsteht nach der Gleichung:

$$NiJ_2 + 5\,CO + H_2O \longrightarrow Ni(CO)_4 + 2\,HJ + CO_2 \text{ und}$$
$$Ni(CO)_4 + 2\,HJ \longrightarrow NiJ_2 + H_2$$

$$\overline{CO + H_2O \longrightarrow CO_2 + H_2}$$

die Tetrahydrofuran zu δ-Jodbutanol aufspaltet. Letzteres reagiert mit $CO + H_2O$ unter Bildung von δ-Oxyvaleriansäure bzw. δ-Valerolakton, wobei Jodwasserstoffsäure in Freiheit gesetzt wird, die nun δ-Oxyvaleriansäure bzw. δ-Valerolakton in δ-Jodvaleriansäure überführt. Letztere reagiert in ähnlicher Weise mit $CO+H_2O$ zu Adipinsäure und freier HJ, die erneut Tetrahydrofuran in dem beschriebenen Sinne aufspaltet:

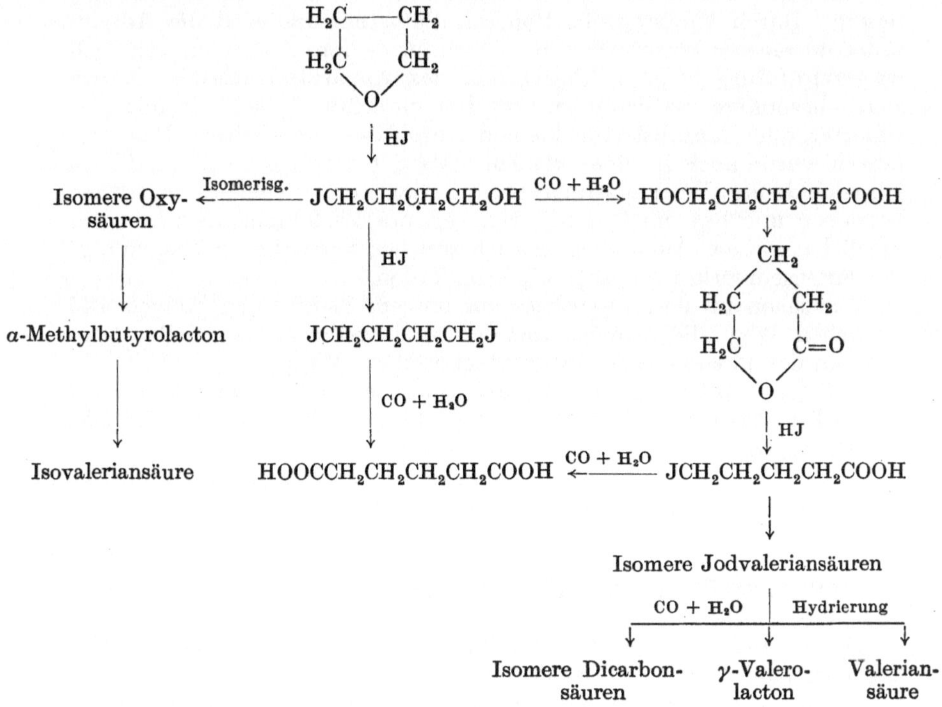

Man sieht, daß freier HJ bei dem gesamten Prozeß eine entscheidende Rolle als Katalysator spielt. Die Aktivierung des Kohlenoxyds dürfte wohl durch das bisher noch nicht isolierte sehr unbeständige Nickel-carbonyljodid $NiCOJ_2$ bewirkt werden.

Die erheblichen Mengen freier Kohlensäure, die als weiteres Neben-produkt entstehen, entstammen nur zu einem sehr geringen Teil der unter den Reaktionsbedingungen in unerheblichem Ausmaße statt-findenden Decarboxylierung der Adipinsäure zu n-Valeriansäure. Sie rühren in ihrer Hauptmenge von der sich fortlaufend wiederholenden Umsetzungsreaktion des Nickeljodids mit Kohlenoxyd und Wasser her. Der bei der Rückbildung von Nickeljodid aus Nickelcarbonyl und Jod-wasserstoff zu erwartende freie Wasserstoff wird wohl zur teilweisen Hydrierung der intermediär auftretenden Jodsubstitutionsprodukte unter Rückbildung von HJ verbraucht, wodurch das Auftreten von n- und Isovaleriansäure erklärlich ist, die ungefähr im äquivalenten Verhältnis zum entstandenen CO_2 steht.

Die Entstehung der isomeren Mono- und Dicarbonsäuren und der Laktone erklärt sich durch Ersatz des Jods durch die Carboxylgruppe nach erfolgter Isomerisierung der angenommenen Jodsubstitutions-produkte.

Die Ausbeute an Adipinsäure beträgt nach diesem Verfahren 70 bis 80% der Theorie. Die Nebenprodukte lassen sich durch Wasserdampf-Destillation (überhitzter Wasserdampf unter vermindertem Druck) ent-fernen. Durch Umkrystallisation aus Salpetersäure wird die Adipin-säure in reinster Form erhalten. Das intermediäre Auftreten von Jod-wasserstoffsäure bedingt hinsichtlich des Apparate-Materials (Korro-sion!) besondere Maßnahmen. Im Laboratorium haben wir mit pla-tinierten oder tantalisierten kleinen Autoklaven gearbeitet. Das Ver-fahren wurde auch in einer kleinen etwa 8 Liter fassenden mit Platin ausgekleideten Versuchsapparatur in kontinuierlicher Arbeitsweise betrieben und hat die Durchführbarkeit des Verfahrens als prinzipiell möglich erwiesen. Auch diese aussichtsreichen Versuche mußten infolge der Kriegseinwirkungen abgebrochen werden.

Wir sehen in dieser Synthese auf längere Sicht einen billigen und einfachen Weg, die Adipinsäure, den wichtigsten Polyamid-Baustein, frei von der Phenol-Basis auf großtechnischem Wege zu gewinnen.

Bei der Wahl geeigneter Katalysatoren gelingt es, nur 1 Mol CO in das Tetrahydrofuran einzulagern und die Reaktion beim δ-Valerolak-ton zu stoppen:

$$\square_O \xrightarrow{CO} \bigcirc_O C{=}O$$

In analoger Weise läßt sich z. B. Tetrahydropyran in Pimelinsäure überführen.

Die bei unseren Versuchen mit CO gemachten Erfahrungen ermutig-ten uns, auch die Synthese der niederen Fettsäuren aus Alkoholen, Essigsäure aus Methanol und Propionsäure aus Äthanol aufzugreifen. Unsere bisherigen Ergebnisse — die Versuche mußten wiederum aus äußeren Gründen eingestellt werden — lassen erhoffen, daß nach Aufwendung weiterer Forschungsarbeiten die neuen Synthesen zum technischen Erfolg geführt werden können.

Wird Tetrahydrofuran mit Wassergas ($CO+H_2$) bei hohen Drucken (etwa 200 atü) und 160° C in Anwesenheit von Co-Katalysatoren behandelt, so entstehen in etwa gleichen Mengen δ-Valerolakton, Diole mit 5- und 6 C-Atomen und Oxymethylpyran.

3. Synthese von Aldehyden und primären Alkoholen („Oxo-Synthese“).

Während wir mit der Übertragung der bei den Acetylenen neu aufgefundenen Reaktionen des Kohlenoxyds auf Olefine beschäftigt waren, erhielten wir Kenntnis von dem „Oxo-Verfahren“ der Ruhrchemie. Nach diesem Verfahren werden auf Olefine Kohlenoxyd und Wasserstoff gleichzeitig einwirken gelassen, wobei zunächst Aldehyde entstehen, die durch nachfolgende Hydrierung in primäre Alkohole oder durch Oxydation in Carbonsäuren übergeführt werden können. Als Kontakt wird durch Magnesiumoxyd und Thoriumoxyd aktiviertes Kobalt auf Kieselgur als Träger verwandt. Das Verfahren arbeitet in flüssiger Phase mit suspendiertem Katalysator (FISCHER-TROPSCH-Kontakt) in 2 Stufen. Es war uns sofort klar, daß das durch eine zufällige Beobachtung gefundene „Oxo-Verfahren“ unter die von uns systematisch bearbeiteten Reaktionsgruppen fiel, daß also im Falle der Olefine — im Gegensatz zu den Beobachtungen bei den Acetylenen — der hypothetische Dreiring auch durch Wasserstoff selbst zu Aldehyden aufspaltbar ist:

$$R\text{—}CH\text{—}CH_2 \quad H \quad \longrightarrow \quad R\text{—}CH\text{—}CH_3 \qquad \textit{a}\text{-Methylaldehyde}$$
$$\underset{\underset{O}{\|}{C}}{\diagdown\diagup} \;+\; \Big| \;\longrightarrow\; \underset{HC=O}{\Big|}$$
$$\qquad\qquad\qquad H \quad \longrightarrow \quad R\text{—}CH_2\text{—}CH_2\text{—}CHO \qquad \textit{n}\text{-Aldehyde}$$

Bei unseren systematischen Untersuchungen der Übertragung der beim Acetylen gefundenen Reaktionen mit CO auf Olefine arbeiteten wir auch hier zunächst nach dem stöchiometrischen Verfahren und hatten bereits festgestellt, daß bei der Herstellung von Carbonsäuren aus Olefinen, Nickelcarbonyl, Salzsäure und Wasser nach der Gleichung
$$4\,RCH=CH_2 + Ni(CO)_4 + 2\,HCl + 4\,H_2O \longrightarrow 4\,RCH_2\text{—}CH_2\text{—}COOH + NiCl_2 + H_2$$
auch Alkohole unter der reduzierenden Wirkung des Wasserstoffs entstanden. Bei der Größe des gesamten Arbeitsgebietes hatten wir uns jedoch bei den Olefin-Kohlenoxyd-Reaktionen auf diejenigen Reaktionen beschränkt, die auf Grund unserer Erfahrungen auf dem Acetylen-Kohlenoxyd-Gebiet als durchführbar erschienen und die Aufspaltung des Cyclopropanon-Ringes mit H_2 als solchem zunächst zurückstellt (siehe S. 97). Während wir im Begriff waren, unsere Versuche mit Olefinen und CO auch auf Wasserstoff auszudehnen, gelangte das „Oxo-Verfahren“ zu unserer Kenntnis.

Die in der ersten Stufe des „Oxo-Verfahrens“ bei 140—160° und 150 atü Druck in diskontinuierlicher Arbeitsweise gewonnenen Aldehyde werden in der zweiten Stufe unter Benutzung des gleichen Katalysators mit Wasserstoff bei 180—200° und 150 atü zu Alkoholen hydriert. Nun bilden sich in der ersten Stufe des „Oxo-Verfahrens" unerwünschte Kobaltcarbonyle. Man suchte deshalb nach Katalysatoren, die ohne die lästige Carbonyl-Wirkung wirksam sind, obwohl auf Grund unserer Erfahrungen bei den Acetylenen und Olefinen gerade die Carbonyle als die katalytisch wirksamen Substanzen erkannt wurden. Im Falle des „Oxo-Verfahrens" ist der Kobaltcarbonylwasserstoff $HCo(CO)_4$ als eigentlich wirksamer Katalysator anzusehen.

Das „Oxo-Verfahren" hat den großen technischen Vorteil einer hohen „Zeitraum-Ausbeute", d. h. das Verfahren verläuft mit hoher Reaktionsgeschwindigkeit, die jedoch nur bei geeigneter intensiver Abführung der hohen Reaktionswärme ausgenutzt werden kann. Leider weist es aber eine Reihe von Nachteilen auf:

1. findet unter dem katalytischen Einfluß des Kobaltcarbonyls und besonders des Kobaltcarbonylwasserstoffs Wanderung der Doppelbindung der Olefine nach der Mitte des Olefin-Moleküls statt bei gleichzeitiger „Oxierung" an den jeweils verschiedenen Stellen des Kohlenstoff-Skelets, so daß selbst bei Einsatz einheitlicher Olefine mit endständiger Doppelbindung neben geradkettigen und α-methylsubstituierten Aldehyden auch Aldehyde entstehen, deren Aldehyd-Gruppen sich an den verschiedenen C-Atomen des Kohlenstoff-Gerüstes des Olefins befinden. Für die letzten Endes geplante Herstellung von Alkoholsulfonaten für Waschmittelzwecke ist dieser Umstand zweifellos nachteilig.

2. ist eine Kondensation (Aldolisierung) der empfindlichen Aldehyde unter den Reaktionsbedingungen (Temperatur, Ofenmaterial usw.) wohl nicht ganz vermeidbar, so daß sich auch hochmolekulare Nebenprodukte bilden. Dasselbe gilt für Nebenprodukte, entstanden durch CANNIZZAROsche Reaktion der Aldehyde, wie Carbonsäuren usw. Auch läßt sich nicht verhindern, daß bereits in der ersten Stufe teilweise Hydrierung der primär gebildeten Aldehyde zu Alkoholen erfolgt, was für eine evtl. spätere Oxydation der Aldehyde zu Carbonsäuren unerwünscht ist.

3. bedingt die Durchführung des „Oxo-Verfahrens" mit technischen, stark paraffinhaltigen Olefinen (insbesondere gilt dies für die aus CO und H_2 erhaltenen sogenannten „Primär-Olefine") eine vorherige Zerlegung des Olefin-Paraffin-Gemisches in 7 Fraktionen durch fraktionierte Destillation, um eine Überschneidung der Siedepunkte der in der zweiten Stufe durch Hydrierung erhaltenen Alkohole mit den beigemengten Paraffinen zu vermeiden. Die notwendige Folge ist, daß praktisch 7 Fabrikationen völlig getrennt nebeneinander herlaufen müssen mit allen Nachteilen der Vorratshaltung und getrennter Aufarbeitung der Reaktionsprodukte.

Das Ammoniakwerk Leuna hat in einer größeren Versuchsanlage das „Oxo-Verfahren", das mit suspendierten Katalysatoren arbeitet, kontinuierlich gestaltet. Wir selbst sind im Hauptlaboratorium Ludwigshafen in einer kleinen Versuchsanlage zu *feststehenden* Katalysatoren nach dem Rieselverfahren bei kontinuierlicher Arbeitsweise mit bestem Erfolg übergegangen und verwandten darüber hinaus in der Hydrierstufe Nickel- bzw. Nickel-Kupfer-Katalysatoren an Stelle des Kobalt-

Katalysators. Im weiteren Verlauf dieser Arbeiten haben wir dann *kombinierte feststehende und gelöste* bzw. *gelöste Katalysatoren* allein angewandt. Als löslicher Katalysator wurde vorlauffettsaures Kobalt, bereitet aus Kobaltcarbonat und Vorlauffettsäuren (Fettsäuren der Paraffin-Oxydation mit 5—11 C-Atomen) benutzt. Im Ausgangsmaterial, dem Olefin-Paraffin-Gemisch, wurde etwa 0,1% Kobalt (als Metall gerechnet) in Form des fettsauren Kobaltsalzes gelöst und diese Lösung entweder über metallfreie oder metallisches Kobalt tragende Füllkörper (Kieselstränge) bei 130—150° C und 150—200 atü herabrieseln gelassen. Die gesamte Reaktionswärme wurde hierbei durch das zirkulierende $CO-H_2$-Gemisch abgeführt, so daß komplizierte Ofeneinbauten zwecks Abführung der Reaktionswärme, die besonders beim Arbeiten mit suspendierten Katalysatoren sehr unzweckmäßig sind, entbehrlich werden. Das in der ersten Reaktionsstufe sich bildende Kobaltcarbonyl — hinzu kommt in unserem Falle das als gelöster Katalysator eingesetzte Kobalt in Form seines fettsauren Salzes — muß ebenso wie das gelöste Kohlenoxyd vor der Hydrierungsstufe entfernt werden. Letzteres stört zwar bei der Hydrierung mit Kobalt-Katalysatoren wenig, gibt aber zur Bildung größerer Methan-Mengen Anlaß, wodurch beim „Oxo-Verfahren" ein weiterer Entmethanisierungsprozeß des zirkulierenden Hydrierwasserstoffs erforderlich wird. Wir haben deshalb hinter die erste Stufe („Oxierung") eine „Entkobaltung" mit gleichzeitiger Regenerierung des Kobalt-Kontaktes eingeschaltet, derart, daß aus dem Reaktionsgemisch mit Wasserstoff bei höherer Temperatur sämtliches Kobalt auf in einem Hochdruckbehälter angeordnetes Füllmaterial (z. B. Kieselstränge) niedergeschlagen wird. Zur Regenerierung des Kobalt-Kontaktes läßt man über das bei der „Entkobaltung" gewonnene Kobalt ein Paraffin-[1]Fettsäure-Gemisch bei höherer Temperatur und hohem CO-Druck herabrieseln, wodurch alles Kobalt in vorlauffettsaures Kobalt zurückverwandelt wird. Die so gewonnene Katalysator-Lösung wird für sich gespeichert und nach Bedarf dem in die Synthese eingeführten Olefin-Paraffin-Gemisch zugesetzt. Da die Regenerierung nur etwa alle 2—4 Wochen erforderlich ist, kommt man bequem mit *einem* Apparat für die „Entkobaltung" und „Regenerierung" aus. Die nach der „Entkobaltung" anfallenden kobaltfreien Austräge werden in üblicher Weise nach dem Rieselverfahren unter hohem Druck mit feststehenden Katalysatoren hydriert und die gewonnenen Endprodukte zur Abtrennung der Paraffine der fraktionierten Destillation unterworfen. Es gelingt in der beschriebenen Weise, das „Oxo-Verfahren" in technischem Maßstabe befriedigend durchzuführen.

Die beim „Oxo-Verfahren" aufgeführten Nachteile werden bei der beschriebenen Herstellung von Carbonsäuren aus Olefinen, Kohlenoxyd und Wasser vermieden. Es tritt unter dem Einfluß von Nickelcarbonyl im Gegensatz zum Kobaltcarbonyl keine Wanderung der endständigen olefinischen Doppelbindung ein. Unerwünschte Nebenreaktionen wurden

---

[1] Man kann hierfür das restliche Paraffin, das nach Abtrennung der Olefine den „Oxo"-Prozeß durchlaufen hat, oder auch das Ausgangs-Paraffin-Olefin-Gemisch verwenden.

nicht beobachtet. Vorherige Zerlegung des Olefin-Paraffin-Gemisches in viele Fraktionen ist nicht erforderlich, da die gewonnenen Fettsäuren nach Neutralisation als Seifen leicht von der Hauptmenge der Paraffine abgetrennt werden können, während die restlich verbliebenen Paraffin-Anteile nach einem Verfahren analog dem „Pipe-still-Prozeß" (Erhitzen unter hohem Druck auf hohe Temperaturen und plötzliche Entspannung) leicht entfernbar sind. Gewünschtenfalls können die erhaltenen Seifen mit Mineralsäuren zerlegt und der fraktionierten Destillation zwecks Gewinnung bestimmter Fettsäure-Fraktionen unterworfen werden. Durch Hydrierung der Fettsäuren bzw. ihrer Fraktionen können die gewünschten primären Alkohole erhalten werden. Die Hydrierung der Fettsäuren bereitet keinerlei Schwierigkeiten. Sie verläuft nach dem Hochdruck-Rieselverfahren über feststehende Kupfer-Katalysatoren in mit Kupfer oder Kupfer-Mangan ausgekleideten Hochdrucköfen bei etwa 230° C und 200—300 atü H_2 außerordentlich glatt und praktisch quantitativ. Es ist hierbei nicht erforderlich, die Fettsäuren vor der Hydrierung in ihre Ester (Methylester) überzuführen. Anwendungstechnisch gesehen dürfte die Tatsache, daß bei der Umsetzung von Olefinen mit Kohlenoxyd und Wasser die im Vergleich zu den Alkoholen wertvolleren Fettsäuren unmittelbar anfallen, der Hauptvorteil dieses Verfahrens gegenüber dem „Oxo-Verfahren" sein.

Zur Zeit fehlen wohl noch die Voraussetzungen für beide Verfahren, nämlich die Greifbarkeit billiger höherer Olefine. Als Olefine-Quelle kommen die Direkt-Synthese aus Kohlenoxyd-Wasserstoff-Gemischen (abgewandelte FISCHER-TROPSCH-Synthese und PIER-MICHAEL-Synthese im flüssigen Medium), sowie die Krackung von Paraffinen (FISCHER-Gatsch) und paraffinischer Erdöle in Frage. Hierbei ist zu berücksichtigen, daß die Verarbeitung von Olefin-Paraffin-Gemischen mit weniger als 30% Olefin-Gehalt unrentabel wird. Ein möglichst hoher Olefin-Gehalt an unverzweigten Olefinen mit endständiger Doppelbindung im Ausgangsmaterial ist unter allen Umständen anzustreben. Anscheinend sind nun diese Forderungen beim Direkt-Verfahren („Primär-Olefine") hinsichtlich Olefin-Gehalt noch nicht erfüllt, wenigstens nicht in technischem Ausmaße. Bei der Krackung von FISCHER-Gatsch werden hochprozentige (etwa 80%ige) Olefine der gewünschten Konstitution erhalten. Zur Zeit erscheint dieser Weg, abgesehen von der erwähnten Erdöl-Krackung, noch der gangbarste zu sein.

Ist lediglich die Alkohol-Sulfonat-Herstellung aus Olefinen als Ausgangsmaterialien geplant, so ist es nicht erforderlich, zwei teuere Hochdruckstufen einzuschalten, da die Olefine durch einfache Behandlung mit konzentrierter Schwefelsäure bzw. Oleum leicht in Alkohol-Sulfonate übergeführt werden können. Die Abtrennung der beigemengten Paraffine bereitet hierbei keine allzu großen Schwierigkeiten. Man erhält zwar in diesem Falle die Sulfonate *sekundärer* Alkohole, die an sich unbeständiger als diejenigen primärer Alkohole sind, wie sie nach beiden oben diskutierten Verfahren entstehen. Für den beabsichtigten Verwendungszweck (Waschmittel) ist jedoch die Stabilität der *sekundären* Alkohol-Sulfonate völlig ausreichend.

4. Synthese mit Metallcarbonylwasserstoffen als Katalysatoren.

Die Erfolge, die wir durch den erstmaligen Einsatz der Carbonyle in die Methoden der organischen Synthese hatten, veranlaßten uns nun, auch die von HIEBER entdeckten Carbonylwasserstoffe (*241*) auf ihr Verhalten gegenüber ungesättigten organischen Verbindungen zu prüfen. Wir hofften dabei, in den Carbonylwasserstoffen letztes Endes Katalysatoren zu finden, die uns in der Chemie des Kohlenoxyds weitere Fortschritte bringen würden. Wir stellten die Carbonylwasserstoffe zunächst nach HIEBER nach der Basenreaktion durch Einwirkung von wäßrigen Lösungen der Alkalien und alkalischen Erden auf Metallcarbonyle, in erster Linie Eisenpentacarbonyl, dar. Später verwandten wir auch für diesen Zweck sek. Na-Phosphat, Na-Silikat, sowie Aluminate, Zinkate und Chromate, wobei mit fortschreitender Carbonylwasserstoffbildung sich Kieselsäure und die entsprechenden Hydroxyde abscheiden. Mit Rücksicht auf die beabsichtigte Umsetzung mit CO mußten wir jedoch nach Basen für diese Reaktion suchen, die mit CO nicht in dem leichten Maße wie die Alkalien und alkalischen Erden unter Formiat-Bildung zu reagieren vermögen. Wir gingen im Laufe unserer Arbeit schließlich dazu über, die Carbonylwasserstoffe aus Eisenpentacarbonyl unter Einsatz von Ammoniak, sekundären und tertiären Basen, für unsere Versuche herzustellen. Im Laufe dieser Arbeiten fanden wir die wichtige und, wie sich zeigen wird, für die spätere katalytische Ausgestaltung der neuen Reaktionen bedeutsame Tatsache, daß Eisencarbonylwasserstoff in alkalischer Lösung durch CO unter Druck quantitativ in Eisenpentacarbonyl und H_2 übergeführt werden kann. Das so entstandene Eisenpentacarbonyl bildet von neuem mit dem vorhandenen überschüssigen Alkali Carbonylwasserstoff, der seinerseits nun wieder mit CO unter Rückbildung von Eisenpentacarbonyl reagiert. Die Umsetzung ist beendet, wenn das gesamte Alkali in Carbonat übergeführt ist, wobei die äquivalente Wasserstoff-Menge in Freiheit gesetzt wird. Die beschriebene Reaktion stellt somit eine bei Zimmer- oder wenig erhöhter Temperatur verlaufende Wassergaskonvertierung dar, die unter dem katalytischen Einfluß von Eisencarbonyl-Wasserstoff verläuft:

$$Fe(CO)_5 + H_2O \longrightarrow Fe(CO)_4H_2 + CO_2$$
$$Fe(CO)_4H_2 + CO \longrightarrow Fe(CO)_5 + H_2$$

$$\overline{CO + H_2O \longrightarrow CO_2 + H_2}$$

Es war nun die Aufgabe der weiteren Arbeiten, solche Basen aufzufinden, die eine *katalytische* Durchführung des Wassergas-Prozesses gestatteten, mit dem Ziel, diesen Prozeß in neue organische Synthesen einzubauen. Die Basen sollen folgenden Bedingungen genügen. Sie müssen:

1. basisch genug sein, um sowohl die „Basenreaktion" mit Eisenpentacarbonyl einzugehen als auch die entstandene Kohlensäure vorübergehend zu binden;

2. bei erhöhter Temperatur bzw. den geforderten Reaktionsbedingungen CO_2 leicht wieder abspalten, um somit eine kontinuierliche Herausnahme des CO_2 aus dem Reaktionsgemisch zu gewährleisten;

3. wasserlöslich und nicht flüchtig sein, um eine Abtrennung der zu erwartenden Reaktionsprodukte zu ermöglichen;

4. gegenüber den Reaktionskomponenten keine unerwünschten Nebenreaktionen eingehen (Formiatbildung, Alkylierung usw.).

Als am geeignetsten erwies sich bisher die beim „Alkacid-Verfahren" verwandte α-Dimethylaminopropionsäure in Form ihrer Alkalisalze.

a) Neue Herstellungsmethoden und Eigenschaften der Metallcarbonylwasserstoffe und Metallcarbonyle.

Ehe wir jedoch im einzelnen näher ausführen, wie diese Fragen im Falle der neu aufgefundenen Reaktionen der Olefine und der Acetylene mit Eisencarbonylwasserstoff einer Lösung näher gebracht wurden, ist es noch erforderlich, eine andere Herstellungsmethode der Metallcarbonylwasserstoffe zu erörtern, die diese interessante Körperklasse leicht zugänglich macht. Es wurde bereits darauf hingewiesen, daß Nickelcarbonyl durch Behandlung ammoniakalischer Nickelsalz-Lösung mit CO unter Druck und bei erhöhter Temperatur leicht darstellbar und somit eine Regenerierung des Nickelcarbonyls aus Nickelchlorid, z. B. im Falle der stöchiometrischen Acrylester-Synthese, möglich ist. Überträgt man diese Reaktion auf Eisen- und Kobaltsalze, so entsteht im Falle zweiwertiger Eisensalze (z. B. ammoniakalischer Lösung von MOHRschem Salz) zunächst Eisencarbonylwasserstoff, der, wie oben bereits ausgeführt, durch weitere Einwirkung von CO quantitativ in Eisenpentacarbonyl und H_2 übergeführt werden kann. Durch Dosierung der CO-Menge bzw. rechtzeitigen Abbruch der CO-Behandlung hat man es in der Hand, die Reaktion auf der Stufe des Eisencarbonylwasserstoffs zu stoppen:

$$\mathrm{Fe}\boxed{\mathrm{SO_4 + 2\,NH_3 + H_2}\big|\mathrm{O + CO}} \longrightarrow \mathrm{Fe(CO)_4H_2} +$$
$$\boxed{\mathrm{H_2}\big|\mathrm{O + CO}} \qquad\qquad + (NH_4)_2SO_4 + 2\,CO_2$$
$$\uparrow$$
$$4\,CO$$

$$[Fe(NH_3)_6]SO_4 + 6\,CO + 4\,H_2O \longrightarrow Fe(CO)_4H_2 +$$
$$+ (NH_4)_2SO_4 + 2\,(NH_4)_2CO_3$$
$$[Fe(NH_3)_6]SO_4 + 7\,CO + 4\,H_2O \longrightarrow Fe(CO)_5 +$$
$$+ (NH_4)_2SO_4 + 2\,(NH_4)_2CO_3 + H_2$$

Hingegen bleibt beim Kobalt (z. B. bei Verwendung einer ammoniakalischen Lösung von $CoCl_2$) die Reaktion mit CO beim Kobaltcarbonylwasserstoff stehen, der im Gegensatz zum Eisencarbonylwasserstoff gegenüber CO beständig ist. Die reinen Carbonylwasserstoffe können in bekannter Weise durch Säuren, z. B. Phosphorsäure, in Freiheit gesetzt und rein gewonnen werden.

So eröffnet sich hiermit auch eine bequeme Darstellungsmethode speziell für Kobaltcarbonyl, da bekanntlich Kobaltcarbonylwasserstoff unter geeigneten Bedingungen unter Wasserstoffabgabe quantitativ in Kobaltcarbonyl übergeführt werden kann.

$$Co\,|\,Cl_2 + 2\,NH_3 + H_2\,|\,O + CO$$
$$\uparrow \qquad\qquad H$$
$$4\,CO \qquad\qquad O + CO \longrightarrow 2\,Co(CO)_4H + 4\,NH_4Cl + 3\,CO_2$$
$$\qquad\qquad H$$
$$Co\,|\,Cl_2 + 2\,NH_3 + H_2\,|\,O + CO$$
$$\uparrow$$
$$4\,CO$$

$$2\,[Co(NH_3)_6]Cl_2 + 11\,CO + 6\,H_2O \longrightarrow$$
$$\longrightarrow 2\,Co(CO)_4H + 4\,NH_4Cl + 3\,(NH_4)_2CO_3 + 2\,NH_3$$

Nachdem wir auf diese Weise eine Methode entwickelt hatten, die es uns gestattete, bequem beliebige Mengen der reinen Metallcarbonylwasserstoffe (*242*) herzustellen, war es uns ein leichtes, die für die Weiterführung unserer Arbeiten benötigte Kenntnis der genauen physikalischen und chemischen Eigenschaften dieser interessanten Stoffklasse nachzuprüfen bzw. zu ergänzen. Hinsichtlich der Stabilität haben wir festgestellt, daß es sich beim Kobaltcarbonylwasserstoff um eine Verbindung handelt, die unter gewissen Bedingungen (in reiner Form bei tieferer, in Verdünnung auch bei höherer Temperatur) durchaus stabil und leicht zu handhaben ist. In alkalischer Lösung kann Kobaltcarbonylwasserstoff sehr lange Zeit auf Temperaturen von 100° erhitzt werden, ohne daß eine merkliche Zersetzung eintritt:

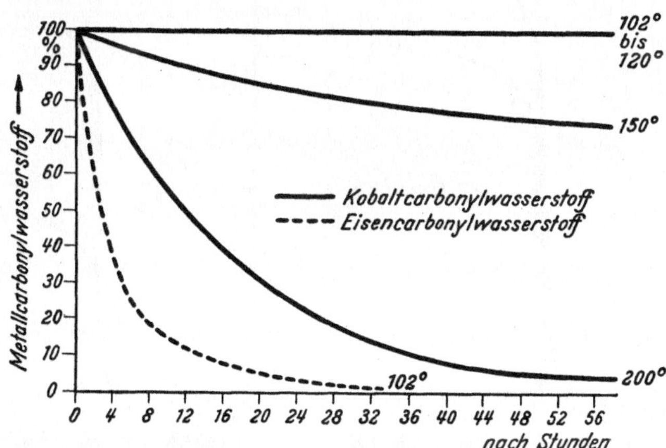

Abb. 38. Zerfallsisothermen der Kaliumsalze von Kobaltcarbonylwasserstoff in neutraler Lösung

Anders verhält sich der Eisencarbonylwasserstoff, der nur unter besonderen Vorsichtsmaßnahmen in reiner Form gewinnbar ist. Seine alkalischen Lösungen zersetzen sich wohl infolge hydrolytischer Spaltung seiner Salze bereits bei 100° in kurzer Zeit unter Entwicklung von Kohlenoxyd und Wasserstoff.

Kobaltcarbonylwasserstoff läßt sich wie eine starke anorganische Säure titrimetrisch mit z. B. Natronlauge und Methylorange als Indikator bestimmen. Hierbei ist der Indikator-Umschlagpunkt von gleicher Schärfe, gleichgültig, ob man sich dem Neutralpunkt von der alkalischen oder sauren Seite her nähert. In jedem Falle stimmen die acidimetrisch ermittelten Werte mit den durch Titration mit Methylenblau erhaltenen praktisch überein. Es ist bei der Titration des Kobaltcarbonylwasserstoffs mit Methylenblau zu beachten, daß nur im sauren p_H-Bereich (Ansäuern mit Essigsäure) der Reduktionswert bestimmt werden kann, während Eisencarbonylwasserstoff bereits im stark alkalischen Gebiet mit Methylenblau titrierbar ist.

Dieses Verhalten der Metallcarbonylwasserstoffe legte uns den Gedanken nahe, daß wir es beim Kobaltcarbonylwasserstoff mit einer sehr starken Säure zu tun haben — hierfür sprechen auch die in unseren technischen Apparaturen beobachteten, zum Teil starken Korrosionserscheinungen — während Eisencarbonylwasserstoff schon auf Grund der leichten hydrolytischen Spaltbarkeit seiner alkalisch-wäßrigen Lösung als eine erheblich schwächere Säure anzusprechen ist. Um hier klar zu sehen, wurden die Leitfähigkeiten beider Carbonylwasserstoffe im Vergleich zu Salzsäure und Essigsäure in absolutem Aceton bei —40° gemessen. In Übereinstimmung hiermit ergab die potentiometrische Titration, daß es sich bei Kobaltcarbonylwasserstoff um eine starke Säure von der Stärke der Halogenwasserstoffsäuren (siehe Abb. 39),

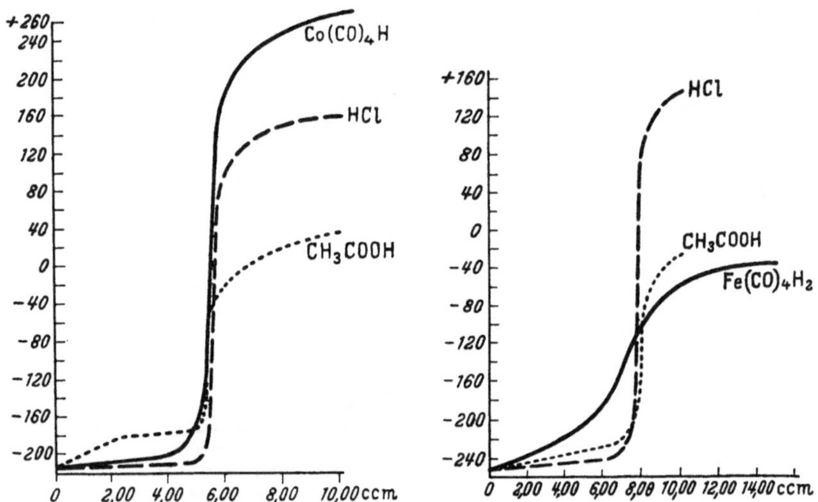

Abb. 39. Potentiometrische Titration von Kobaltcarbonylwasserstoff.

Abb. 40. Potentiometrische Titration von Eisencarbonylwasserstoff.

bei Eisencarbonylwasserstoff hingegen um eine schwache Säure von der Stärke der Essigsäure handelt (siehe Abb. 40).

Wir haben nun das Verhalten der Metallcarbonylwasserstoffe gegenüber Olefinen und Acetylenen näher studiert. Hierbei zeigte sich überraschenderweise, daß im ersten Falle Alkohole, im zweiten Hydrochinone gebildet werden.

b) Alkohole aus Olefinen, CO und H_2O (*243*).

Bei der Einwirkung von Olefinen, insbesondere von Äthylen, auf eine wäßrig-alkalische Lösung von Eisencarbonylwasserstoff (mit Kobaltcarbonylwasserstoff verläuft die Reaktion wesentlich komplizierter) beobachteten wir eine gewisse Bildung von n-Propanol. Daneben entstand noch eine Reihe von weiteren Produkten, wie höhere Alkohole und organische Säuren (Ameisensäure, Propionsäure). Das gleiche Resultat erhielten wir, wenn wir an Stelle von bereits aus Eisenpentacarbonyl und wäßrigem Alkali gebildetem Eisencarbonylwasserstoff wäßriges Alkali mit Eisenpentacarbonyl und Äthylen direkt zur Umsetzung brachten.

Die Bildung von n-Propanol kann auf Grund der beobachteten Entstehung von Ferrobicarbonat wohl wie folgt formuliert werden:

$$Fe(CO)_4H_2 + 2\ CH_2{=}CH_2 + 4\ H_2O \longrightarrow$$
$$\longrightarrow 2\ CH_3{-}CH_2{-}CH_2OH + Fe(HCO_3)_2\ \text{bzw.}\ FeCO_3 + H_2O + CO_2$$

Die Tatsache nun, daß Eisencarbonylwasserstoff, wie bereits ausgeführt, sich in alkalischer Lösung durch CO in Eisenpentacarbonyl und H_2 umwandeln läßt, ließ es als aussichtsreich erscheinen, diese Reaktion unter gleichzeitiger Zufuhr von CO in Anwesenheit der beim Alkacid-Verfahren verwandten Aminocarbonsäuren katalytisch zu lenken, wobei der Eisencarbonylwasserstoff die Rolle des Katalysators spielt, nach folgendem Formelbild:

$$2\ Fe(CO)_5 + [Base] + 2\ H_2O \longrightarrow 2\ Fe(CO)_4H_2 + [Base] + 2\ CO_2$$
$$2\ Fe(CO)_4H_2 + 2\ CO \longrightarrow 2\ Fe(CO)_5 + 2\ H_2$$
$$H_2C{=}CH_2 + CO + 2\ H_2 \longrightarrow CH_3{-}CH_2{-}CH_2OH$$
$$\overline{H_2C{=}CH_2 + 3\ CO + 2\ H_2O \longrightarrow CH_3{-}CH_2{-}CH_2OH + 2\ CO_2}$$

Wir sind uns völlig darüber klar, daß dieses Schema nicht den tatsächlichen Reaktionsverlauf wiedergibt, daß vielmehr die Reaktion über komplizierte, noch nicht näher erforschte Eisencarbonylkomplexe läuft, die unter den Reaktionsbedingungen in Alkohole, CO_2 und $Fe(CO)_5$ zerfallen und sich aus $Fe(CO)_5$, Olefin, CO und Wasser unter dem Einfluß der Base immer wieder zurückbilden.

Die Reaktion, die bei Temperaturen unter 100° und Drucken von 100—200 atü durchgeführt wird, ist auch auf Propylen ausdehnbar, wobei n-Butanol entsteht.

Am Beispiel der beschriebenen Reaktionen zwischen Äthylen, Kohlenoxyd und Wasser läßt sich der *reaktionslenkende* Einfluß der Katalysatoren erkennen. Während mit Nickelcarbonyl als Katalysator ausschließlich Propionsäure bzw. deren Anhydrid entsteht, bildet sich aus den gleichen Komponenten unter dem katalytischen Einfluß von Eisenpentacarbonyl bzw. Eisencarbonylwasserstoff ausschließlich Propanol:

$$H_2C{=}CH_2 + CO + H_2O \longrightarrow CH_3{-}CH_2{-}COOH\ [\text{Kat.}: Ni(CO)_4]$$
$$H_2C{=}CH_2 + 3\ CO + 2\ H_2O \longrightarrow CH_3{-}CH_2{-}CH_2OH + 2\ CO_2$$
$$[\text{Kat.}: Fe(CO)_4H_2]$$

c) primäre, sekundäre und tertiäre Amine aus Ammoniak bzw. Aminen, Olefinen, Kohlenoxyd und Wasser (*244*).

Im Laufe unserer Arbeiten über den Einsatz der Carbonylwasserstoffe als Katalysatoren zeigt sich überraschenderweise, daß Olefine und Kohlenoxyd bei Anwesenheit von Wasser alkylierend auf Ammoniak und Amine einwirken. Die Reaktionstemperatur beträgt hierbei etwa 60°, der Gesamtdruck 120—200 atü. Je nach Wahl der Komponenten können primäre, sekundäre oder tertiäre Amine sowie auch gemischtalkylierte Amine gewonnen werden. Im einfachsten Fall des Ammoniaks und Äthylens laufen folgende Reaktionen nebeneinander her bzw. hintereinander ab:

$$H_2C\!\!=\!\!CH_2 + 3\,CO + H_2O + NH_3 \longrightarrow$$
$$\longrightarrow H_2N\!-\!CH_2\!-\!CH_2\!-\!CH_3 + 2\,CO_2$$
$$H_2C\!\!=\!\!CH_2 + 3\,CO + H_2O + H_2N\!-\!CH_2\!-\!CH_2\!-\!CH_3 \longrightarrow$$
$$\longrightarrow HN(CH_2\!-\!CH_2\!-\!CH_3)_2 + 2\,CO_2$$
$$H_2C\!\!=\!\!CH_2 + 3\,CO + H_2O + NH(CH_2\!-\!CH_2\!-\!CH_3)_2 \longrightarrow$$
$$\longrightarrow N(CH_2\!-\!CH_2\!-\!CH_3)_3 + 2\,CO_2$$

d) Hydrochinone aus Acetylenen, CO und H_2O (*245*).

Es lag nun nahe, die bei den Olefinen unter dem katalytischen Einfluß von Metallcarbonylwasserstoffen verlaufenden Reaktionen auf Acetylen und Acetylenderivate zu übertragen. Statt der zu erwartenden ungesättigten Alkohole bilden sich hierbei überraschenderweise Hydrochinon bzw. dessen Substitutionsprodukte. Die Arbeitsbedingungen sind ähnlich wie bei den Olefinen, jedoch liegen die Reaktionstemperaturen bei 50—80° infolge der leichten Reaktionsfähigkeit des Acetylens wesentlich tiefer. Monoäthanolamin wurde für die „Basenreaktion" als besonders günstig ermittelt. Es ist jedoch in diesem Falle (für die Carbonylwasserstoffbildung) die Verwendung einer Base nicht unbedingt erforderlich, es genügt bereits die Anwesenheit OH-haltiger Verbindungen, wie Wasser oder Alkohole. Die Reaktion, die im Falle des Acetylens in ihrem Endergebnis vielleicht wie folgt formuliert werden kann:

$$Fe(CO)_4H_2 + 4\,C_2H_2 + 2\,H_2O \longrightarrow 2\,C_6H_6O_2 + Fe(OH)_2$$
$$\text{Hydrochinon}$$
$$Fe(CO)_5 + 4\,C_2H_2 + 2\,H_2O + [Base] \longrightarrow 2\,C_6H_6O_2 + FeCO_3 + [Base]$$
$$\text{Hydrochinon}$$

verläuft, wie das Schema auf nebenstehender Seite zeigt, über eine Reihe von wohldefinierten Acetyleneisencarbonylkomplexen. Die Ausbeuten betragen an Hydrochinonen zur Zeit noch 20—30% d. Th. (berechnet auf eingesetzten Carbonylwasserstoff). Bei der Einwirkung von Acetylen unter Druck (etwa 15 atü) auf eine wäßrig-alkoholische Lösung von Eisenpentacarbonyl entsteht neben Acrylester, Ferrocarbonat und anderen Eisenverbindungen der in ockergelben Prismen krystallisierende Komplex $FeC_{11}H_7O_5$, der mit Wasser in der Hitze oder bei Einwirkung von 20%iger Schwefelsäure in der Kälte in den Komplex $FeC_8H_4O_4$ und Hydrochinon zerfällt. Die Konstitution der beiden Eisen-

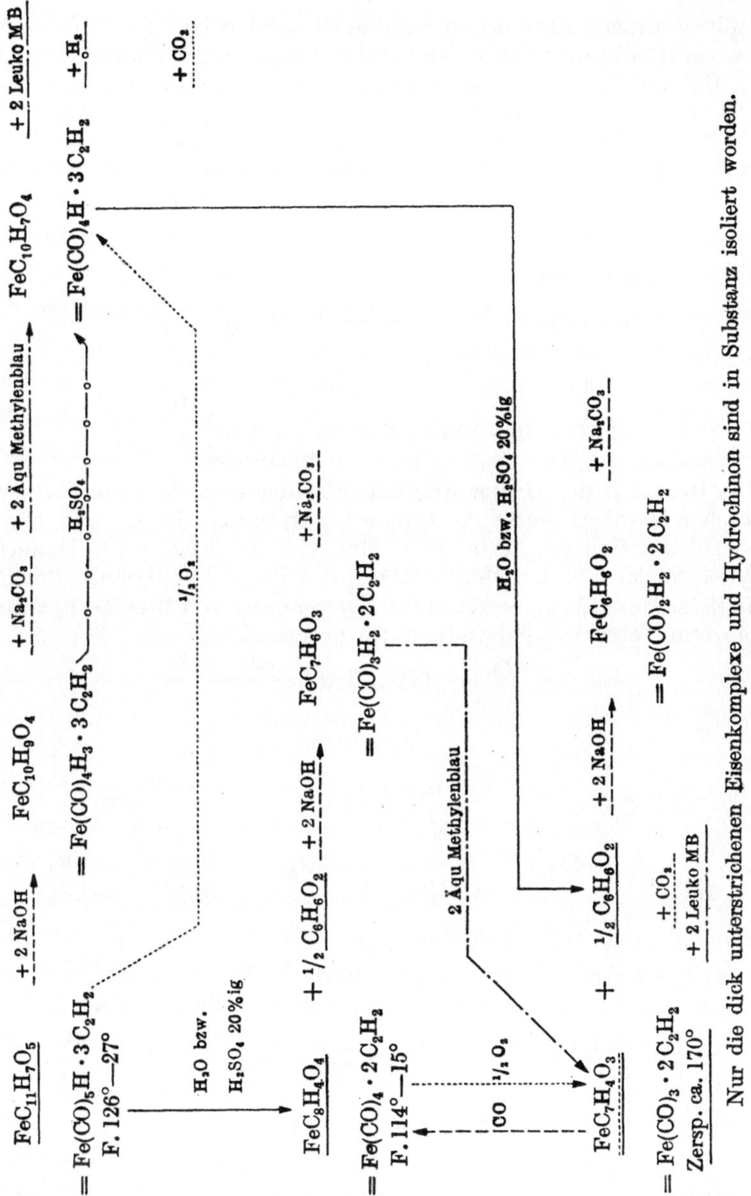

komplexe ist noch nicht geklärt. Interessanterweise läßt sich der C_8-Komplex mit Sauerstoff in den Komplex $FeC_7H_4O_3$ unter Abspaltung von CO_2 überführen, der seinerseits unter der Einwirkung von CO wieder in den C_8-Komplex zurückverwandelt wird. Möglicherweise bieten sich hier Ausgangspunkte für neue interessante Katalysen, da wohl an Stelle von Sauerstoff bei der Umwandlung der C_7- und C_8-

Komplexe andere Akzeptoren eingesetzt werden können. Unsere Versuche, die Reaktion analog der beschriebenen Alkoholbildung aus Olefinen, CO und H_2O durch genaues Studium der Natur der intermediär auftretenden Carbonylkomplexe zu klären und gegebenenfalls kontinuierlich zu gestalten, um letzten Endes zu folgendem einfachen Reaktionsverlauf zu gelangen, wurden durch die Kriegsereignisse unterbrochen:

$$2\,HC\!\equiv\!CH + 3\,CO + H_2O \longrightarrow C_6H_6O_2 + CO_2$$
$$\text{Hydrochinon}$$

Die Reaktion der Umsetzung von Eisenpentacarbonyl mit Acetylen ist auch auf substituierte Acetylene übertragbar. Es wurden Hydrochinonsubstitutionsprodukte aus Methyl-, Phenyl- und Dimethylacetylen, ferner aus den Methyläthern des Propargylalkohols, Butinols, Butindiols, Hexindiols, sowie unter Verwendung von 2-Dimethylaminopropin und Tetramethyldiaminobutin hergestellt: .

F 208°   F 218°—219°   F 235°

Fp = 118°   Fp = 88°   Fp = 183°

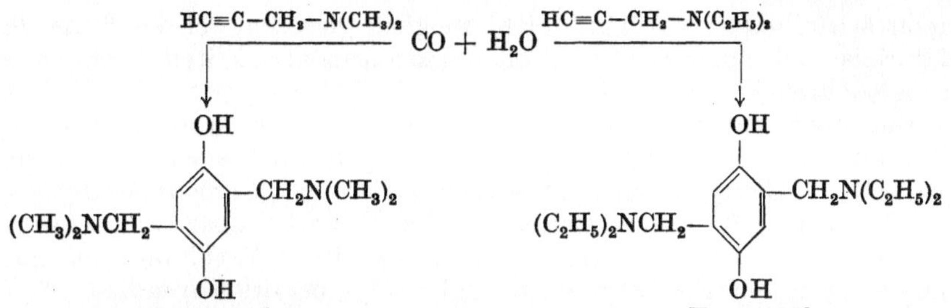

$$HC\equiv C-CH_2-N(CH_3)_2 \qquad\qquad HC\equiv C-CH_2-N(C_2H_5)_2$$
$$CO + H_2O$$

$$(CH_3)_2NCH_2-\!\!\!\!\underset{OH}{\overset{OH}{\bigcirc}}\!\!\!\!-CH_2N(CH_3)_2 \qquad (C_2H_5)_2NCH_2-\!\!\!\!\underset{OH}{\overset{OH}{\bigcirc}}\!\!\!\!-CH_2N(C_2H_5)_2$$

$$Fp = 187° \qquad\qquad Fp = 103°$$

Läßt man auf eine alkalische Lösung von Eisencarbonylwasserstoff (hergestellt durch Auflösen von Eisenpentacarbonyl in verdünnter Natronlauge) Acetylen unter Druck bei etwa 45° einwirken, so erhält man bei zeitigem Abbrechen der Reaktion einen in orangegelben Nadeln krystallisierenden Eisenkomplex der Zusammensetzung $Fe_2C_{10}H_4O_8$ unbekannter Konstitution. Bei weiterer Acetyleneinwirkung entstehen teerige, in NaOH lösliche Produkte. Auch diese interessanten Arbeiten mußten vorzeitig abgebrochen werden.

Die Reaktionsmöglichkeiten des Kohlenoxyds mit Acetylenen sind hiermit noch keineswegs erschöpft. Es sei hier nur beispielsweise darauf hingewiesen, daß die Reaktion zwischen CO und z. B. C_2H_2 noch in ganz anderer Richtung verlaufen kann. Unter bestimmten Bedingungen wurde z. B. die Bildung von dimerem Cyclopentadienon und von Hydrindon beobachtet, die man sich aus 1 Mol CO und 2 bzw. 4 Mol C_2H_2 entstanden denken kann:

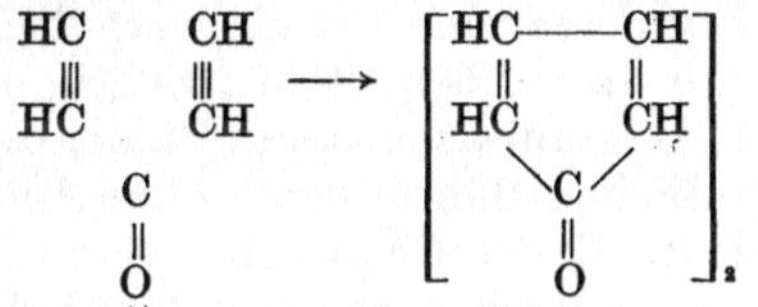

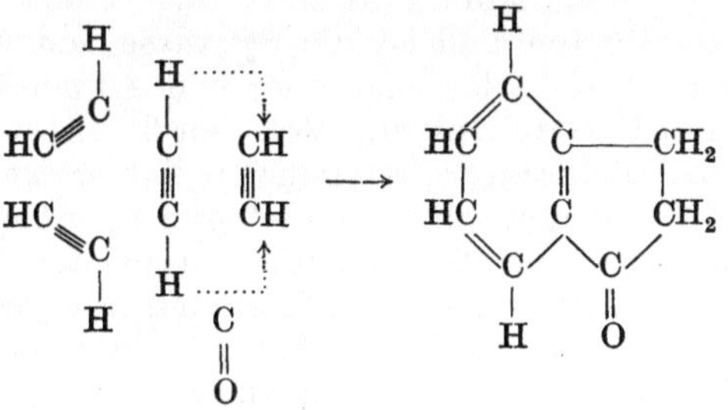

Auch Aldehyde und Ketone treten mit Acetylenen bei Anwesenheit von Metallcarbonylen und Säuren in Reaktion, deren Verlauf bisher noch nicht eindeutig geklärt wurde.

5. Schlußbemerkungen.

Mit den in diesen Ausführungen aufgezeigten neuen Reaktionsweisen des Acetylens und Kohlenoxyds konnte naturgemäß nur ein oberflächlicher Einblick in unsere Arbeitsgebiete gegeben werden. Es ist im Rahmen dieser Mitteilungen natürlich nicht möglich gewesen, bei der Fülle des Materials auch nur *eine* der neuen Reaktionsmöglichkeiten eingehender zu beleuchten.

Die eingeschlagene neue Arbeitsrichtung, die hauptsächlich die Bearbeitung der vier großen Reaktionsgruppen des Acetylens — *„Vinylierung"*, *„Äthinylierung"*, *„Cyclisierung"* und *„Carbonylierung"* — umfaßt, ist jedoch in ihrer Zielsetzung deutlich erkennbar: Sie bezweckt einmal durch Einbau des Acetylens in organische Verbindungen neue, ungesättigte, energiereiche und somit polymerisationsfreudige Stoffe zu schaffen *(„Vinylierung")*, die für die Herstellung von Kunststoffen von großer Bedeutung sind und auch als wertvolle Ausgangsmaterialien für weitere Synthesen hohes Interesse besitzen. Die nach den neuen Synthesen durch Einbau des Acetylens in organische Verbindungen unter Erhaltung der Dreifachbindung des Acetylens leicht zugänglichen Verbindungen *(„Äthinylierung")* haben bereits heute schon größte technische Bedeutung erlangt. Sie sind wertvolle Ausgangsmaterialien für neue Synthesen teils schon bekannter, teils völlig neuer oder praktisch bisher nicht zugänglicher Stoffe, die in allen Gebieten der Anwendungstechnik Verwendung finden. Andererseits besteht das Ziel dieser Arbeitsrichtung im Aufbau technisch wertvoller Produkte aus kleinsten Bausteinen, wie Acetylen, Äthylen, Kohlenoxyd, Wasserstoff, Ammoniak und Aminen, Wasser usw., durch Anwendung völlig neuartiger Synthesen *(„Cyclisierung"* und *„Carbonylierung")*.

Bei allen diesen Arbeiten muß der richtige Einsatz des Acetylens für die spätere technische Ausgestaltung der Verfahren berücksichtigt werden. Da es sich beim Acetylen um ein verhältnismäßig teures Material handelt, ist es nur an solchen Stellen richtig eingesetzt, an denen es gewissermaßen als Krystallisationskeim dient, d. h. wo durch Anlagerung von billigen einfachen Bausteinen an das Acetylenmolekül hochwertige Stoffe entstehen. Endstoffe aus Acetylen allein herzustellen ist nur dann berechtigt, wenn damit ganz besondere Effekte erzielt werden. Als Beispiel für den ersten Fall ist die Synthese von Acrylestern aus Acetylen, Kohlenoxyd und Alkoholen oder von Adipinsäure aus Tetrahydrofuran, CO und H_2O zu nennen. Von den 6 C-Atomen der auf die Weise hergestellten Adipinsäure entstammen lediglich zwei dem Acetylen, während der Rest der energetisch wesentlich günstiger liegenden Wassergasbasis entnommen ist. Als Beispiel für den zweiten Fall ist auf die Synthese des Cyclooctatetraens aus 4 Molekülen Acetylen hinzuweisen, wodurch nicht nur sonst schwer herstellbare Produkte der aromatischen Reihe zugänglich, sondern auch Wege zu völlig neuartigen Körperklassen erschlossen wurden.

Es dürfte kein Zweifel darüber bestehen, daß durch weiteren Ausbau dieser „Bausteinkasten-Chemie", wie man sie bezeichnen könnte, noch eine weitere wesentliche Bereicherung der organischen Chemie zu erwarten ist.

Anlage I.

Übersicht über die Vinylierungsreaktionen.

$$ROH[SH] + HC\equiv CH \xrightarrow{KOH} CH_2=CH-OR[SR] \qquad \text{Kapitel } 1 \text{ u. } 2$$

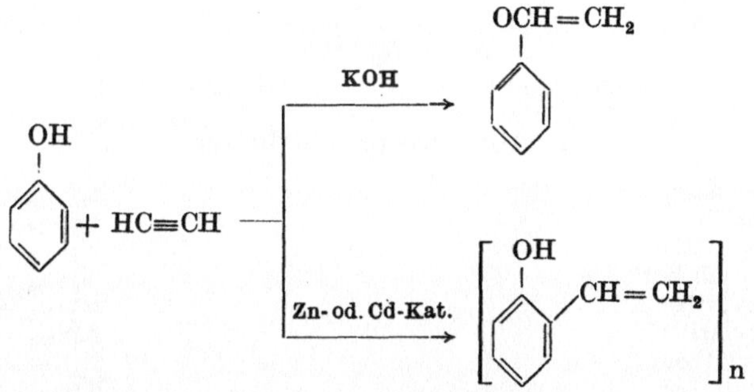

$$RCOOH + HC\equiv CH \longrightarrow RCOOCH=CH_2 \,(C > 4) \qquad 4$$

$$R_1-R_2-NH + HC\equiv CH \xrightarrow{\text{Zn- od. Cd-Verb.}} R_1-R_2-N-CH=CH_2 \qquad 5a$$

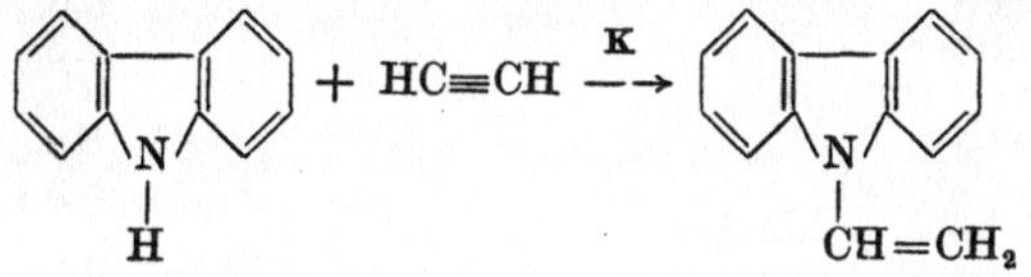

$$4\,HC\equiv CH + 4\,NH_3 \longrightarrow \{4\,CH_2=CH-NH_2\} \longrightarrow \qquad + 3\,NH_3 \qquad 6$$

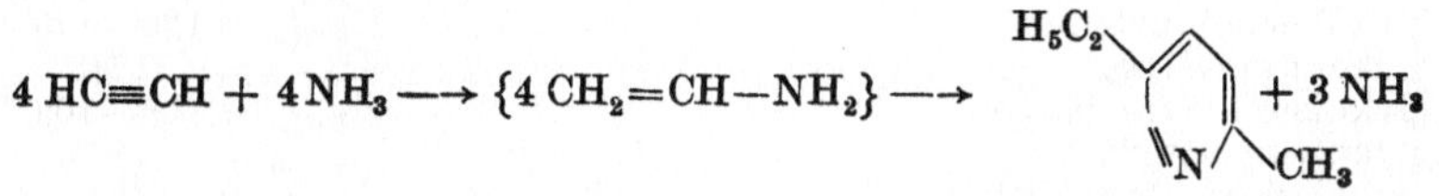

$$RCONH_2 + HC\equiv CH \xrightarrow{K} CH_2=CH-NH-COR \qquad 7a$$

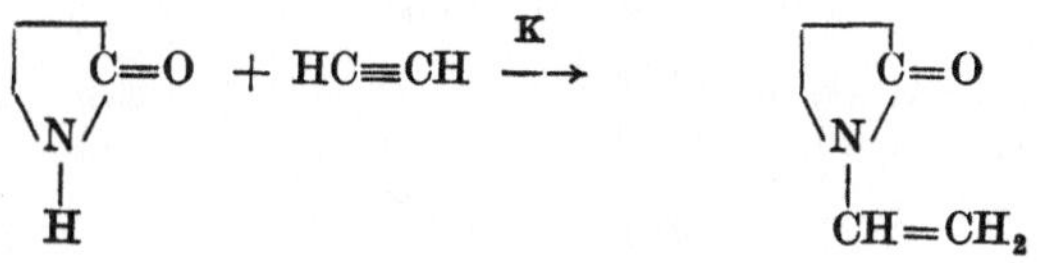

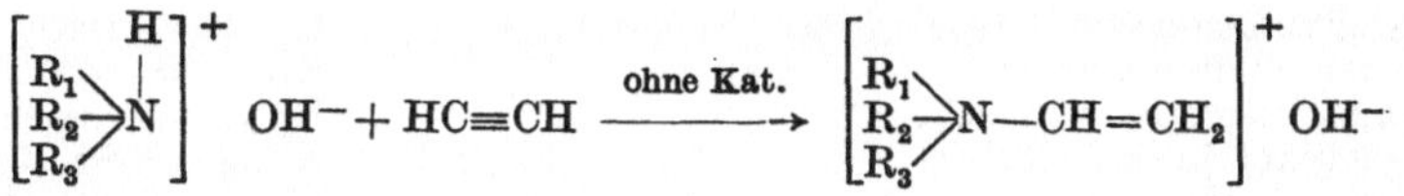

Anlage II.

Übersicht über die wichtigsten Vinylverbindungen.

Anmerkung. Diese Zusammenstellung ist nicht erschöpfend, sondern enthält nur eine Übersicht über die interessantesten Vertreter der nach der neuen Acetylenreaktion dargestellten Vinyläther, Vinylester, Vinylsulfide und Vinylamine.

A. Vinyläther
(mit Einschluß der wichtigsten Äthylidenacetale).

1. Aliphatische Vinyläther.

Vinylmethyläther	$Kp._{750} = 8°$
Vinyläthyläther	$Kp._{750} = 35°$
Vinyl-n-propyläther	$Kp._{750} = 64°$
Vinylisopropyläther	$Kp._{750} = 54°$
Vinyl-n-butyläther	$Kp._{740} = 92°$
Vinylisobutyläther	$Kp._{750} = 82°$
Vinylisoamyläther	$Kp._{750} = 111°$
Vinylisohexyläther	$Kp._{14} = 40—42°$
Vinylisoheptyläther	$Kp._{14} = 50—55°$
Vinyl-n-octyläther	$Kp._{3} = 65—70°$
2-Äthyl-n-hexylvinyläther	$Kp._{12} = 74—76°$
Vinyl-n-decyläther	$Kp._{12} = 120—125°$
Vinyl-n-dodecyläther	$Kp._{4} = 130—135°$
Vinyl-n-tetradecyläther	$Kp._{2} = 140—145°$
Vinyl-n-cetyläther	$Kp._{2} = 160°$
Vinyl-n-octodecyläther	$Kp._{2} = 175°$
Vinyloleyläther (technisch)	$Kp._{2} = 170—180°$
Vinyläthergemisch höherer Alkohole (einschließlich des Montanalk.)	$Kp._{2} = 200—230°$
Oktodecandiol-1 · 12-divinyläther	$Kp._{2} = 203—205°$
Äthylenglykolmonovinyläther	$Kp._{750} = 135—140°$
Äthylenglykoldivinyläther	$Kp._{750} = 124°$
Äthylenglykolmethylvinyläther	$Kp._{750} = 108—109°$
Äthylenglykolvinyläthyläther	$Kp._{750} = 127°$
Äthylenglykol-vinyl-phenyl-äther	$Kp._{16} = 122°$

$$CH_2=CHOCH_2—CH_2OC_6H_5$$

Äthylenglykol-p-chlorphenyl-vinyl-äther

$$Cl—\langle\underline{\quad}\rangle—O—CH_2—CH_2OCH=CH_2$$

Äthylenglykol-vinyl-p-tolyläther	$Kp._{16} = 133°$
Äthylenglykol-p-(tert.)butylphenylvinyläther	$Kp._{10} = 126—127°$

$$C_4H_9—\langle\underline{\quad}\rangle—OCH_2CH_2OCH=CH_2$$

Diäthylenglykolmonovinyläther	$Kp._{12} = 108°$
Diäthylenglykoldivinyläther	$Kp._{12} = 85°$
Diäthylenglykolmethylvinyläther	$Kp._{18} = 78—80°$
Diäthylenglykolvinyläthyläther	$Kp._{16} = 90—92°$
Triäthylenglykoldivinyläther	$Kp._{1,2} = 90—96°$
Triäthylenglykolvinyläthyläther	$Kp._{10} = 100—125°$
Trioxäthylglycerintrivinyläther	$Kp._{0,6} = 100—120°$
Tetraoxäthylpentaerythrittetravinyläther	$Kp._{0,6} = 100—120°$
Butandiol-1,4-divinyläther	$Kp._{20} = 60—65°$

1,2-Methylendioxy-3-oxypropan-3-vinyläther $Kp._{10} = 53°$
(Formalglycerinvinyläther)

$$H_2C\!-\!-\!-\!CH\!-\!CH_2\!-\!OCH\!=\!CH_2$$

1,2-(Äthyliden)dioxy-3-oxypropan-3-vinyläther $Kp._9 = 56°$
(Glycerinäthylidenacetalvinyläther)

$$H_2C\!-\!-\!-\!CH\!-\!CH_2\!-\!O\!-\!CH\!=\!CH_2$$

1,2-(Benzyliden)dioxy-3-oxypropan-3-vinyläther $Kp._2 = 120°$
(Glycerinbenzaldehydacetalvinyläther)

$$H_2C\!-\!-\!-\!CH\!-\!CH_2\!-\!O\!-\!CH\!=\!CH_2$$

1,2-(Isopropyliden)dioxy-3-oxypropan-3-vinyläther $Kp._{10} = 57°$
(Acetonglycerinvinyläther)

$$H_2C\!-\!-\!-\!CH\!-\!CH_2\!-\!O\!-\!CH\!=\!CH_2$$

1,2-(Cyclohexyliden)dioxy-3-oxypropan-3-vinyläther
(Glycerin-cyclohexylidenacetalvinyläther)

$$H_2C\!-\!-\!-\!CH\!-\!CH_2\!-\!O\!-\!CH\!=\!CH_2$$

1-Vinyl-β-diacetonfruktose $Kp._{1,5} = 112\text{—}115°$
    Fp. 45°

Vinylglykolacetat $Kp_{0,2} = 39{,}5\text{—}41{,}5°$
$$CH_2{=}CH{-}O{-}CH_2{-}CH_2{-}O{-}OC{-}CH_3$$

Diacetinmonovinyläther $Kp_{0,15} = 72\text{—}80°$

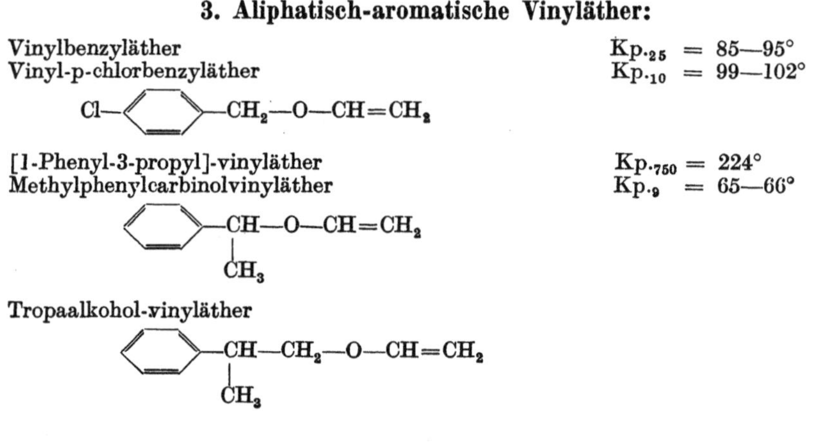

2. Cycloaliphatische Vinyläther:

Vinyl-cyclohexyl-äther $Kp_{750} = 147°$
Vinyl-β-dekalyl-äther $Kp_{12} = 115\text{—}122°$
Vinyl-dihydro-abietinyl-äther $Kp_{2} = 178\text{—}184°$

3. Aliphatisch-aromatische Vinyläther:

Vinylbenzyläther $Kp_{25} = 85\text{—}95°$
Vinyl-p-chlorbenzyläther $Kp_{10} = 99\text{—}102°$

[1-Phenyl-3-propyl]-vinyläther $Kp_{750} = 224°$
Methylphenylcarbinolvinyläther $Kp_{9} = 65\text{—}66°$

Tropaalkohol-vinyläther

4. Aromatische Vinyläther:

Vinyl-phenyl-äther $Kp_{17} = 54\text{—}55°$
$$C_6H_5{-}O{-}CH{=}CH_2$$
Vinyl-m-tolyläther $Kp_{16} = 72°$
Vinyl-p-tolyläther $Kp_{16} = 74\text{—}76°$
Vinyl-p-(tert.) butylphenyläther $Kp_{16} = 80\text{—}90°$

Vinyl-p-isohexylphenyläther $Kp_{1} = 91\text{—}93°$
Vinyl-p-octylphenyläther $Kp_{2} = 107\text{—}110°$
Vinyl-p-dodecylphenyläther $Kp_{1} = 90\text{—}120°$
Vinyl-β-naphthyläther $Kp_{16} = 152°$
Vinyl-ar-tetrahydronaphthyläther $Kp_{18} = 143°$
2,4,6-Trichlorphenyl-1-vinyläther $Kp_{2} = 70°$
Vinyl-bornyläther $Kp_{12} = 100\text{—}103°$
Vinyl-isobornyläther $Kp_{2} = 75\text{—}78°$
Vinyl-terpinyläther $Kp_{2} = 78\text{—}80°$

o-Vinylsalicylsäuremethylester $\quad$ Kp.$_4$ = 105—112°

$$O—CH=CH_2$$

COOCH$_3$

5. Vinyläther von Oxalkyl- und Oxarylaminen:

Diäthanolaminmonovinyläther $\qquad$ Kp.$_8$ = 100—110°

Triäthanolamindivinyläther $\qquad$ Kp.$_8$ = 120—130°

> Anmerkung: Mono-, Di- und Triäthanolamin liefern
> bei der Vinylierung Gemische verschiedener Vinyl-
> verbindungen. Die angeführten Vinylverbindungen
> des Di- und Triäthanolamins bilden sich hierbei in
> relativ größerer Menge.

Mono-N-oxäthylanilinvinyläther $\qquad$ Kp.$_{9-10}$ = 128—132°

$$C_6H_5—NH—CH_2—CH_2—O—CH=CH_2$$

1-Phenyl-2-methyloxazolidin $\qquad$ Fp. 58—59°

N-N-Dioxäthylanilin-divinyläther $\qquad$ Kp.$_3$ = 142—143°

Mono-N-oxäthyl-m-toluidinvinyläther $\qquad$ Kp.$_{11-12}$ = 142—146°

$$NH—CH_2—CH_2—O—CH=CH_2$$

Mono-N-oxäthyl-N-äthylanilin-vinyläther $\qquad$ Kp.$_4$ = 117—118°

Mono-N-oxäthyl-N-(n)-butylanilin-vinyläther $\qquad$ Kp.$_{9-10}$ = 146—153°

N · N-Dioxäthyl-m-chloranilin-divinyläther $\qquad$ Kp.$_{12}$ = 198—201°

N-Oxäthyl-butyl-kresidin-vinyläther $\qquad$ Kp.$_{10}$ = 164—169°

N-Oxäthyl-p-kresidin-vinyläther $\qquad$ Kp.$_{11}$ = 160—162°

Oxäthyldiphenylamin-vinyläther $\qquad$ Kp.$_3$ = 150—160°

$$N—CH_2—CH_2—O—CH=CH_2$$

Dimethylaminoäthyl-vinyläther $\qquad$ Kp.$_{30}$ = 40—48°

Diäthylaminoäthyl-vinyläther $\qquad$ Kp.$_{15}$ = 51—55°

5-Diäthylaminoisopentyl-vinyläther $\qquad$ Kp.$_{24}$ = 106—115°

N-Oxäthylpyrrolidinvinyläther $\qquad$ Kp.$_{16}$ = 70—90°

N-Oxäthylperhydrocarbazolvinyläther $\qquad$ Kp.$_3$ = 150—165°

9*

B. Vinylester.

Valeriansäurevinylester	$Kp._{750}$	$= 130-140°$
Capronsäurevinylester	$Kp._{10}$	$= 50-60°$
Caprylsäurevinylester	$Kp._{12}$	$= 90-100°$
Laurinsäurevinylester	$Kp._{5}$	$= 110-125°$
Myristinsäurevinylester	$Kp._{3}$	$= 140-150°$
Palmitinsäurevinylester	$Kp._{2}$	$= 165°$
Stearinsäurevinylester	$Kp._{2}$	$= 178°$
Ölsäurevinylester	$Kp._{2}$	$= 175°$
Leinölfettsäurevinylester	$Kp._{3}$	$= 160-170°$
Phenylessigsäurevinylester	$Kp._{4}$	$= 88-90°$
2-Äthylcapronsäurevinylester	$Kp._{20}$	$= 128-130°$
Benzoesäurevinylester	$Kp._{3}$	$= 72-74°$
α-Naphthoesäurevinylester	$Kp._{5}$	$= 145-155°$
β-Naphthoesäurevinylester	$Kp._{4}$	$= 153°$
Zimtsäurevinylester	$Kp._{4}$	$= 133°$
Phthalsäureäthylvinylester	$Kp._{3}$	$= 173°$
Acetylsalicylsäurevinylester	$Kp._{3}$	$= 145-150°$
Abietinsäurevinylester	$Kp._{2}$	$= 195-200°$
Naphthensäurevinylestergemisch	$Kp._{2}$	$= 176-183°$

C. Vinylsulfide.

Vinyläthylsulfid $\qquad\qquad\qquad\qquad Kp._{760} = 91°$
$\qquad C_2H_5-S-CH=CH_2$

Vinyldodecyl-sulfid $\qquad\qquad\qquad\qquad Kp._{3} = 128-130°$
$\qquad C_{12}H_{25}-S-CH=CH_2$

Vinyloctodecyl-sulfid $\qquad\qquad\qquad Kp._{2-2,5} = 183-185°$
$\qquad C_{18}H_{37}-S-CH=CH_2$

S-Vinylthioglykolsäurebutylester $\qquad Kp._{1,5} = 93-96°$
$\qquad CH_2=CH-S-CH_2-COOC_4H_9$

Vinyl-phenyl-sulfid $\qquad\qquad\qquad\qquad Kp._{4} = 76-78°$
$\qquad C_6H_5-S-CH=CH_2$

Vinyl-o-tolyl-sulfid $\qquad\qquad\qquad\qquad Kp._{14} = 98-100°$

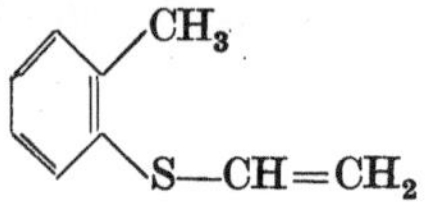

Vinyl-p-tolyl-sulfid $\qquad\qquad\qquad\qquad Kp._{14} = 98-100°$

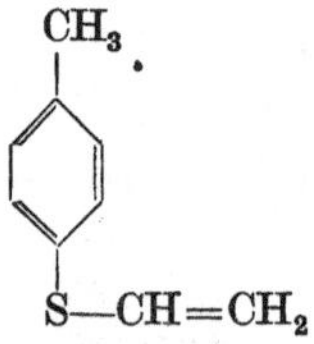

Vinyl-benzyl-sulfid $\qquad\qquad\qquad\qquad Kp._{3} = 73°$

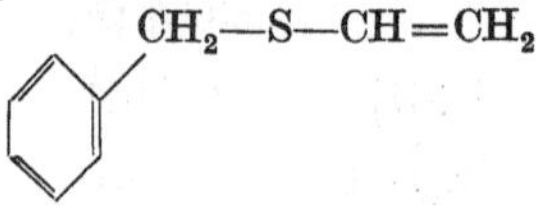

Vinyl-β-naphthyl-sulfid $\qquad\qquad\qquad Kp._{0,6-1} = 124-126°$

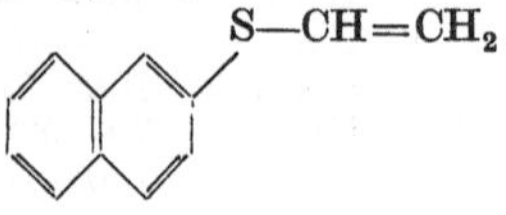

1-Vinyl-8-chlornaphthyl-sulfid $Kp._{0,6-0,8} = 148—15°$

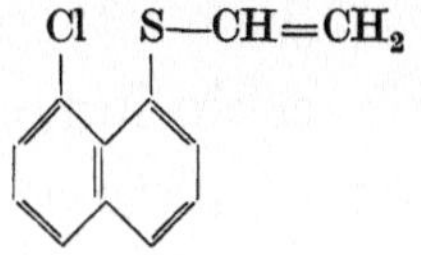

1-Vinyl-2,5-dimethyl-4-chlorphenyl-sulfid $Kp._{4-5} = 110—112°$

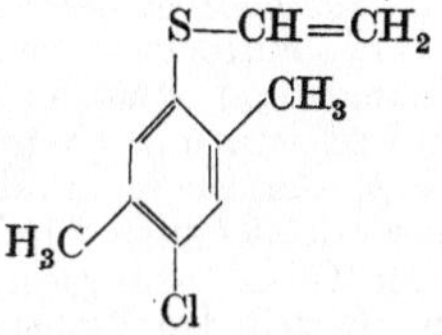

Vinyl-2-merkaptobenzothiazyl-sulfid $Kp._{2-3} = 135—140°$

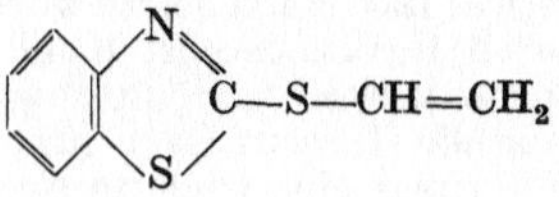

D. Vinylamine.

Vinylindol $Kp._{1-2} = 70—72°$

Vinyl-α-methylindol $Kp._{2} = 105°$

Vinylcarbazol $Kp._{15} = 170—180°$
Fp. 64°

Isopropylvinylcarbazol $Kp._{0,2} = 145—155°$

Vinyldiphenylamin   Fp. 52°

Vinylphenyl-α-naphthylamin   Fp. 80—83°

Vinyl-p-tolyl-α-naphthylamin   Fp. 72—78°

Vinyl-methyl-β-naphthylamin $Kp._{1} = 116—120°$

Vinyl-phenyl-β-naphthylamin   Fp. 79—82°

N-Vinylpyrrolidon $Kp._{16-17} = 100—102°$

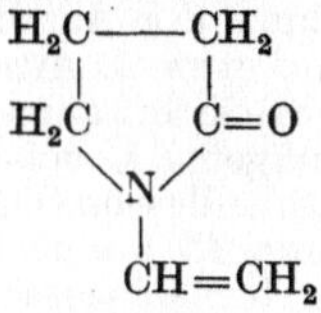

N-Vinylbenzimidazol $Kp._{12} = 144—148°$

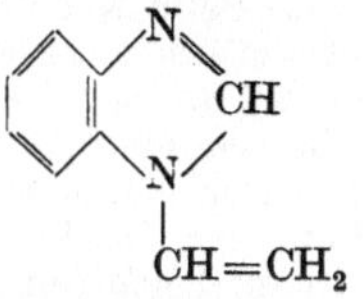

N-Vinylacetanilid $Kp._{1} = 100—115°$
Fp. 45°

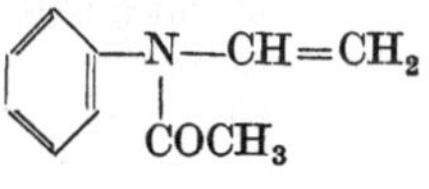

Anlage III.

Beispiele für die Herstellung von Vinylverbindungen.

a) Vinyloctodecyläther (auch als Vorlesungsversuch geeignet).

Drucklose Vinylierung.

940 Gewichtsteile Octodecylalkohol werden mit 30 Gewichtsteilen pulverisiertem Kaliumhydroxyd versetzt und in geschmolzenem Zustand in ein senkrecht stehendes elektrisch heizbares eisernes Reaktionsrohr von 1 m Länge und etwa 3 cm lichter Weite eingefüllt. Das Reaktionsrohr trägt am unteren Ende einen heizbaren Siphon, dessen Scheitelpunkt etwa 10 cm über Turmhöhe liegt. Am oberen Ende wird das Reaktionsrohr zweckmäßig durch einen Flansch oder notfalls auch durch einen mit Asbest-Wasserglas abgedichteten Korkstopfen mit Gasableitungsrohr und anschließendem Glaskühler und Vorlage abgeschlossen. Durch den Flansch bzw. Korkstopfen ragt ein Thermometerrohr bis ins untere Drittel des Reaktionsrohres. Zunächst wird im Stickstoffstrom auf etwa 180° aufgeheizt, wobei der Stickstoff aus einer Bombe über den Siphon durch Reaktionsrohr, Kühler und Abscheider strömt. Nach Erreichung der Reaktionstemperatur (180°) wird an Stelle von Stickstoff Acetylen, das einer Acetylenflasche (Dissous-Gas) entnommen wird, durch das beschriebene System geleitet. Es erfolgt eine lebhafte Acetylenaufnahme, die mit fortschreitender Reaktion sich stark steigert, um bei vollendeter Vinylierung plötzlich abzubrechen. Die Acetylenaufnahme kann leicht mittels zweier aufeinander abgestimmter Strömungsmesser kontrolliert werden, die vor und hinter der Apparatur eingeschaltet sind.

Bei der fraktionierten Destillation des Reaktionsproduktes wird Vinyloctodecyläther vom $Kp._2 = 175°$ bzw. $Kp._{10} = 190°$ in annähernd quantitativer Ausbeute erhalten.

b) Vinylbutyläther.

Druckvinylierung.

In einen eisernen Hochdruckrührautoklaven von etwa 5 Ltr. Inhalt, der auf 300 Atm. Probedruck geprüft ist (geeignet sind z. B. die von der Firma Andreas Hofer, Mülheim-Ruhr hergestellten Apparate), werden 2 Ltr. Butanol, in dem etwa 50 g KOH-Pulver aufgelöst sind, eingefüllt. Nach Schließung des Autoklaven wird die Luft durch dreimaliges Aufpressen von Stickstoff auf etwa 20 Atm. und dreimaliges Entspannen verdrängt. Sodann werden 5 Atm. Stickstoff aufgepreßt und der Autoklav unter Rühren allmählich auf etwa 150° aufgeheizt, wobei sich ein Druck von etwa 8 Atm. einstellt. Nun wird aus der Acetylenflasche (Dissous-Gas) soviel Acetylen nachgepreßt, bis der Gesamtdruck etwa 15 bis höchstens 20 Atm. beträgt. Es erfolgt sehr bald Druckabfall, der durch Nachpressen von frischem Acetylen wieder ausgeglichen wird. Nach jedem Aufpressen sind die Ventile an der Acetylenflasche und am Autoklav zu schließen. Beim Nachpressen ist peinlichst darauf zu achten, daß der Druck in der Acetylenflasche unbedingt höher als im Autoklav ist (sorgfältige Kontrolle der Manometer an der Acetylenflasche und am Autoklav). Nach erfolgter Aufnahme der berechneten Acetylenmenge findet keine weitere Acetylenabsorption mehr statt. Der Autoklav wird nach dem Abkühlen entspannt und das Reaktionsprodukt der fraktionierten Destillation unterworfen. Es wird in praktisch quantitativer Ausbeute reiner Vinyl-n-butyläther vom $Kp._{750} = 92°$ C erhalten. Als Nebenprodukt kann, falls nicht genügend schnell Acetylen nachgepreßt wird, Di-n-butyläthylidenacetal auftreten.

Anlage IV.

Hauptanwendungsgebiete und Handelsmarken
der Polyvinyläther.

	Handelsname	Anwendungsgebiet
Methylvinyläther	Igevin[1] M	Weichmacher für Lacke, in wäßriger Lösung als Appretan WL
Äthylvinyläther	Igevin A	Lack, Klebstoffe, Holzimprägnierung
	Densodrin NW (Igevin $J_{20}+J_{30}$)	Lederöl
Isobutylvinyläther	Igevin J_{20} bis Igevin J_{60}	Weichmacher, Lack- und Klebstoffe, Fliegen-, Raupenleim, Heftpflaster
	Cosal-Marken	Klebstoffe
	Oppanol C K = 100	Gewebe - Imprägniermittel, Klebstoffe, Wachstuch, Kunstleder, Treibriemen, Förderbänder
Mischpolymerisate aus Isobutylvinyläther + Dekalylvinyläther	Igevin ZJ (60/40)	Hartharz für Anstrich- und Klebstoffe
	Igevin JZR (80/20) mit Casein in wäßriger Lösung emulgiert als Membranitrotstreifen	Anstrichmittel
	Igevin Z	Klebharz
Dekalylvinyläther	Densodrin NH	Lederimprägniermittel zur Erhöhung der Wasserdichtigkeit
Mischpolymerisate aus Kokosfettalkohol- (35 %)und Wachsalkoholvinyläther (65 %)	Densodrin W	Imprägniermittel für Oberleder
Mischung von Wachsalkoholvinyläther + Kolophonium	Densodrin H	Imprägniermittel für Sohlenleder
Mischpolymerisate aus Cetylalkoholvinyläther + Wachsalkoholvinyläther	Densodrin V	Imprägniermittel für Oberleder
Octodecylalkoholvinyläther	I.G.Wachs V	Bohnermasse, Schuhcremes
Oleylalkoholvinyläther	Stockpunktserniedriger PVO	Stockpunktserniedriger für Mineralöle
Dihydroabietinylvinyläther	Kunstharz PVH = Igevin C	Lacke
Mischpolymerisat aus Isobutylvinyläther und Vinylchlorid	Vinoflex MP 400	Klebstoffe und Lacke
Mischpolymerisate aus Vinyläthern mit Acrylestern, Acrylsäure, Acrylnitril oder Styrol	Verschiedene Acronal-Marken	Klebstoffe, Gewebeimprägnierung, Kunstlederherstellung

[1] Igevine wurden früher und werden neuerdings wieder unter dem Namen Lutonale in den Handel gebracht.

Anlage V.

Reaktionsprodukte aus Alkylolaminen und Acetylen.

Amin-komponente	Aldehyd- bzw. Keton-komponente	Reaktionsprodukte		
		einseitige Umsetzung		zweiseitige Umsetzung
Dimethylamin	Formaldehyd	Dimethylamino-1-propin-2	$Kp._{760} = 79° — 81°$	Tetramethyl-diamino $Kp._{760} = 178°—180°$
Dimethylamin	Acetaldehyd	Dimethylamino-2-butin-3	$Kp._{755} = 95°— 96°$	—
Dimethylamin	Butyraldehyd	Dimethylamino-4-n-hexin-5	$Kp._{755} = 135°—136°$	—
Dimethylamin	Benzaldehyd	Dimethylamino-1-phenyl-1-propin-2	$Kp._{1} = 59°— 60°$	—
Diäthylamin	Formaldehyd	Diäthylamino-1-propin-2	$Kp._{760} = 115°—118°$	—
Di-n-Butylamin	Formaldehyd	Di-n-butylamino-1-propin-2	$Kp._{19} = 87°— 89°$	Tetra-n-butyl-di-amino-1,4-butin-2 $Kp._{1} = 133°—135°$
Dimethylamin	Aceton	Dimethylamino-2-methyl-2-butin-3	Fp. 95°—97°	—
Dimethylolharnstoff		hochmolekular		

Anlage VI.

Reaktionsprodukte aus Aminen und Acetylen.

Aminkomponente	Produkt	F.	Kp. [1]
Dimethylamin	Dimethylamino-2-butin-3		95°— 96°
Diäthylamin	Diäthylamino-2-butin-3	$+10°$	127°—128°
n-Butylamin	n-Butylamino-2-butin-3		147°—149°
Benzylamin	Benzylamino-2-butin-3		60°— 62° (0,1 mm)
Anilin	Phenylamino-2-butin-3	$+74°$	110°—112° (15 mm)
Methylanilin	2-N-Phenyl-N-methylamino-butin-3		116° (15 mm)
Äthylphenylamin	2-N-Phenyl-N-äthylamino-butin-3		120°—122° (15 mm)
Piperidin	Piperidino-2-butin-3		58°— 59° (12,5 mm)
Cyclohexylamin	Cyclohexylamino-2-butin-3	$+44°$	58°— 60° (4,5 mm)

[1] Die Siedeintervalle beziehen sich — wenn nichts anderes angegeben ist — auf etwa 750 mm Hg.

Reaktionsprodukte aus Alkylolaminen und Acetylen.

Anlage VII.

Sicherheitsmaßnahmen beim Arbeiten mit Acetylen unter Druck im Laboratorium.

Bei der Ausführung von Arbeiten mit Acetylen unter Atmosphären- und insbesondere unter erhöhtem Druck sind folgende wichtigen Punkte zu beachten:

1. In den Reaktionsgefäßen muß Luft bzw. Sauerstoff völlig verdrängt sein, da sonst schwerste Explosionen eintreten können. Die Verdrängung des Luftsauerstoffs geschieht am zweckmäßigsten durch mehrmaliges Aufpressen von Stickstoff und jedesmalige Entspannung auf Atmosphärendruck. Bei unter Atmosphärendruck arbeitenden Apparaturen leitet man zweckmäßig etwa 20 Minuten reinen, sauerstofffreien Stickstoff durch die Apparatur. Es ist streng darauf zu achten, daß sämtliche Leitungen und Apparaturteile vor dem Versuch durch Ausspülen mit Stickstoff und Acetylen absolut luftfrei gemacht werden. Auch beim Nachpressen von Acetylen aus der Flasche ist peinlich darauf zu achten, daß die von der Bombe zur Apparatur führende Spirale vor Anschluß an die Apparatur mit Acetylen ausgespült wird.

2. Die benützten Gefäße müssen mindestens den 10fachen Druck des Betriebsdruckes aushalten können, da, wie unsere Versuche gezeigt haben, bei einer evtl. auftretenden Explosion der Maximaldruck das etwa 10fache des Arbeitsdruckes beträgt. Es empfiehlt sich, bei allen Arbeiten mit Acetylen unter Druck sich stets solcher Reaktionsgefäße zu bedienen, die auf 300 Atm. Probedruck geeicht sind. Sämtliche Manometer an den Apparaten sind mit Drahtnetzen zu umhüllen.

3. Es darf nie mit reinem Acetylen unter Druck gearbeitet werden, sondern es ist stets ein Gemisch von Stickstoff und Acetylen anzuwenden, wobei der Acetylengehalt dieses Gemisches nicht über 60 bis höchstens 70% betragen soll. Die Umsetzungen sind sämtlich in flüssiger Phase auszuführen, so daß also stets der Katalysator in einer Flüssigkeit (Wasser, Alkohol, Äther, Ester, Kohlenwasserstoff usw.) suspendiert ist.

4. Der Katalysator darf niemals trocken werden, sondern muß stets mit der umzusetzenden oder einer inerten Flüssigkeit benetzt sein.

5. Beim Arbeiten mit Acetylenkupfer unter Druck soll eine maximale Reaktionstemperatur von 130° nicht überschritten werden. Beim Arbeiten unter Atmosphärendruck darf bei Verwendung von Kupfer-Acetylid die Temperatur nicht höher als 100° sein. Durch Druckerhöhung wird, wie sich gezeigt hat, das Acetylenkupfer stabilisiert.

6. Bei einem evtl. Druckanstieg sind die Autoklaven sofort über eine Überdachleitung zu entlüften. Selbstverständlich muß in einem solchen Falle sofort auch die Heizung ausgeschaltet werden.

7. Es ist notwendig, alle Versuche mit Acetylen unter Druck in einem besonderen Raum, zweckmäßig im Freien, auszuführen. Es kann beim Arbeiten mit Acetylen, das den handelsüblichen Acetylenflaschen (Dissous-Gas) unter Druck entnommen wird, gelegentlich vorkommen, daß eine plötzlich sehr starke Erhitzung der Acetylenflasche, hervorgerufen durch eine Polymerisation des gelösten Acetylens, eintritt. In solchen Fällen muß sofort für Öffnung des Ventils der Acetylenflasche gesorgt werden, da sonst mit einem Zerknall der Stahlflasche zu rechnen ist. Da man im allgemeinen bei geöffnetem Hauptventil mit vorgeschaltetem Reduzierventil arbeitet, wirkt das Manometer gewissermaßen als Sicherheitsventil, da das Acetylen — allerdings meist unter Entflammung — ins Freie strömen kann. Eine allzu starke Gasentnahme aus den Flaschen ist zu vermeiden, da sonst leicht infolge elektrostatischer Aufladung, hervorgerufen durch Reibung, eine Entzündung oder Zersetzung des ausströmenden Acetylens hervorgerufen werden kann. Obgleich diese Beobachtung bisher nur in wenigen Fällen gemacht wurde, empfiehlt es sich, nie mit Acetylenflaschen im geschlossenen Raum und im Laboratorium zu arbeiten, vielmehr die Acetylenflaschen, am besten in feuersicheren, gegen jeden Zugang

abgesperrten Gruben außerhalb des eigentlichen Arbeitsraumes zu versenken. Da derartige Acetylenzersetzungen in den Stahlflaschen meistens durch Eindringen von Fremdkörpern (Gase, Kontaktteilchen) bei Überdruck aus dem Reaktionsraum hervorgerufen werden, ist auf alle Fälle zwischen Stahlflasche und Reaktionsgefäß ein Rückschlagventil einzubauen. Sehr geeignet sind hierfür Rückschlagventile nach Art der Fahrradventile, wie sie beispielsweise in unserem DRP. Anm. J. 71 370 beschrieben sind (70). Weniger gut wirken eingebaute Stein- und Sandfilter oder Filter aus gepreßten Metallbändern. Nach Möglichkeit soll das Arbeiten mit Acetylenflaschen durch Benutzung von Acetylen-Kompressoren umgangen werden.

8. Wärmeisolierende Verunreinigungen der Metalloberfläche von Apparaturen und Rohren, insbesondere das Absetzen von Rußteilchen, sind zu vermeiden. Ruß kann nicht nur einen Acetylenzerfall einleiten, sondern begünstigt auch als schlechter Wärmeleiter das Fortschreiten einer einmal eingetretenen Acetylenzersetzung.

9. Bei allen Förder- und Kompressionsaggregaten muß durch geeignete Schmierung (Glycerin, Polyglykol) Reibung von Metall gegen Metall peinlichst vermieden werden. Ventilpumpen sind deshalb zur Gasförderung ungeeignet und an ihrer Stelle Wasserringpumpen zu verwenden (Elmopumpen).

10. Die Apparaturen werden im allgemeinen aus Eisen, Stahl oder Edelstahl erstellt. Kupfer ist als Baustoff tunlichst auszuschalten, da die Gefahr der Bildung des explosiven und als Initialzünder wirkenden Acetylenkupfers besteht.

11. Für die technische Ausgestaltung der Acetylendruckchemie ist außerdem eine Reihe besonderer Sicherheitsmaßnahmen zu ergreifen, die ein gefahrloses Arbeiten mit Acetylen unter Druck auch im technischen Maßstab gewährleisten.

Im einzelnen ändern sich natürlich die Bedingungen von Fall zu Fall, so daß diese Angaben nicht vollständig sein können. Es sind lediglich die Gefahrenmomente im Vorstehenden beschrieben worden, die bei den Arbeiten der I.G. und in deren speziellen Apparaturen gelegentlich beobachtet worden sind. Es wird ausdrücklich darauf hingewiesen, daß jede noch so geringfügige Änderung der Apparatur, der Versuchsbedingungen und der Handhabung der Apparatur neue, vorher nicht abzusehende Gefahrenmomente ergibt. Bei Anstellung von Versuchen nach den hier mitgeteilten Angaben kann eine Gewähr für den gefahrlosen Ablauf nicht übernommen werden. Es wird also betont, daß der Versuchanstellende auch nach den gegebenen Arbeitsvorschriften auf eigenes Risiko handelt.

Additional material from *Neue Entwicklungen auf dem Gebiete der Chemie des Acetylens und Kohlenoxyds,*

ISBN 978-3-642-53157-6, is available at http://extras.springer.com

Reaktionen mit γ-Butyrolakton.

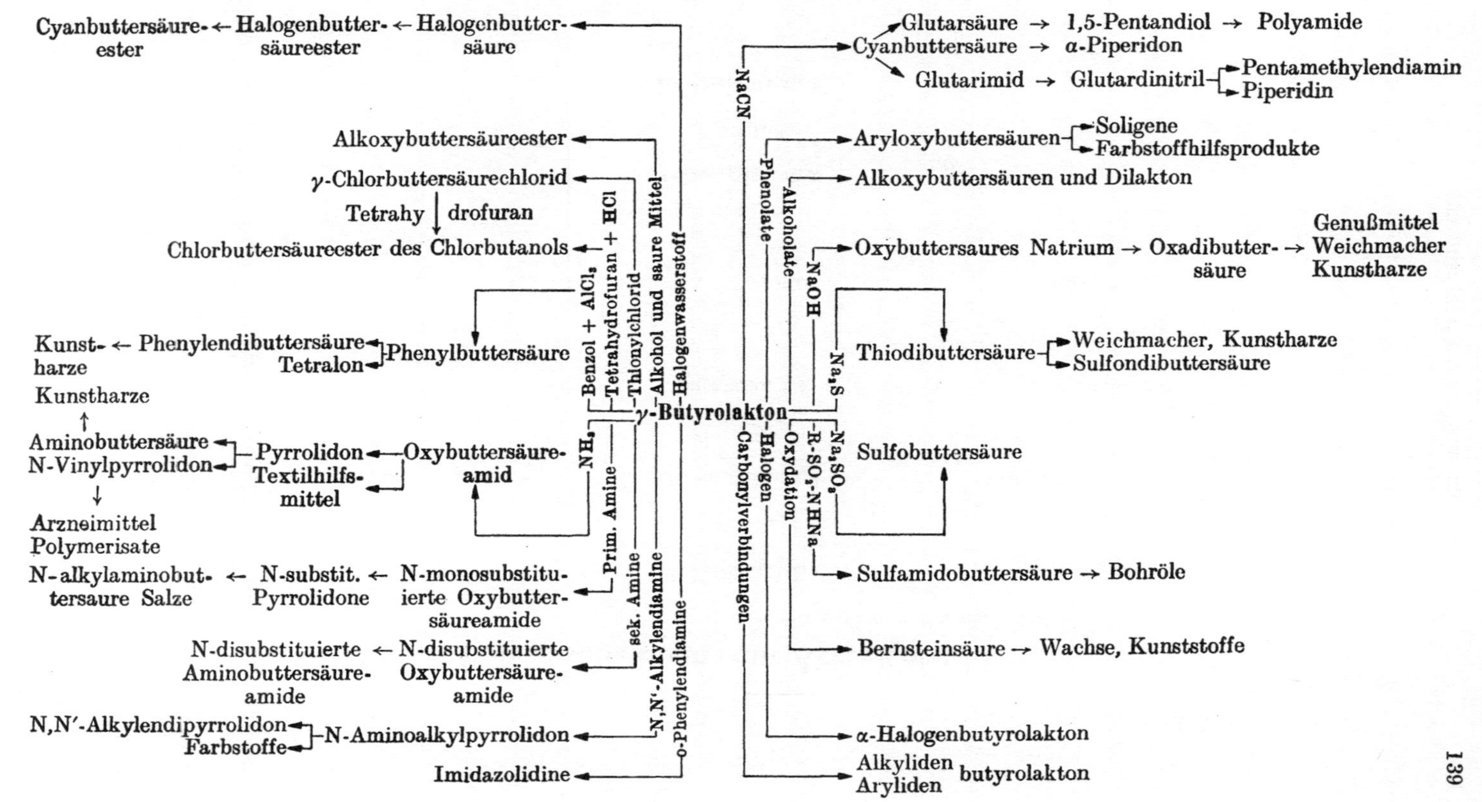

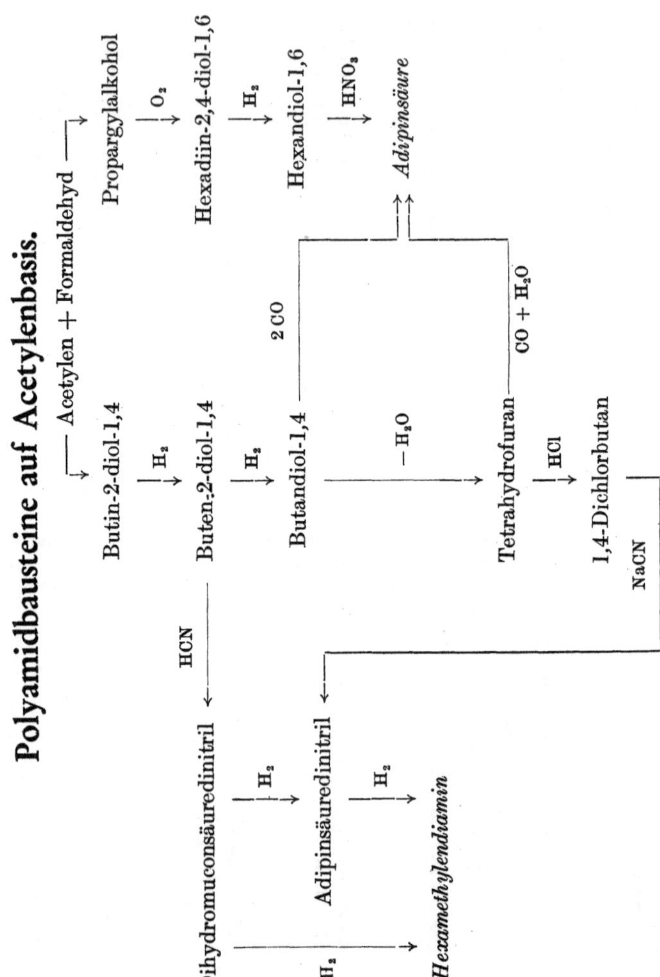

Anlage X.
Polyamidbausteine auf Acetylenbasis.
Acetylen + Formaldehyd
Propargylalkohol
O₂
Hexadiin-2,4-diol-1,6
H₂
Hexandiol-1,6
HNO₃
Adipinsäure
Butin-2-diol-1,4
H₂
Buten-2-diol-1,4
H₂
Butandiol-1,4
2 CO
CO + H₂O
Tetrahydrofuran
HCl
1,4-Dichlorbutan
NaCN
HCN
Dihydromuconsäuredinitril
H₂
Adipinsäuredinitril
H₂
2 H₂
Hexamethylendiamin
— H₂O

Alkinolsynthese mit Acetaldehyd.

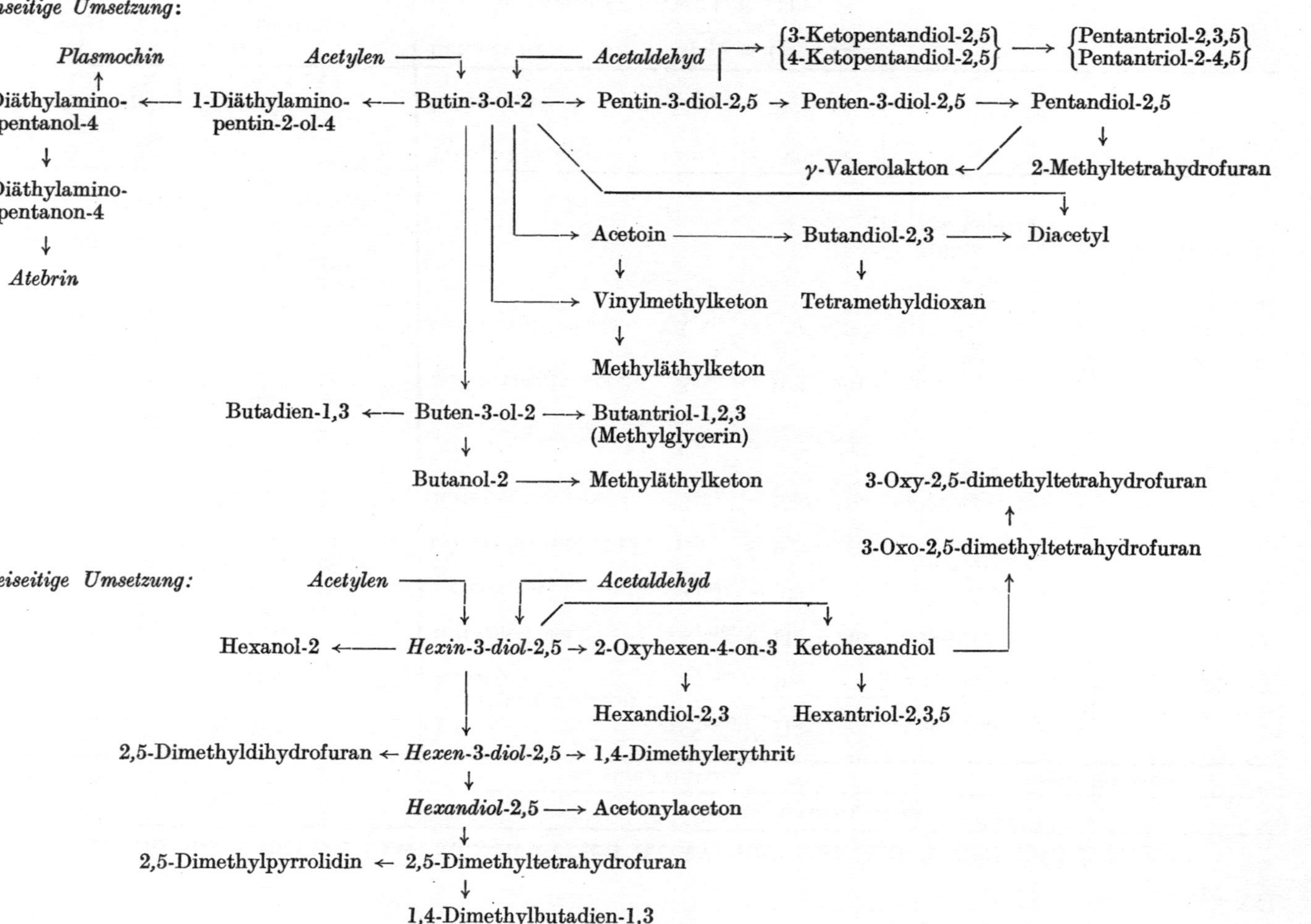

Alkinole aus Acetylen bzw. substituierten Acetylenen mit Aldehyden und Ketonen.

Alkin-Komponente	Carbonyl-verbindung	Reaktionsprodukte			
		einseitige Umsetzung		zweiseitige Umsetzung	
HC≡CH Acetylen	HCHO Formaldehyd	1-Oxypropin-2 (Propargylalkohol)	$Kp._{750} = 113°$	Butin-2-diol-1,4	Fp. 58° $Kp._1 = 105°—108°$
HC≡CH Acetylen	CH_3CHO Acetaldehyd	Butin-3-ol-2	$Kp._{750} = 108°$	n-Hexin-3-diol-2,5	$Kp._{1-2} = 95°— 97°$
HC≡CH Acetylen	$CH_3(CH_2)_2CHO$ Butyraldehyd	n-Hexin-5-ol-4	$Kp._{750} = 145°—146°$	n-Dekin-5-diol-4,7	$Kp._2 = 107°—110°$
HC≡CH Acetylen	$CH_3(CH_2)_5CHO$ Oenanthaldehyd	n-Nonin-8-ol-7	$Kp._2 = 63°—64°$	n-Hexadekin-8-diol-7,10	$Kp._{1-2} = 170°—172°$
HC≡CH Acetylen	$CH_3(CH_2)_{10}CHO$ Dodecylaldehyd	n-Tetradekin-13-ol-12	$Kp._1 = 182°—183°$		—
HC≡CH Acetylen	$CH_3CH=CH—CHO$ Crotonaldehyd	n-Hexen-2-in-5-ol-4	$Kp._{760} = 153°—154°$	n-Dekadien-2,8-in-5-diol-4,7	$Kp._1 = 103°—105°$
HC≡CH Acetylen	⬡—CHO Benzaldehyd	1-Phenyl-propin-2-ol-1	$Kp._2 = 92°—93°$		—
HC≡CH Acetylen	CH_3COCH_3 Aceton	2-Methylbutin-3-ol-2	$Kp._{760} = 103°—104°$	2,5-Dimethyl-hexin-3-diol-2,5	Fp. 95° $Kp._{1-2} = 95°—100°$
HC≡CH Acetylen	⬡H=O Cyclohexanon	Cyclohexyl-1-ol-äthin	$Kp._{16} = 70°—80°$	1,1′-Dioxy-di-cyclohexyl-1,1′-acetylen	Fp. 112°—113° $Kp._{16} = 185°—193°$
HC≡CH Acetylen	$CH_3—CH_2—CH_2\backslash$ $CH_3—CH_2—CH_2/$CO Di-n-propylketon (Butyron)			4,7-Di-n-propyl-dekin-5-diol-4,7	Fp. 124°—125°
HC≡C—CH = CH_2 Vinylacetylen	HCHO Formaldehyd	Penten-1-in-3-ol-5	$Kp._1 = 35°—36°$		—
HC≡C—CH = CH_2 Vinylacetylen	CH_3CHO Acetaldehyd	Hexen-1-in-3-ol-5	$Kp._{10} = 57°—60°$		—
$H_3C—C≡CH$ Methylacetylen	HCHO Formaldehyd	Butin-2-ol-4	$Kp._{755} = 117°—120°$		—
HC≡C—C≡CH Diacetylen	HCHO Formaldehyd	Hexadiin-2,4-diol-1,6	Fp. 112°—113°		—

Umsetzung des Acetons mit Acetylen.

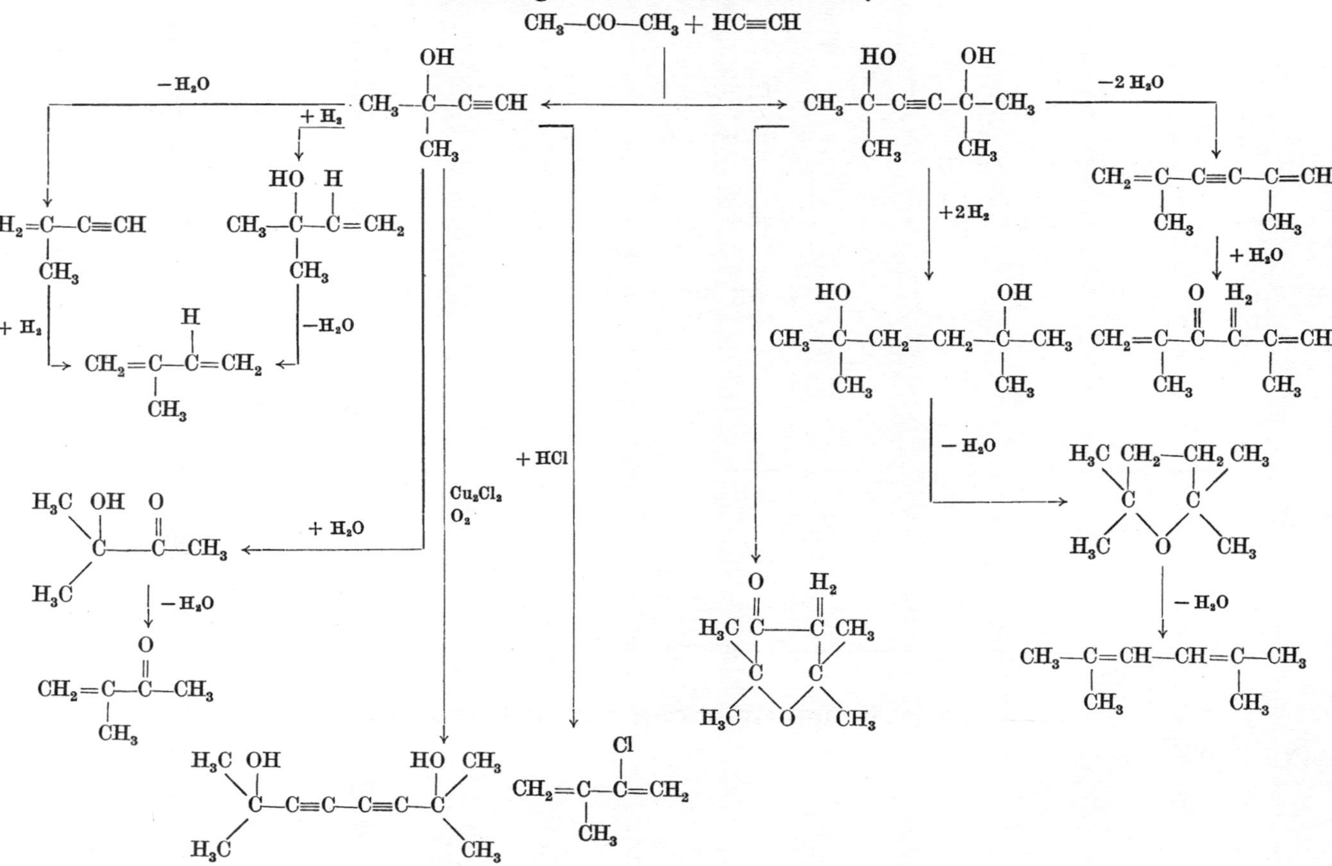

Anlage XIV.

Umsetzung des Cyclohexanons mit Acetylen.

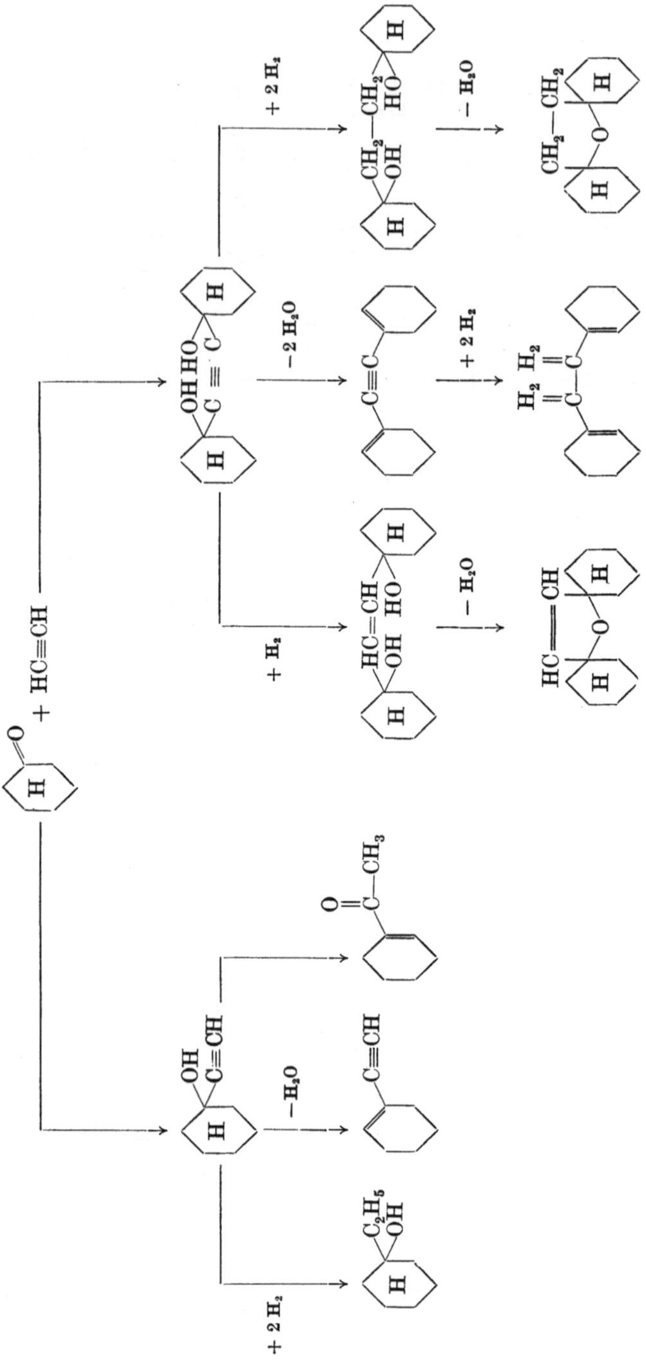

Reaktionen des Cyclooctatetraens unter Erhaltung des Achtrings.

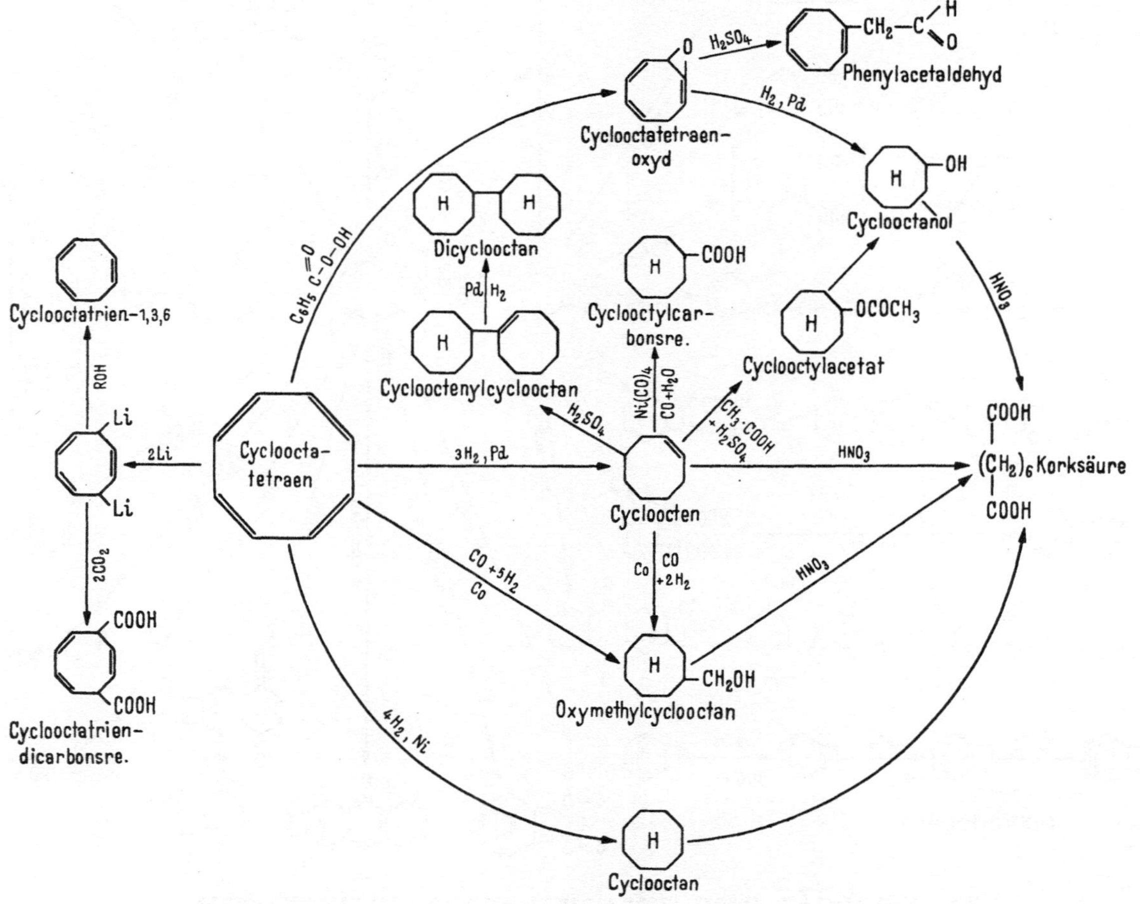

Reaktionen des Cyclooctatetraens nach Typ II und III.

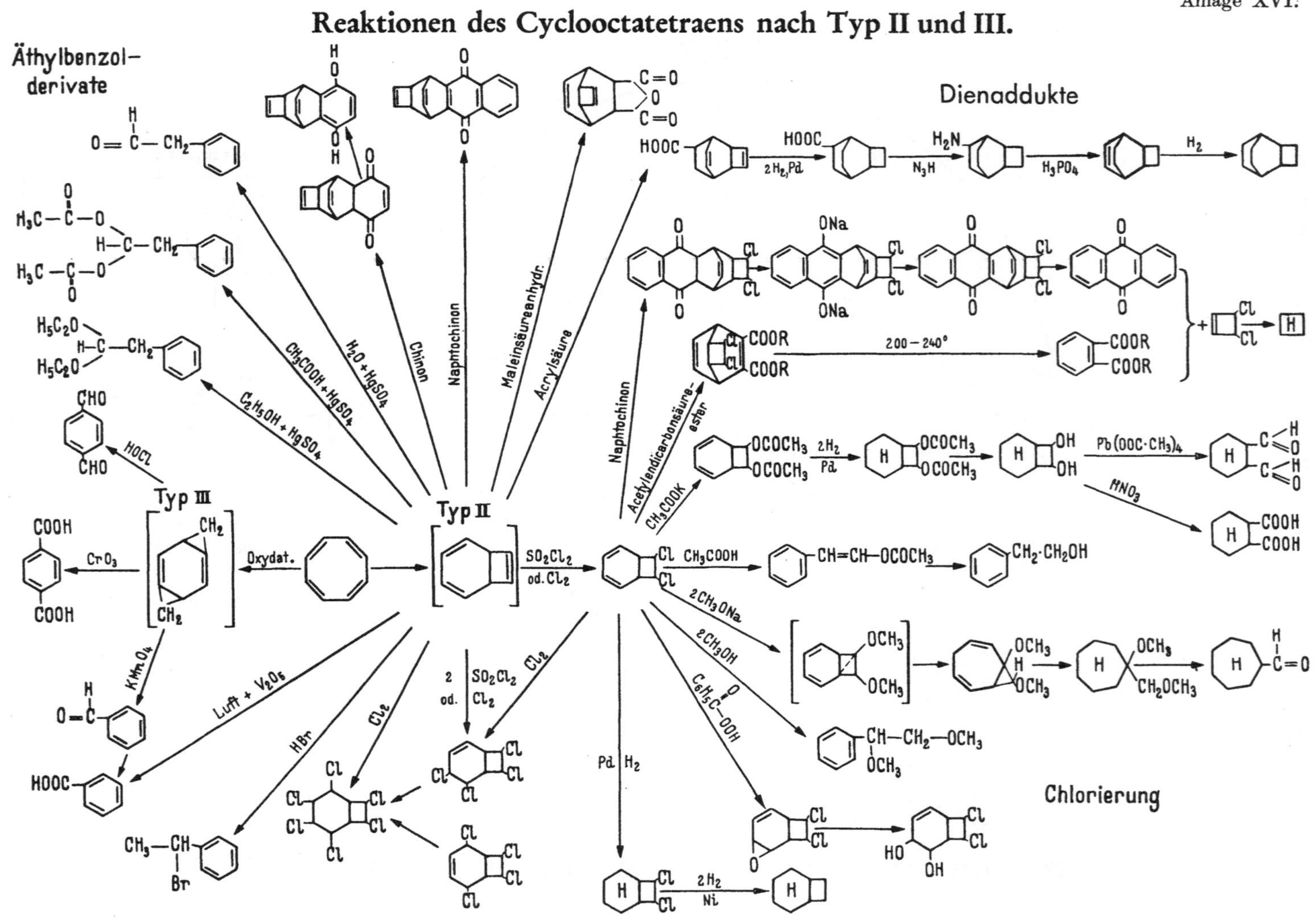

Anlage XVII.

Verzeichnis
der aus Cyclooctatetraen hergestellten Verbindungen.

C_4H_8 — *Cyclobutan*

$C_4H_4Cl_2$ — *1,2-Dichlorcyclobuten-3*
Krystallisierte Form: Weiße Blättchen aus Ligroin, Schmp. 44^0, Kp.$_{760}$ 133^0.
Flüssige Form:
$n_D^{20} = 1{,}5121$ $d_4^{20} = 1{,}2692$
aus dem Naphthochinonaddukt oder Acetylendicarbonsäureesteraddukt des Dichlorids $C_8H_8Cl_2$ durch thermische Spaltung.

$C_4H_4Br_2$ — *1,2-Dibromcyclobuten-3*
Farbloses Öl, Kp.$_{760}$ 174—175^0, durch thermische Spaltung des Acetylendicarbonsäureesteraddukts des Dibromids $C_8H_8Br_2$.

$C_4H_4Br_4$ — *1,2,3,4-Tetrabromcyclobutan*
Farbloses Öl, Kp.$_{1,5}$ 110^0
$n_D^{20} = 1{,}6303$ $d_4^{20} = 2{,}5673$
durch Bromieren von $C_4H_4Br_2$ mit 1 Mol Brom in Chloroform.

$C_4H_4Cl_6$ — *1,1,2,3,4,4-Hexachlorbutan*
Farblose Prismen aus Äther, Eisessig oder Benzol, Schmp. 109—110^0, durch Einleiten von Chlor in eine Chloroformlösung von $C_4H_4Cl_2$ bei 25—30^0.

$C_4H_4Cl_2Br_2$ — *1,2-Dichlor-3,4-dibromcyclobutan*
Farblose Flüssigkeit, Kp.$_{0,6}$ 79^0
$n_D^{20} = 1{,}5757$ $d_4^{20} = 2{,}0784$
aus dem 1,2-Dichlorcyclobuten mit 1 Mol Brom in $CHCl_3$.

$C_4H_2Cl_2Br_4$ — wahrscheinlich
1,2-Dichlor-1,2,3,4-tetrabromcyclobutan
Farblose Prismen aus Eisessig, Schmp. 128—129^0 aus $C_4H_4Cl_2$ durch Einwirkung von 2 Mol Brom in Tetrachlorkohlenstoff.

$C_4H_2O_4N_2Cl_2$ — wahrscheinlich
1,2-Dichlor-3,4-dinitrocyclobuten-3
Gelbe Prismen aus CH_3OH, Schmp. 127^0.

10*

$C_7H_{12}O_4$ *Pimelinsäure* $HOOC—CH_2—CH_2—CH_2—CH_2—CH_2—COOH$

Weiße Kristalle aus Benzol, Schmp. 104—105°, durch Oxydation des perhydrierten Äthers, der aus $C_8H_8Cl_2$ mit Natriummethylat entsteht.

C_8H_{10} *Cyclooctatrien (1,3,6)*

Farblose Flüssigkeit, $Kp._{760}$ 144—145°, aus der Lithiumverbindung des Cyclooctatetraens durch Behandeln mit Alkohol.

C_8H_{14} *Cycloocten*

Farblose Flüssigkeit $Kp._{760}$ 148°, $Kp._{50}$ 64°, aus Cyclooctatetraen durch Hydrierung mit Palladium-Calciumcarbonat in Methanol, Tetrahydrofuran, Dioxan.

Bicyclo-[0,2,4-]octan
Farblose Flüssigkeit, $Kp._{760}$ 136°,
$n_D^{20} = 1,4613$ $d_4^{20} = 0,8573$
aus $C_8H_{12}Cl_2$ durch Hydrierung in alkalischer Lösung mit Nickelkontakten unter Druck.

C_8H_{16} *Cyclooctan*

Farblose Flüssigkeit, $Kp._{760}$ 150°, $Kp._{50}$ 62—64°, Schmp. 9—10,5° aus Cyclooctatetraen durch katalytische Hydrierung mit Palladiumkatalysatoren in Eisessig oder Nickelkontakten unter Druck.

C_8H_8O *Phenylacetaldehyd*

$Kp._{760}$ 194°
1. aus Cyclooctatetraen mit Quecksilbersalzen,
2. aus $C_8H_8Cl_2$ mit Wasser neben polymerem Phenylacetaldehyd,
3. aus dem Oxyd des Cyclooctatetraens mit verdünnter Schwefelsäure.
Oxim Schmp. 99—100°, Semicarbazon Schmp. 154°, Phenylhydrazon Schmp. 57°.

7,8-Epoxycyclooctatrien-(1,3,5)
Farblose Flüssigkeit, $Kp._{12}$ 73°, aus Cyclooctatetraen und Benzopersäure in Chloroform
$n_D^{20} = 1,539$ $d_4^{20} = 1,063$.

$C_8H_8Cl_2$ *7,8-Dichlorbicyclo-[0,2,4]-octadien-(2,4)*
Farblose Flüssigkeit, $Kp._{0,5}$ 62°
$n_D^{20} = 1,5417$ $d_4^{20} = 1,2468$
1. aus Cyclooctatetraen mit 1 Mol Sulfurylchlorid in Chloroform oder Methylenchlorid.

2. Beim Einleiten der berechneten Menge
Chlor in eine Lösung von Cyclooctatetraen in Chloroform oder Methylenchlorid bei 0—30⁰.

$C_8H_8Cl_4$

2,5,7,8-*Tetrachlorbicyclo*-[0,2,4]-*octen*-3
Krystallisierte Form, Schmp. 111—112⁰,
(Blättchen) flüssige Form: farbloses Öl,
Kp.₁ 126—128⁰.

$C_8H_8Cl_6$

2,3,4,5,7,8-*Hexachlorbicyclo*-[0,2,4]-*octan*
Farblose Blättchen aus Isobutanol vom
Schmp. 126—127⁰. Daneben noch Iso-
mere als Öle vom Kp.₁ 153—160⁰.

$C_8H_8Br_2$

7,8-*Dibrombicyclo*-[0,2,4]-*octadien*-(2,4)
Kp.₁ 90⁰ farblose Flüssigkeit
$n_D^{20} = 1,5951 \quad d_4^{20} = 1,7755$
aus Cyclooctatetraen mit 2 Atomen Brom
in Methylenchlorid oder Chloroform bei
0—20⁰.

$C_8H_8Br_4$

2,5,7,8-*Tetrabrombicyclo*-[0,2,4]-*octen*-3
Hochschmelzende Form: farblose Prismen aus Benzol, Schmp. 147—148⁰,
niedrigschmelzende Form: Prismen aus
Ligroin, Schmp. 94⁰ aus Cyclooctatetraen
mit 2 Mol Brom in Chloroform.

$C_8H_8Br_6$

2,3,4,5,7,8-*Hexabrombicyclo*-[0,2,4]-*octan*
Farblose Prismen aus Benzol, Schmp.
153—154⁰ aus Cyclooctatetraen mit 3 Mol
Brom in Chloroform.

$C_8H_{10}O$

β-*Phenyläthylalkohol*
Kp.₇₆₀ 219⁰ aus Styrylacetat durch Hydrierung und Verseifen.
Phenylurethan Schmp.: 80—81⁰
p-Nitrobenzoat Schmp.: 60—61⁰.

$C_8H_{10}Cl_2$

7,8-*Dichlor-bicyclo*-[0,2,4]-*octan*(2 od. 3)
Kp.₁₃ 104⁰, farblose Flüssigkeit, $n_D^{20} = 1,5242$
aus dem Dichlorid $C_8H_8Cl_2$ durch katalytische Hydrierung mit Palladium-Cal-
ciumcarbonat-Katalysator in Diisopro-
pyläther.

oder

$C_8H_{12}O_2$ *Hexahydro-o-phthalaldehyd*
Kp.$_3$ 91—94° farblose Flüssigkeit aus dem
Glykol $C_8H_{14}O_2$ durch Oxydation mit
Bleitetraacetat, polymerisiert sehr rasch.

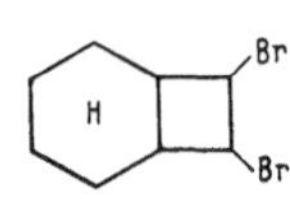

$C_8H_{12}Cl_2$ *7,8-Dichlorbicyclo-[0,2,4]-octan*
Kp.$_{12}$ 104°, farblose Flüssigkeit,
$n_D^{20} = 1,5069$ $d_4^{20} = 1,1887$
aus dem Dichlorid $C_8H_8Cl_2$ durch katalytische Hydrierung mit Palladium oder
Nickelkontakten.

$C_8H_{12}Br_2$ *7,8-Dibrombicyclo-[0,2,4]-octan*
Kp.$_{1,2}$ 91°, farblose Flüssigkeit,
$n_D^{20} = 1,5583$ $d_4^{20} = 1,7050$
durch katalytische Hydrierung des Dibromids $C_8H_8Br_2$.

$C_8H_{14}O$ *Cycloheptylformaldehyd*
Farblose Flüssigkeit, Kp.$_8$ 61°. Semicarbazon Schmp. 155—156°, aus dem
Dimethyläther $C_{10}H_{20}O_2$ durch Behandeln
mit verdünnter Schwefelsäure.

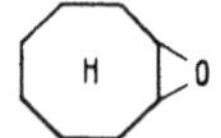

Cyclooctenoxyd
Weiße Krystalle, Schmp. 38—40°, Kp.$_{25}$
88°, aus Cycloocten mit Benzopersäure in
Chloroform.

$C_8H_{14}O_2$ *7,8-Dioxy-bicyclo-[0,2,4]-octan*
Blättchen aus Benzol vom Schmp. 142°
aus dem Diacetat $C_{12}H_{18}O_4$. Verseifen
mit methylalkoholischer HCl.

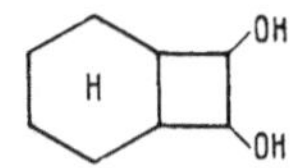

$C_8H_{14}O_4$ *Korksäure* $HOOC—CH_2—CH_2—CH_2—CH_2—CH_2—CH_2—COOH$
Schmp. 138—140°

1. aus Cycloocten durch Oxydation mit
   Salpetersäure, Chromsäure oder Permanganat,
2. aus Cyclooctan durch Oxydation mit
   Salpetersäure,
3. aus Cyclooctanol durch Oxydation mit
   Salpetersäure,
4. aus Cyclooctylcarbinol durch Oxydation mit Salpetersäure.

$C_8H_{14}Br_2$ *1,2-Dibromcyclooctan*
Farblose Flüssigkeit, Kp.$_5$ 123—124°, aus
Cycloocten + 1 Mol Brom in Chloroform.

$C_8H_{16}O$ *Cyclooctanol*
Kp.$_3$ 74^0, Kp.$_{15}$ 100—101^0
$n_D^{20} = 1,4871$ $d_4^{20} = 0,9740$
aus dem Oxyd C_8H_8O durch katalytische
Hydrierung.

$C_8H_7O_2Cl$ *Konstitution unbekannt*
Weiße Nadeln aus Methanol vom Schmp.
139—141^0 aus dem Dichlorid $C_8H_8Cl_2$ mit
Benzopersäure in Chloroform, Verdampf-
fen des Chloroforms, Aufnehmen des
Rückstandes in Äther und Ausschütteln
mit verdünnter Natronlauge.

$C_8H_7O_2Br$ *Konstitution unbekannt*
Farblose Nadeln aus Benzol vom Schmp.
144^0 aus dem Dibromid mit Benzopersäure in Chloroform, Verdampfen des
Chloroforms, Aufnehmen des Rückstandes in Äther und Ausschütteln mit ver·
dünnter Natronlauge.

$C_8H_8OCl_2$ *7,8-Dichlorbicyclo-[0,2,4]-octen-2-oxyd-*
(4,5)
Farblose Prismen aus Petroläther vom
Schmp. 72—75^0 aus dem Di-chlorid
$C_8H_8Cl_2$ mit Benzopersäure in Chloroform.

$C_8H_8OBr_2$ *7,8-Dibrom-bicyclo-[0,2,4]-octen-2-oxyd-*
(4,5)
Farblose Nadeln aus Ligroin vom Schmp.
88^0 aus dem Dibromid $C_8H_8Br_2$ mit
Benzopersäure in Chloroform.

$C_8H_8Cl_4Br_2$ *2,5,7,8-Tetrachlor-3,4-dibrombicyclo-*
[0,2,4]-octan
Farblose Prismen aus Methanol, Schmp.
100—101^0 durch Bromierung des Tetrachlorids $C_8H_8Cl_4$ vom Schmp. 112^0 in
Chloroform.

$C_8H_{10}O_2Cl_4$ *Konstitution unbekannt*
Farblose Nadeln aus Benzol, Schmp. 140^0
durch Oxydation des Tetrachlorids
$C_8H_8Cl_4$ vom Schmp. 112^0 mit $KMnO_4$ in
Aceton.

$C_8H_{10}Cl_2Br_2$ *7,8-Dichlor-3,4-dibrom-bicyclo-[0,2,4]-*
octan
Farblose Nadeln aus Methanol, Schmp.
124—125^0 aus dem Dichlorid $C_8H_{10}Cl_2$
mit 1 Mol Brom in Methylenchlorid.

$C_8H_{10}O_4Cl_2$ *Konstitution unbekannt*
Farblose Nadeln aus Benzol, Schmp.
125—130^0, zweibasische Säure aus dem
hydrierten Oxyd $C_8H_{12}OCl_2$ vom Schmp.
80—81^0 mit Salpetersäure.

$C_8H_{10}O_5Cl_2$ *Konstitution unbekannt*

Nadeln aus Wasser vom Schmp. 218 bis-220°, zweibasische Säure aus dem Tetrachlorid $C_8H_8Cl_4$ durch Oxydation mit $KMnO_4$ in Aceton.

$C_8H_{12}OCl_2$ 2- oder 3-*Oxy-7,8-dichlorbicyclo*-[0,2,4]-*octan*

Schmp. 80—81°, durch katalytische Hydrierung des Oxyds $C_8H_8OCl_2$ mit Palladiumkontakten.

C_8H_8ONCl *Konstitution unbekannt*

Farbloses Pulver, Schmp. 87—88°, Zers. Anlagerungsprodukt von Nitrosylchlorid an Cyclooctatetraen.

$C_9H_{16}O_2$ *Cyclooctancarbonsäure*

Kp.$_{3,3}$ 135—138°, aus Cycloocten durch Behandeln mit Kohlenoxyd und Wasser bei Gegenwart von Nickelcarbonyl.

$C_9H_{18}O$ *Cyclooctylcarbinol*

Farblose Flüssigkeit, Kp.$_7$ 106°, aus Cyclooctatetraen oder Cycloocten und Wassergas bei Gegenwart von Co-Katalysatoren, Phenylurethan. Fp. 49—50°.

$C_9H_{11}OCl$ wahrscheinlich

7-*Methoxy-8-chlorbicyclo*-[0,2,4]-*octadien*-(2,4)

Farblose Flüssigkeit, Kp.$_{10}$ 87—90°, aus dem Dichlorid mit Natriummethylat in der Kälte (5—10°).

$C_9H_{12}O_2Cl_2$ 4-*Oxy-5-methoxy-7,8-dichlorbicyclo*-[0,2,4]*octen*-2

Stellung von OH und OCH_3 kann vertauscht sein, Blättchen aus Ligroin, Schmp. 80—81° aus dem Oxyd $C_8H_8OCl_2$ durch Erwärmen mit Methanol.

$C_{10}H_{14}$ 3,6-*Endocyclobutylencyclohexen*-1

Farbloses Öl, Kp.$_{30}$ 80—82° aus dem Phosphat des 3,6-Endocyclobutylen-cyclohexylamin-1 durch Destillation.

$C_{10}H_{16}$ 2,5-*Endoäthylen-bicyclo*-[0,2,4]-*octan*

Kp.$_{15}$ 100—120° (Luftbadtemperatur) aus 2,5-Endoäthylen-bicyclo-[0,2,4]-octen-3 durch katalytische Hydrierung mit Palladium-Tierkohle in Eisessig.

$C_{10}H_8O_4$ *Cyclooctatrien*-(1,3,6)-*dicarbonsäure*-(5,8)

1. gelbe Säure, Schmp. 240—260° (Braunfärbung),
2. weiße Säure, Schmp. 150° aus der Lithiumverbindung des Cyclooctatetraens und Kohlendioxyd.

$C_{10}H_{14}O_2$ *Styrylacetat* $CH_{56}—CH=CH—O—COCH_3$
$Kp._{0,5}$ 80^0
$n_D^{20} = 1,5513$ aus dem Dichlorid $C_8H_8Cl_2$
durch Behandeln mit Eisessig.

$C_{10}H_{12}O_2$ *β-Phenyläthylacetat*
$Kp._1$ 80^0
1. durch katalytische Hydrierung des aus
   dem Dichlorid $C_8H_8Cl_2$ mit Eisessig entstehenden Styrylacetats.
2. Bei der Behandlung des Dichlorids
   $C_8H_8Cl_2$ mit Zn-Staub in Eisessig.

$C_{10}H_{14}O_2$ *Phenylglykoldimethyläther*
$Kp._{10}$ 93^0, farblose Flüssigkeit
$n_D^{20} = 1,4946$ $d_4^{20} = 1,0047$
aus dem Dichlorid $C_8H_8Cl_2$ mit Methanol.

$C_{10}H_{14}O_2$ wahrscheinlich
7,8-Dimethoxybicyclo-[0,1,5]-octadien-(2,5)
Fast farblose Flüssigkeit, $Kp._8$ 79^0,
$n_D^{20} = 1,5088$ $d_4^{20} = 1,0206$
aus dem Dichlorid $C_8H_8Cl_2$ mit Natriummethylat.

$C_{10}H_{16}O$ wahrscheinlich
2,5-Endoäthylenbicyclo-[0,2,4]-octanol-3
Weiße Krystalle aus Ligroin, Schmp.
138—140^0 aus dem 2,5-Endoäthylen-
bicyclo-[0;2,4]-äthylamin-3 mit Natrium-
nitrit und Schwefelsäure.

$C_{10}H_{17}N$ *2,5-Endoäthylenbicyclo-[0,2,4]-octylamin-3*
$Kp._{16}$ $110—111^0$ aus dem hydrierten
Acrylsäureaddukt des Cyclooctatetraens
durch Abbau mit Stickstoffwasserstoff-
säure.

$C_{10}H_{18}O$ *Cyclooctanolacetat*
Farblose Flüssigkeit, $Kp._3$ $75—76^0$ aus
Cycloocten mit Eisessig und Schwefel-
säure.

$C_{10}H_{20}O_2$ *1-Methoxy-1-methoxymethylcycloheptan*
Farblose Flüssigkeit, $Kp._{13}$ 88^0, $Kp._8$
$74—75^0$
$n_D^{20} = 1,4546$ $d_4^{20} = 0,9494$
durch kalytische Hydrierung des aus
dem Dichlorid mit Natriummethylat hergestellten Äthers $C_{10}H_{14}O_2$ mit Palladium
oder Ni-Kontakten.

$C_{11}H_{12}O_2$

Addukt aus Cyclooctatetraen und Acryl-
säure
Farblose Krystalle aus Wasser, Schmp.
112—113⁰ aus Cyclooctatetraen durch
Kondensation mit Acrylsäure bei 150⁰.

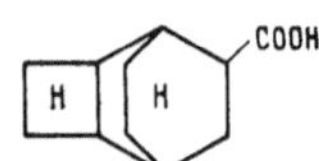

$C_{11}H_{16}O_2$

Perhydriertes Addukt aus Cyclooctatetraen
und Acrylsäure
Nadeln aus H_2O, Schmp. 85—86⁰ aus dem
Acrylsäureaddukt $C_{11}H_{12}O_2$ durch kataly-
tische Hydrierung mit Palladium oder
Nickelkontakt.

$C_{12}H_8O_3$

Anhydrid des Addukts aus Cyclooctatetraen
und Acetylendicarbonsäureester
Weiße Krystalle vom Schmp. 168—170⁰,
durch Verseifen des Acetylendicarbonsäureesteraddukts und Anhydrisieren mit
Essigsäureanhydrid.

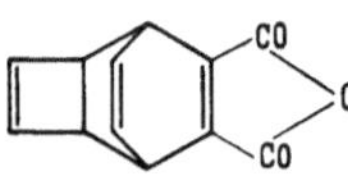

$C_{12}H_{10}O_3$

Addukt aus Cyclooctatetraen und Malein-
säureanhydrid
Weiße Krystalle aus Monochlorbenzol
vom Schmp. 167⁰ aus Cyclooctatetraen
und Maleinsäureanhydrid.

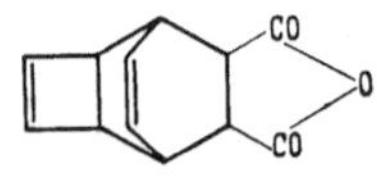

$C_{12}H_{10}O_4$

Addukt aus Cyclooctatrien-(1,3,5)-7,8-oxyd
und Maleinsäureanhydrid
Nadeln aus Monochlorbenzol vom Schmp.
205—206⁰, durch Kondensation von
Cyclooctatrien-(1,3,5)-7,8-oxyd und Maleinsäureanhydrid.

Freie Säure aus dem Addukt aus
Cyclooctatetraen und Acetylen-
dicarbonsäureester
Weißes Pulver, Schmp. 158
bis160⁰ aus dem Anhydrid mit
verdünnter Natronlauge.

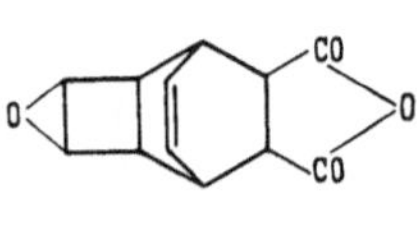

$C_{12}H_{12}O_3$

Partiell hydriertes Addukt aus Cyclooctetraen und Maleinsäureanhydrid
Weiße Krystalle aus Benzol, Schmp. 140—142°, durch katalytische Hydrierung des Maleinaddukts $C_{12}H_{10}O_3$ in alkalischer Lösung bei Gegenwart von Palladiumkontakten und Überführen der freien Säure durch Destillation in das Anhydrid.

$C_{12}H_{12}O_4$

Freie Säure aus dem Addukt aus Cyclooctatetraen und Maleinsäureanhydrid (trans-Form)
Aus Methanol-Wasser weiße Krystalle. Schmp. 218°, durch Kochen des Dimethylesters der Säure (cis-Form) aus dem Addukt aus Cyclooctatetraen und Maleinsäureanhydrid mit Natriummethylat und Verseifen des entstandenen Esters der „Trans"-Säure.

Freie Säure (cis-Form) aus dem Addukt $C_{12}H_{10}O_3$
Aus Methanol-Wasser weiße Nadeln vom Schmp. 167° unter Zers., durch Aufspalten des Maleinadduktes $C_{12}H_{10}O_3$ mit verdünnter Natronlauge.

Hydrierungsprodukt aus dem Addukt aus Cyclooctatrien-(1,3,5)-7,8-oxyd und Maleinsäureanhydrid
Farblose Prismen aus Benzol vom Schmp. 140—145° durch katalytische Hydrierung des Addukts aus Cyclooctatrien-(1,3,5)-7,8-oxyd und Maleinsäureanhydrid.

wahrscheinlich

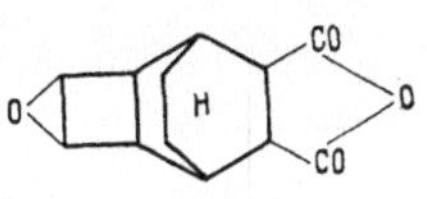

$C_{12}H_{14}O_2$

Methylester des Addukts aus Cyclooctatetraen und Acrylsäure
Kp.$_{12}$ 135—140° (Luftbadtemp.), durch Verestern des Addukts aus Cyclooctatetraen und Acrylsäure.

$C_{12}H_{14}O_3$

Perhydriertes Addukt aus Cyclooctatetraen und Maleinsäureanhydrid
Farblose Krystalle, Schmp. 130—132° Kp.$_{10}$ 198°, durch Destillation der freien Säure im Vacuum.

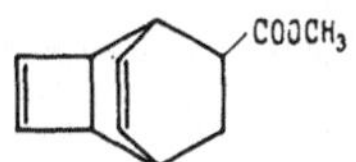

$C_{12}H_{14}O_3$

Perhydrierte Verbindung aus $C_{12}H_8O_3$ (Exo Verbindung)

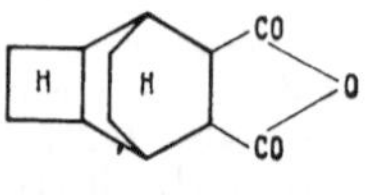

wahrscheinlich

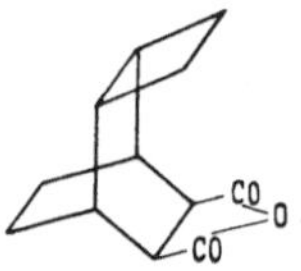

Aus Cyclohexan farblose Krystalle vom Schmp. 154—155°, durch katalytische Hydrierung der Verbindung $C_{12}H_8O_3$, in Eisessig bei Gegenwart von Palladium-Tierkohle.

$C_{12}H_{14}O_4$

Partiell hydrierte Säure (cis-Form) aus dem Addukt aus Cyclooctatetraen und Maleinsäureanhydrid

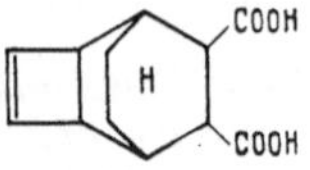

Krystalle aus Benzol, Schmp. 149° Zers., durch katalytische Hydrierung des Addukts aus Cyclooctatetraen und Maleinsäureanhydrid in alkalischer Lösung bei Gegenwart von Palladium-Katalysatoren.

7,8-Diacetoxy-bicyclo-[0,2,4]-octadien-(2,4)

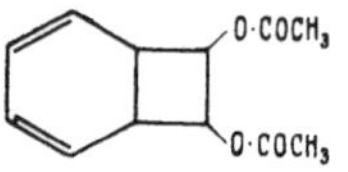

Farblose Nadeln aus Ligroin vom Schmp. 66° aus dem Dichlorid $C_8H_8Cl_2$ mit Kaliumacetat in Eisessig.

Partiell hydrierte Säure (trans-Form) aus dem Addukt aus Cyclooctatetraen und Maleinsäureanhydrid

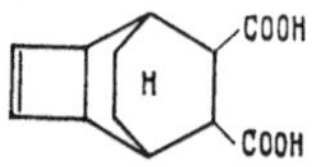

Aus Methanol-Wasser farblose Ksystalle vom Schmp. 212—213°

1. durch partielle Hydrierung der Verbindung $C_{12}H_{12}O_4$ (Trans-Form),
2. durch Kochen des Dimethylesters (cis-Form) des partiell hydrierten Addukts aus Cyclooctatetraen und Maleinsäureanhydrid mit Natriummethylat und Verseifen des umgelagerten Esters.

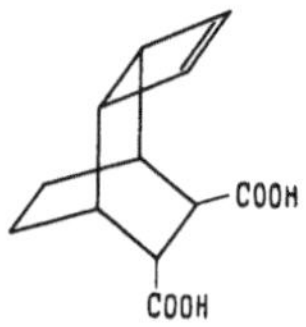

$C_{12}H_{16}O_4$

Perhydrierte Dicarbonsäure (cis-Form) aus dem Addukt aus Cyclooctatetraen und Maleinsäureanhydrid

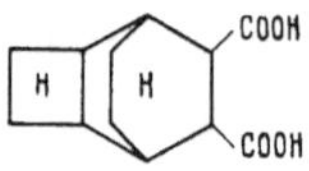

Aus Äther oder Methanol-Wasser Krystalle vom Schmp. 172° Zers., durch Hydrierung des Addukts aus Cyclooctatetraen und Maleinsäureanhydrid in alkalischer Lösung bei Gegenwart von Palladium oder Nickelkontakten.

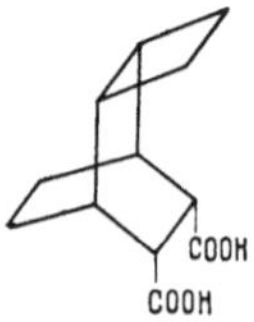

Transform der perhydrierten Dicarbonsäure $C_{12}H_{12}O_4$
Weißes Pulver vom Schmp. 228—229⁰
durch Hydrierung der Dicarbonsäure
$C_{12}H_{12}O_4$ (trans-Form) oder aus dem Dimethylester der Dicarbonsäure $C_{12}H_{16}O_4$
(cis-Form) durch Kochen mit Natriummethylatlösung.

wahrscheinlich
7,8-Diäthoxybicyclo-[0,1,5]-octadien-(2,5)
Farblose Flüssigkeit vom Kp.$_8$ 101—102⁰
aus dem Dibromid $C_8H_8Br_2$ mit Natriumäthylat.

$C_{12}H_{18}O_4$ | *7,8-Diacetoxybicyclo-[0,2,4]-octan*
Farblose Flüssigkeit Kp.$_{0,5}$ 105⁰
$n_D^{20} = 1{,}4662$　$d_4^{20} = 1{,}1025$
durch Hydrierung des 7,8-Diacetoxybicyclo-[0,2,4]-octadien-(2,4).

$C_{12}H_{10}O_4Br_2$ | *Dicarbonsäure aus dem Addukt des Dibromids aus Cyclooctatetraen und Acetylendicarbonsäure*
Krystalle aus Eisessig-Wasser, Schmp. 205—207⁰, durch Verseifen des Addukts aus dem Dibromid $C_8H_8Br_2$ und Acetylendicarbonsäureester.

$C_{12}H_{11}O_2N$ | *Imid des Addukts aus Cyclooctatetraen und Maleinsäureanhydrid*
Schmp. 252—253⁰, sublimierbar, aus dem Addukt von Cyclooctatetraen und Maleinsäureanhydrid mit wäßrigem Ammoniak bei 120⁰.

$C_{12}H_{15}O_2N$ | *Imid des perhydrierten Addukts aus Cyclooctatetraen und Maleinsäureanhydrid*
Farblose Krystalle, Schmp. 212—213⁰, aus dem Anhydrid mit wäßrigem Ammoniak bei 120⁰.

$C_{12}H_{10}O_3Cl_2$ | *Addukt aus dem Dichlorid aus Cyclooctatetraen und Maleinsäureanhydrid*
Hochschmelzende Form: Blättchen aus Monochlorbenzol, Schmp. 267—268⁰,
niedrigschmelzende Form: Nadeln aus Benzol vom Schmp. 195—196⁰. Beide Formen entstehen aus dem Dichlorid $C_8H_8Cl_2$ mit Maleinsäureanhydrid.

$C_{12}H_{10}O_3Br_2$ | *Addukt aus $C_8H_8Br_2$ und Maleinsäureanhydrid*
Prismen aus Monochlorbenzol, Schmp. 205⁰, aus dem Dibromid $C_8H_8Br_2$ und Maleinsäureanhydrid.

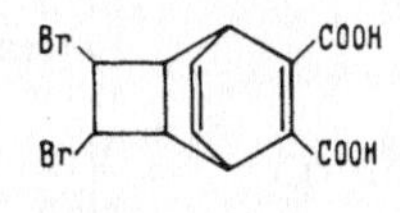
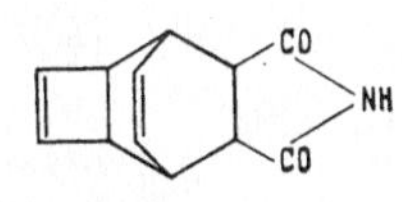
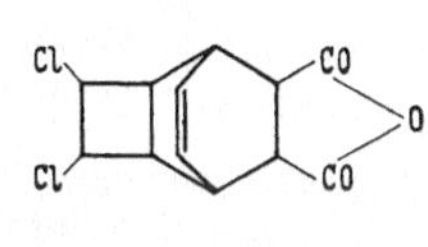

Bromierungsprodukt des Maleinsäure-
anhydridaddukts des Cyclooctatetraens
Schmp. 277⁰, weiße Krystalle aus Eisessig. Durch Verseifen des Dimethylesters der freien Säure mit konz. Schwefelsäure.

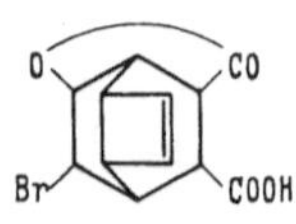

$C_{12}H_{11}O_4Br$

Bromlaktonsäure aus Maleinaddukt des
Cyclooctatetraens
Farblose Krystalle aus Methanol-Wasser,
Schmp. 238⁰ Zers., bei der Behandlung
des Kaliumsalzes der Säure $C_{12}H_{12}O_4$
(cis-Form) mit 1 Mol Brom.

$C_{12}H_{12}O_4Br_2$

Bromierungsprodukt der Dicarbonsäure
$C_{12}H_{12}O_4$ *(cis-Form)*
Rosetten aus Methanol-Wasser vom
Schmp. 234—236⁰, durch Verseifen des
Esters dieser Säure mit methylalkoholi-
scher Kalilauge.

$C_{13}H_{18}O_4$

Monomethylester der „Tetrahydrodicarbon-
säure" $C_{12}H_{16}O_4$ *(cis-Form)*
Nadeln aus Benzol + Ligroin vom Schmp.
95—96⁰, bei der Behandlung des Anhydrids dieser Säure mit Methanol bei
120⁰.

$C_{13}H_{13}O_4Br$

Methylester der „Bromlakton-
säure"
Krystalle aus Chloroform-Li-
groin Schmp. 177—178⁰, bei der
Behandlung des Dimethylesters
der Dicarbonsäure $C_{12}H_{12}O_4$ (cis-
Form), mit 1 Mol Brom in
Methanol.

$C_{14}H_{12}O_2$

Addukt aus Chinon und Cyclooctatetraen
(hydrochinoide Form)
Weiße Krystalle aus Benzol oder Wasser
vom Schmp. 133⁰ aus Benzochinon und
Cyclooctatetraen bei 180—200⁰ oder aus
dem Chinonaddukt vom Schmp. 141⁰ beim
Erhitzen auf 180—200⁰.

Addukt aus Chinon und Cyclooctatetraen
(chinoide Form)
Gelbe Krystalle aus Alkohol, Schmp.
141⁰, aus Benzochinon und Cyclooctatetraen in o-Dichlorbenzol bei 140⁰.

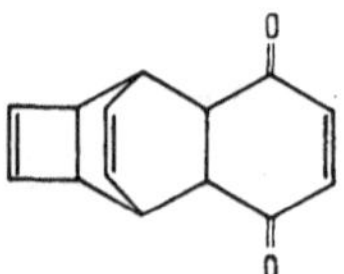

$C_{14}H_{12}O$

Phenylbenzylcarbinol

Schmp. 69—71⁰ (aus Ligroin), aus
Phenylacetaldehyd mit Phenylma-
gnesiumbromid. Für Identifizierung
des Phenylacetaldehyds verwendet.

$C_{14}H_{14}O_5$

*Addukt aus Cyclooctatrien-(1,3,5)-7,8-
oxyd- und Acetylendicarbonsäuredimethylester*

Farblose Krystalldrusen vom Schmp.103⁰
aus Cyclooctatrien-(1,3,5)-7,8-oxyd und
Acetylendicarbonsäuredimethylester.

$C_{14}H_{16}O_2$

*Tetrahydroverbindung des Addukts aus
Chinon und Cyclooctatetraen*

Weiße Krystalle aus Benzol, Schmp.
178—180⁰, durch katalytische Hydrierung
des „Chinonaddukts" vom Schmp. 133⁰
unter Anwendung von Palladiumkontakten.

*Hydrierungsprodukt des Addukts aus Chi-
non und Cyclooctatetraen*

Weiße Krystalle aus Monochlorbenzol,
Schmp. 251—252⁰, entsteht in geringer
Menge bei der katalytischen Hydrierung
des Chinonaddukts $C_{14}H_{12}O_2$, vom Schmp.
141⁰ in methylalkoholischer Suspension.

$C_{14}H_{16}O_4$

*Dimethylester der Dicarbon-
säure $C_{12}H_{12}O_4$ (cis-Form)*

Farblose Krystalle, Schmp.
52—55⁰, Kp.₁ 149⁰, entsteht
aus Cyclooctatetraen-Ma-
leinaddukt $C_{12}H_{10}O_3$ mit
Methanol und Schwefel-
säure.

*Dimethylester der Dicar-
bonsäure $C_{12}H_{12}O_4$ (trans-
Form)*

Farbloses Öl, Kp.₁₀ 160⁰
(Luftbad) durch Ver-
estern der freien Säure
mit Methanol-Schwefel-
säure.

$C_{14}H_{16}O_5$

*Oxyd des Dimethylesters
der Dicarbonsäure
$C_{12}H_{12}O_4$ (cis-Form)*

Krystalle aus Cyclohe-
xan, Schmp. 85—86⁰
aus dem Dimethylester
der Dicarbonsäure C_{12}
$H_{12}O_4$ (cis-Form) und
Benzopersäure in Chloro-
form.

$C_{14}H_{18}O_4$

Dimethylester der Dicarbonsäure $C_{12}H_{14}O_4$
(cis-Form)
Farblose Krystalle, Schmp. 25—30⁰,
Kp.$_2$ 158—160⁰ aus dem Anhydrid
$C_{12}H_{12}O_3$ beim Behandeln mit Methanol-
Schwefelsäure.

$C_{14}H_{18}O_5$

Hydrierungsprodukt des Addukts $C_{14}H_{14}O_5$
Farblose Nadeln aus Äther, Schmp.
86—87⁰ durch katalytische Hydrierung
des Addukts aus Cyclooctatrien-(1,3,5)-
7,8-oxyd und Acetylendicarbonsäuredimethylester.

$C_{14}H_{20}O_4$

Dimethylester der „Tetra-
hydrosäure" $C_{12}H_{16}O_4$
Farblose Rosetten, Kp.$_4$
166⁰, Schmp. 62—63⁰, durch
Verestern des Anhydrids
$C_{12}H_{14}O_3$ mit Methanol und
Schwefelsäure.

$C_{14}H_{12}O_2Cl_2$

Addukt aus Benzochinon und Dichlorid
$C_8H_8Cl_2$
Nadeln aus Benzol, Schmp. 174⁰, durch
Kondensation von $C_8H_8Cl_2$ und Benzo-
chinon in Benzol.

$C_{14}H_{14}O_4Cl_2$

Addukt aus Dichlorid $C_8H_8Cl_2$ *und Acety-*
lendicarbonsäuredimethylester
Farblose Tafeln aus Methanol, Schmp.
125—126⁰, durch Kondensation des Dichlorids $C_8H_8Cl_2$ mit Acetylendicarbonsäuredimethylester in Benzol.

$C_{14}H_{14}O_4Br_2$

Addukt aus Dibromid $C_8H_8Br_2$ *und*
Acetylendicarbonsäuredimethylester
Blättchen aus Methanol, Schmp. 134 bis
135⁰, durch Kondensation des Dibromids
$C_8H_8Br_2$ mit Acetylendicarbonsäuredimethylester in Benzol.

$C_{14}H_{16}O_4Cl_2$

Addukt aus Dichlorid $C_8H_8Br_2$ *und Malein-*
säuredimethylester
1. Blättchen aus Methanol, Schmp. 126
   bis 127⁰. Durch Verestern des Addukts
   aus dem Dichlorid und Maleinsäureanhydrid vom Schmp. 195—196⁰ .mit
   Methanol und Schwefelsäure.
2. Nadeln aus Methanol, Schmp. 220⁰,
   durch Verestern des Addukts aus dem
   Dichlorid und Maleinsäureanhydrid
   vom Schmp. 268⁰ mit Methanol und
   Schwefelsäure.

$C_{14}H_{16}O_4Br_2$ *Bromierungsprodukt aus dem Dimethylester $C_{14}H_{16}O_4$*

Krystalle aus Chloroform + Ligroin, Schmp. 225—227°, aus dem Dimethylester $C_{14}H_{16}O_4$ (cis-Form) mit 1 Mol Brom in Chloroform unter Ausschluß von Feuchtigkeit.

$C_{14}H_{18}O_4Br_2$ *Hydrierungsprodukt des Addukts aus Cyclooctatetraen und Acetylendicarbonsäureester*

Blättchen aus Methanol, Schmp. 148°, durch katalytische Hydrierung des Addukts $C_{14}H_{14}O_4Br_2$ aus dem Dibromid und Acetylendicarbonsäuredimethylester.

$C_{15}H_{12}O_2$ *Styrylbenzoat*

Farbloses Öl, Kp.$_{0,1}$ 150°

$n_D^{20} = 1,6087$

aus dem Dichlorid $C_8H_8Cl_2$ und Benzoesäure in Chlorbenzol.

$C_{16}H_{16}$ *Dimeres Cyclooctatetraen (flüssig)*

Farbloses Öl, das unterhalb 0° zu einem weißen Glas erstarrt. Kp.$_1$ 136°

$n_D^{20} = 1,5868 \quad d_4^{20} = 1,1844$

aus Cyclooctatetraen beim Kochen im Stickstoffstrom.

Dimeres Cyclooctatetraen (krystallisiert)

Aus Äther farblose Krystalle, Schmp. 43—44°, Kp.$_1$ 138°, aus Cyclooctatetraen beim Kochen unter Luftzutritt neben dem anderen Dimeren und Harzen.

$C_{16}H_{20}$ *Perhydrierter Kohlenwasserstoff $C_{16}H_{16}$ (flüssig)*

Farblose Krystallmasse vom Schmp. um 30°, Kp.$_1$ 136°, durch katalytische Hydrierung des flüssigen Kohlenwasserstoffs $C_{16}H_{16}$.

$C_{16}H_{22}$ *Perhydrierter Kohlenwasserstoff $C_{16}H_{16}$ vom Schmp. 43—44°*

Farbloses Öl, Kp.$_{0,5}$ 127—128°

$n_D^{20} = 1,5668 \quad d_4^{20} = 1,1364$

durch katalytische Hydrierung des Kohlenwasserstoffes $C_{16}H_{16}$ vom Schmp. 43bis 44° mit Nickel oder Palladiumkontakten.

$C_{16}H_{28}$ *Cyclooctenylcyclooctan*

Farbloses Öl, Kp.$_1$ 130—131°,

$n_D^{20} = 1,4994 \quad d_4^{20} = 0,9291$

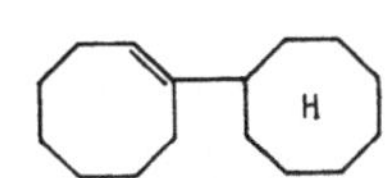

$C_{16}H_{30}$

Cyclooctylcyclooctan
Farbloses Öl, Kp._1 135—140°, durch
Hydrierung von Cyclooctenylcyclooctan.

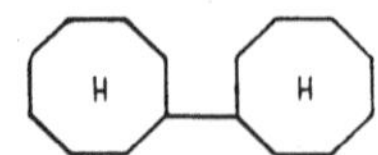

$C_{16}H_{14}Cl_2$

Konstitution unbekannt
Farblose Krystalle, Schmp. 249—250°.
Entsteht in geringer Menge aus dem Di-
chlorid $C_8H_8Cl_2$ beim Behandeln mit
Zinkstaub und Methanol oder Eisessig.

$C_{16}H_{16}O_2$

*Dimethyläther des Chinonaddukts vom
Schmp. 133°*
Krystalle aus Benzol, Schmp. 106°, durch
Methylieren des Chinonaddukts vom
Schmp. 135° mit Dimethylsulfat und
Kalilauge.

$C_{16}H_{16}O_7$

*Addukt aus 7,8-Diacetoxybicyclo-
[0,2,4]- octadien-(2,4)- und Maleinsäureanhydrid*
Farblose Prismen aus Benzol-
Ligroin, Schmp. 131°, durch Kondensation von 7,8-Diacetoxybi-
cyclo-[0,2,4]-octadien-(2,4) mit Maleinsäureanhydrid.

$C_{16}H_{16}Cl_4$

*Dimeres Dichlorid $C_8H_8Cl_2$ (Konstitution
unbekannt)*
Prismen aus Eisessig vom Schmp. 190°,
bildet sich bei längerem Stehen des Dichlorids $C_8H_8Cl_2$ oder schneller beim Erwärmen.

$C_{16}H_{16}Br_4$

*Dimeres Dibromid $C_8H_8Br_2$ (Konstitution
unbekannt)*
Aus Chlorbenzol farblose Prismen vom
Schmp. 218°, bildet sich bei längerem
Stehen oder schneller beim Erwärmen des
Dibromids $C_8H_8Br_2$.

$C_{16}H_{20}O_2$

*Hydrierungsprodukt aus dem Dimethyl-
äther des Chinonaddukts vom Schmp. 133°.*
Krystalle aus Methanol, Schmp. 119 bis
120°, durch katalytische Hydrierung des
Dimethyläthers $C_{16}H_{16}O_2$.

$C_{16}H_{20}O_4$

*Diäthylester der Dicarbonsäure $C_{12}H_{12}O_4$
(cis-Form)*
Schmp. 57—58°, Kp._1 156—158°, durch
Behandeln des Addukts aus Cycloocta-
tetraen und Maleinsäureanhydrid mit
Alkohol-Schwefelsäure.

$C_{16}H_{22}O_4$

Diäthylester der Dicarbonsäure $C_{12}H_{14}O_4$ (cis-Form)

Farbloses Öl, Kp.$_2$ 164—167°, durch Behandeln des Anhydrids der Dicarbonsäure $C_{12}H_{14}O_4$ (cis-Form) mit Alkohol-Schwefelsäure.

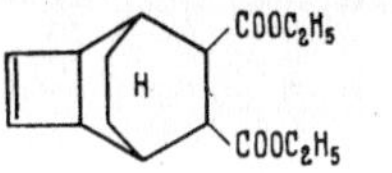

$C_{16}H_{24}O_4$

Diäthylester der Dicarbonsäure $C_{12}H_{16}O_4$ (cis-Form)

Farblose Flüssigkeit, Kp.$_3$ 177—178°, durch Behandeln des Anhydrids der Dicarbonsäure $C_{12}H_{16}O_4$ mit Alkohol-Schwefelsäure.

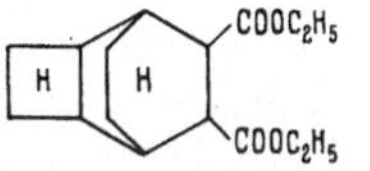

$C_{16}H_{26}O$

wahrscheinlich
7,8-*Dibutoxy-bicyclo*-[0,.1,5]-*octadien*-(2,5')

Farblose Flüssigkeit, Kp.$_2$ 126—127°, aus dem Dibromid $C_8H_8Br_2$ und Natriumbutylat.

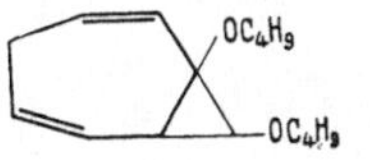

$C_{17}H_{21}ON$

2,5-*Endoäthylen-4-benzoylaminobicyclo*-[0,2,4]-*octan*

Krystalle, Schmp. 164°, aus dem 2,5-Endoäthylen-4-aminobicyclo-[0,2,4]-octan und Benzoylchlorid in Pyridin.

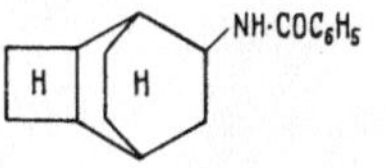

$C_{18}H_{12}O_2$

Addukt Naphthochinon und Cyclooctatetraen (dehydriert)

Gelbe Krystalle aus Butanol oder Eisessig. Schmp. 192°, durch Kondensation von Cyclooctatetraen mit Naphthochinon und Luftoxydation in alkalischer Lösung.

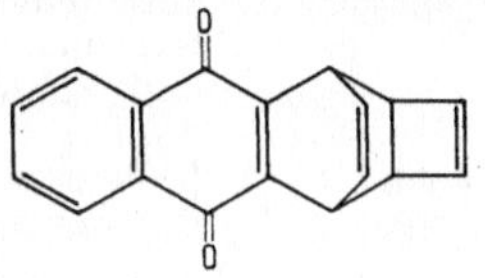

$C_{18}H_{12}O_2Cl_2$

Addukt aus dem Dichlorid $C_8H_8Cl_2$ und Naphthochinon (dehydriert)

Hellgelbe Nadeln aus Benzol, Schmp. 170—180°, unscharf, aus dem Addukt aus dem Dichlorid $C_8H_8Cl_2$ und Naphthochinon durch Oxydation mit Luft in alkalischer Lösung.

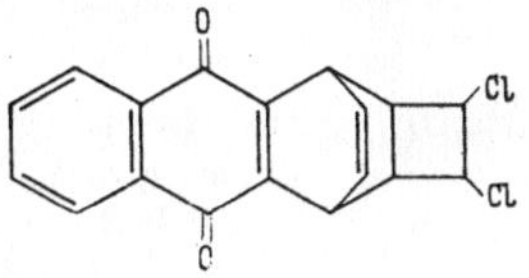

$C_{18}H_{14}O_2Cl_2$

Naphthochinonaddukt des Dichlorids $C_8H_8Cl_2$

Farblose Nadeln aus Benzol vom Schmp. 221°, durch Kochen des Dichlorids C_8H_8Cl mit Naphthochinon in Benzol.

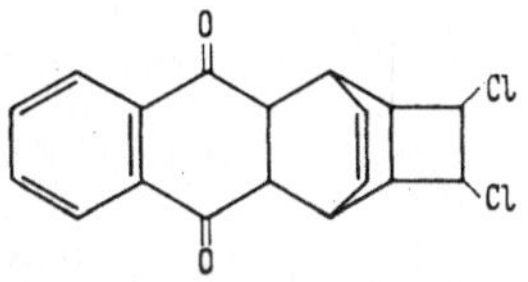

$C_{18}H_{16}O_4$

Diacetat des Benzochinonaddukts des Cyclooctatetraens vom Schmp. 133°

Nadeln aus Methanol, Schmp. 137—138°, durch Kochen des Addukts aus Benzochinon und Cyclooctatetraen vom Schmp. 133° mit Essigsäureanhydrid.

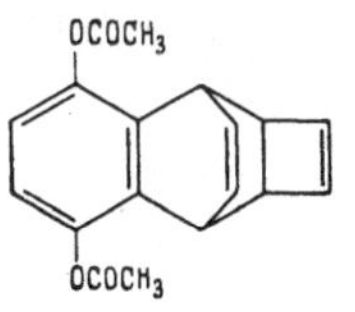

$C_{18}H_{20}O_8$

Addukt aus 7,8-Diacetoxybicyclo-[0,2,4]-octadien-(2,4) und Acetylen-dicarbonsäuredimethylester

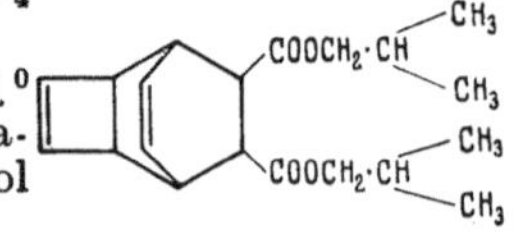

Aus Benzol + Ligroin farblose Prismen, Schmp. 84⁰, durch Kondensation des Diacetats $C_{12}H_{14}O_4$ mit Acetylendicarbonsäuredimethylester.

$C_{18}H_{12}O_2Cl_2Br_2$

Dibromid des Naphthochinonad-dukts $C_{18}H_{12}O_2Cl_2$

Prismen aus Trichlorbenzol vom Schmp. 300⁰ Zers., durch Behandeln des Addukts $C_{18}H_{12}O_2Cl_2$ mit 1 Mol Brom in Chloroform.

$C_{10}H_{28}O_4$

Dibutylester der Dicarbonsäure $C_{12}H_{12}O_4$ *(cis-Form)*

Kp.₁ 178—179⁰, Schmp. 35—38⁰ (unscharf), aus dem Maleinaddukt des Cyclooctatetraens durch Kochen mit Butanol und Schwefelsäure in Xylol.

Diisobutylester der Dicarbonsäure $C_{12}H_{12}O_4$ *(cis-Form)*

Krystalle, Schmp. 52—55⁰, Kp.₁ 178.⁰ aus dem Maleinaddukt des Cyclooctatetraens durch Kochen mit Isobutanol und Schwefelsäure in Xylol.

$C_{20}H_{30}O_4$

Dibutylester der Dicarbonsäure $C_{12}H_{14}O_4$ *(cis-Form)*

Farbloses Öl, Kp.₂ 188—190⁰, aus dem Anhydrid der Dicarbonsäure $C_{12}H_{14}O_4$ durch Kochen mit Butanol und Schwefelsäure in Benzol.

$C_{20}H_{32}O_4$

Dibutylester der Dicarbonsäure $C_{12}H_{16}O_4$

Farbloses Öl, Kp.₃ 210⁰, aus dem Anhydrid der Dicarbonsäure $C_{12}H_{16}O_4$ durch Kochen mit Butanol und Schwefelsäure in Benzol.

$C_{22}H_{18}O_6$

Dehydriertes Addukt aus Naphthochinon und Diacetat $C_{12}H_{14}O_4$

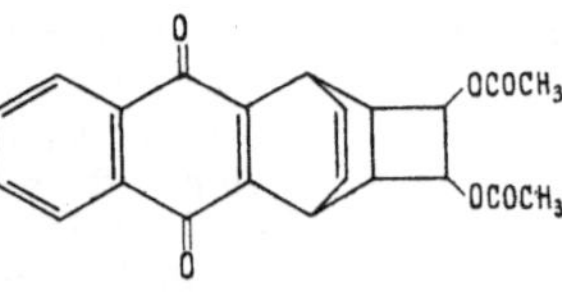

Hellgelbe Blättchen aus verdünntem Methanol, Schmp. 190—200⁰ (unscharf), durch Luftoxydation des Addukts $C_{22}H_{20}O_6$ in alkalischer Lösung.

$C_{22}H_{28}O_4$

Konstitution unbekannt

1. Viskoses Öl, Kp.₀,₃ 200—205⁰ aus $C_{16}H_{16}$ vom Schmp. 43—44⁰ durch Umsatz mit 2 Mol Kohlenoxyd und 2 Mol Wasser bei Gegenwart von Nickelcarbonyl und Verestern der entstandenen Säure mit Methanol und Schwefelsäure.

2. Viskoses Öl, $Kp._{0,8}$ 208—212⁰ aus $C_{16}H_{16}$ (flüssig) durch Umsatz mit 2 Mol Kohlenoxyd und 2 Mol Wasser bei Gegenwart von Nickelcarbonyl und Verestern der entstandenen Säure mit Methanol und Schwefelsäure.

3. Viskoses Öl, $Kp._{0,6}$ 200—204⁰ aus Cyclooctatetraen durch Umsatz mit 1 Mol Kohlenoxyd und 1 Mol Wasser unter gleichzeitiger Dimerisation und Verestern der entstandenen Säure mit Methanol und Schwefelsäure.

$C_{22}H_{20}O_6$

Addukt aus Naphthochinon und Diacetat $C_{12}H_{14}O_4$
Prismen aus Methanol, Schmp. 160 bis 161⁰, durch Kondensation von 7,8-Diacetoxybicyclo-[0,2,4]-octadien-(2,4) mit Naphthochinon.

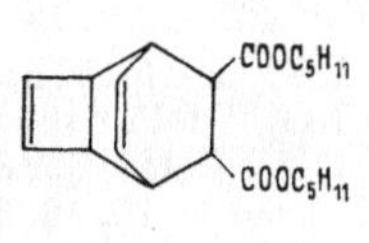

$C_{22}H_{34}O_4$

Diamylester der Dicarbonsäure $C_{12}H_{12}O_4$ *(cis-Form)*
Krystalle, Schmp. 58—60⁰, $Kp._2$ 198 bis 200⁰, aus dem Maleinaddukt des Cyclooctatetraens durch Kochen mit Amylalkohol und Schwefelsäure in Benzol.

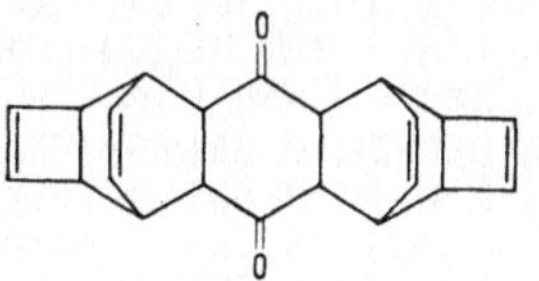

$C_{22}H_{20}O_2$

Addukt aus 2 Mol Cyclooctatetraen mit 1 Mol Chinon
Schmp. 223⁰, gelbe Krystalle, entsteht bei der Kondensation von Cyclooctatetraen mit Chinon als Nebenprodukt.

Zusatz
C_8H_9Br

Hydrobromid des Cyclooctatetraens
$Kp._{13}$ 85⁰, farblose Flüssigkeit aus Cyclooctatetraen und HBr in Eisessig, identisch mit α-Bromäthylbenzol.

Literaturverzeichnis.

I. Vinylierung.

(1) WISLICENUS: A **192**, 106 (1878).

(2) FREUNDLER, LEDRU: C. r. **140**, 794 (1905), Bull. Soc. chim. France (4) **1**, 72 (1907).

(3) HENRY: Bull. Soc. chim. France (2) **44**, 458 (1885).

(4) CLAISEN: B **31**, 1021 (1898).

(5) Plausons Forschungsinstitut, Hamburg, DRP. 338 281 v. 25. 5. 18.

(6) SIGMUND u. UCHANN: Mh. Chem. **51**, 234 (1929), siehe auch OSTROMISSLENSKY: J. russ. phys. chem. Ges. **47**, 1472—94 (1915), C. **1916** I, 780—82.

(7) I.G., DRP. 525 836 (BAUR) v. 24. 10. 29.

(8) I.G., DRP. 550 403 (REPPE) v. 25. 12. 28; AP. 1 341 108 v. 26. 12. 33.

(9) Vgl. z. B. HOLLEMANN-RICHTER: Lehrbuch der Org. Chemie, 21. Aufl. (1940), S. 133—134, bes. S. 134, Z. 1—4; SCHMIDT: Kurzes Lehrbuch der Org. Chemie, 2. Aufl. (1920), S. 112; BEILSTEIN: 4. Aufl., Bd. 1, S. 188; MIASNIKOW: A. **118**, 330 (1861).

(10) I.G., DRP. 513679 (ERNST u. BERNDT) v. 24. 5. 27. — I.G., DRP. 525188 (ERNST u. BERNDT) v. 15. 6. 29. — I.G., DRP. 550495 (REPPE) v. 11. 8. 29; AP. 1941108 v. 26. 12. 33.

(11) I.G., DRP. 584840 (REPPE) v. 31. 10. 30; EP. 369297 v. 24. 12. 30; FP. 724955 v. 22. 10. 31 u. Zus.- Pat.; AP. 1959927 v. 26. 5. 34. — Consortium f. elektrochem. Ind., DRP. 726547 (HALBIG u. ROST) v. 6. 2. 38.

(12) I.G., DRP. 714490 (REPPE, HECHT) v. 24. 12. 36; AP. 2157348 v. 9. 5. 39. — I.G., DRP. 715268 (REPPE, HECHT) v. 25. 8. 35; EP. 481389 v. 11. 9. 36.— I.G., DRP. 642939 (KEYSSNER) v. 18. 8. 35.

(13) I.G., DRP. 643220 (REPPE, W. WOLFF) v. 21. 12. 33. — I.G., DRP. 714490 (REPPE, HECHT) v. 24. 12. 36.

(14) I.G., DRP. 584840 (REPPE) v. 31. 10. 30.

(15) I.G., DRP. 671750 (W. WOLFF) v. 10. 12. 36. — I.G., DRP. 639843 (REPPE) v. 10. 9. 33.

(16) I.G., DRP. 715268 (REPPE, HECHT) v. 25. 8. 35; AP. 2157347 v. 9. 5. 37; EP. 462903 v. 14. 9. 35.

(17) I.G., DRP. 715268 (REPPE, HECHT) v. 25. 8. 35; EP. 481389 v. 11. 9. 36.

(18) I.G., DRP. 640510 (REPPE) v. 11. 1. 34; FP. 724955/45742 v. 8. 1. 35.

(19) I.G., DRP. 639843 (REPPE) v. 10. 9. 33; AP. 2066076 v. 29. 12. 36; EP. 427036 v. 16. 10. 33; FP. 724955/45333 v. 1. 9. 34.

(20) I.G., DRP. 566033 (REPPE, BAUR) v. 24. 1. 30.

(21) I.G., DRP.a. I. 70462 (REPPE, BAUR) v. 17. 9. 41; FP. 892870 v. 26. 3. 43.

(22) I.G., DRP. 669961 (KEYSSNER) v. 14. 11. 34.

(23) I.G., DRP. 705273 (REPPE, UFER) v. 17. 11. 37. — I.G., DRP.a. I. 74111 (REPPE, EBEL, PESTA) v. 19. 1. 43; FP. 901885 v. 10. 2. 44.

(24) I.G., DRP. 671750 (W. WOLFF) v. 10. 12. 36.

(25) I.G., DRP. 634408 (FIKENTSCHER) v. 13. 11. 30. — CRÄMER: Kunststoffe **30**, 337—41 (1940). — CRÄMER: Kunststofftechn. **11**, 44—45 (1941).

(26) I.G., DRP. 591774 (REPPE, SCHLICHTING) v. 27. 3. 31.

(27) I.G., DRP. 524189 (SCHLICHTING) v. 28. 6. 29. — I.G., DRP. 634295 (MÜLLER-CUNRADI, PIEROH) v. 19. 4. 34.

(28) I.G., DRP. 591845 (REPPE, SCHLICHTING) v. 28. 3. 31.

(29) I.G., DRP. 625017 (REPPE, KÜHN) v. 27. 7. 34.

(30) I.G., DRP. 679607 (REPPE, W. WOLFF, EICHSTÄDT) v. 8. 4. 37. — FP. 842577 (REPPE, W. WOLFF) v. 25. 8. 38.

(31) I.G., DRP. 705273 (REPPE, UFER) v. 17. 11. 37.

(32) I.G., DRP. 662936 (REPPE, HÖLSCHER, SCHNEEVOIGT) v. 6. 10. 35. — I.G., DRP. 663779 (REPPE, HÖLSCHER) v. 2. 10. 35. — I.G., DRP. 706108 (REPPE, HÖLSCHER, MENGER, BOCK) v. 24. 5. 36. — I.G., DRP. 679607 (REPPE, W. WOLFF, EICHSTÄDT) v. 8. 4. 37. — I.G., DRP. 684820 (REPPE, HÖLSCHER) v. 27. 10. 35. — I.G., DRP. 751603 (BURGARD, FIKENTSCHER, KUNZ, HÖL-SCHER, KRZIKALLA) v. 17. 7. 40. — I.G., DRP. 762871 (HECHT) v. 20. 12. 41. — I.G., FP. 814349 (REPPE, HÖLSCHER) v. 26. 11. 36. — I.G., FP. 842577 (REPPE, W. WOLFF) v. 25. 8. 38. — I.G., DRP. 671750 (W. WOLFF) v. 10. 12. 36. — KOLLEK: Kunststoffe **30**, 229—32 (1940). — PRILLWITZ: Kunststoffe **27**, 295—97 (1937). — SCHWEN: Melliands Textilberichte **23**, 25—32 (1942). — JORDAN: Kunststoffe **27**, 188 (1937).

(33) I.G., DRP. 617543 (REPPE, NICOLAI) v. 24. 9. 33; FP. 777427 v. 17. 8. 34. — I.G., DRP. 704235 (REPPE, FREYTAG) v. 17. 6. 38; FP. 777427/50627 v. 30. 5. 39.

(34) I.G., DRP. 625660 (REPPE, NICOLAI) v. 3. 8. 34.

(35) I.G., DRP. 662156 (REPPE, UFER, KÜHN) v. 4. 8. 34. — I.G., DRP. 624845 (REPPE, NICOLAI) v. 2. 8. 34. — I.G., DRP. 698272 (UFER, HECHT) v. 18. 4. 35.

(*36*) I.G., DRP. 635396 (Ufer) v. 20. 5. 34. — I.G., DRP. 636077 (Reppe, Ufer) v. 16. 6. 34. — I.G., DRP. 635298 (Ufer) v. 16. 6. 34. — I.G., DRP. 681338 (Ufer) v. 18. 12. 34. — I.G., DRP. 698272 (Ufer, Hecht) v. 18. 4. 35; EP. 454675 v. 12. 6. 35. — I.G., DRP. 663992 (Ufer) v. 18. 12. 34. — EP. 450559 (Ufer) v. 15. 2. 35. — I.G. DRP. 696774 (Reppe, Freytag) v. 17. 12. 36.

(*37*) I.G., DRP. 706694 (Reppe, Krzikalla, Flickinger) v. 4. 5. 39. — I.G., DRP. 696773 (Ufer, Freytag) v. 1. 12. 36.

(*38*) I.G., DRP. 643220 (Reppe, Wolff) v. 21. 12. 33. — I.G., DRP. 584840 (Reppe) v. 31. 10. 30. — Beim Arbeiten in der Gasphase werden mit Zn- und Cd-Salzen keine harzartigen Produkte erhalten.

(*39*) I.G., DRP. 642886 (Reppe, Keyssner) v. 10. 7. 32. — I.G., DRP. 645112 (Reppe, Keyssner) v. 24. 11. 32. — I.G., DRP. 647036 (Reppe, Keyssner) v. 15. 10. 33. — I.G., DRP.a. I. 71194 (Hecht) v. 24. 12. 41; FP. 898591 v. 5. 10. 43. — I.G., DRP.a. I. 71156 (Hecht) v. 22. 12. 41. — I.G., DRP. 734241 (Reppe, Hecht) v. 10. 12. 38; FP. 865483 v. 8. 5. 40.

(*40*) I.G., DRP.a. I. 75126 (Hecht) v. 25. 5. 43.
(*41*) I.G., DRP. 762871 (Hecht) v. 20. 12. 41.
(*42*) I.G., DRP. 734493 (Dane, Hecht, Prillwitz) v. 18. 3. 43.
(*43*) Vgl. ferner Kline: Manufacturing of koresin in Germany. Modern Plastics, Juliheft 1946.

(*44*) I.G., DRP.a. I. 67704 (Hecht, Krämer) v. 21. 8. 40.
(*45*) Untersuchungen über Alkylphenolharze mit Formaldehyd, Acetaldehyd, Crotonaldehyd und SCl_2 für den gleichen Zweck (Tackifiers) vgl. Smith, Ambelang u. Gottschalk: Ind. Eng. Chem. 38, 1166—1170 (1946).

(*46*) Griesheim Elektron, DRP. 271381 v. 22. 6. 12.
(*47*) I.G., DRP. 588352 (Reppe) v. 6. 3. 32. — I.G., DRP. 589970 (Reppe) v. 29. 5. 32. — I.G., DRP. 740678 (Fischer, Freytag) v. 29. 6. 39.
(*48*) I.G., DRP. 722465 (Reppe, W. Wolff) v. 14. 8. 38; Schwed. P. 98482 v. 19. 7. 39; It. P. 376011 v. 11. 8. 39.
(*49*) I.G., DRP. 593399 (Reppe, Starck, Voss) v. 6. 3. 32.
(*50*) I.G., DRP. 618120 (Reppe, Keyssner) v. 30. 5. 34; FP. 790467 v. 23. 5. 35. — I.G., DRP. 651734 (W. Wolff) v. 23. 2. 36; EP. 470116 v. 16. 3. 36. — I.G., DRP. 646995 (Reppe, Keyssner, Nicolai) v. 19. 12. 35. — I.G., DRP.a. I. 66176 (Reppe, Hecht, Gassenmeier) v. 16. 12. 39; FP. 880372 v. 21. 3. 42. — I.G., DRP. 642939 (Keyssner) v. 18. 8. 35; EP. 461357 v. 27. 8. 37. — I.G., DRP. 642424 (Keyssner, Wolff) v. 10. 8. 35.

(*51*) I.G., DRP. 708262 (Reppe, Hrubesch, Schlichting) v. 19. 9. 39.
(*52*) I.G., DRP. 636213 (W. Wolff) v. 7. 2. 35. — I.G., DRP.a. I. 75788 (Reppe, Hecht, Finkenauer) v. 31. 8. 43.

(*53*) I.G., DRP. 624622 (Reppe, Nicolai) v. 5. 8. 34.
(*54*) I.G., DRP. 664231 (Reppe, Keyssner, Dorrer) v. 25. 7. 34. — Fikentscher: Cellulosechem. 13, 58 (1932); Beispiel 20 aus DRP. 664231. — Sommerfeld: „Plast. Massen." S. 312. Berlin: Julius Springer 1934.

(*55*) I.G., DRP. 666416 (Beck, Dorrer) v. 24. 10. 35. — Beck: Kunststoffe 27, 90—92 (1937).

(*56*) I.G., DRP.a. I. 68341 (Krzikalla, Woldan) v. 29. 11. 40; FP. 893375 v. 8. 4. 43. — I.G., DRP.a. I. 71583 (Krzikalla, Woldan) v. 19. 2. 42. — I.G., DRP.a. I. 72666 (Reppe, Krzikalla, Woldan) v. 4. 7. 42. — Dupont, DRP. 588283 v. 24. 6. 31.

(*57*) I.G., DRP. 741321 (Teichmann, Baldauf) v. 13. 2. 41. — I.G., DRP.a. I. 71244 (Krzikalla, Werniger) v. 31. 12. 41. — I.G., DRP.a. I. 72860 (Krzikalla) v. 3. 8. 42; FP. 899215 v. 28. 10. 43.

(*58*) I.G., DRP.a. I. 63373 (Reppe, Krzikalla, Dornheim, Sauerbier) v. 31. 12. 38.

(*59*) I.G., DRP. 738753 (Schuster, Hartmann) v. 7. 5. 39.
(*60*) I.G., DRP.a. I. 63504 (Reppe, Sauerbier, Krzikalla, Dornheim) v. 16. 1. 39; FP. 865354 v. 3. 5. 40.

(*61*) I.G., DRP. 737663 (Reppe, Schuster, Hartmann) v. 17. 1. 39; FP. 865428 v. 4. 5. 40. — I.G., DRP. 757355 (Schuster, Sauerbier, Fikentscher) v. 2. 8. 39; FP. 879293 v. 13. 2. 42. — I.G., DRP.a. I. 76306 (Reppe, Herrle, Fikentscher) v. 20. 11. 43.

(*62*) I.G., DRP. 738994 (Reppe, Hecht, Weese) v. 20. 3. 41. — Hecht u. Weese: Münch. med. Wschr. 1943, S. 11. — Klees: Münch. med. Wschr. 1943, S. 29. — Joppich: Mschr. Kinderheilk. **92**, 28 (1943). — Toennies: Richtl. Behandl. v. Gehirnverletzungen durch Geschosse u. Beurteilung ihrer Folgen. Lehmann 1942. — Duettmann: Zbl. Chir. **1941**, 530. — Bovet, Courvoisier, Ducrot: C. r. **224**, 70—72 (1947) u. a. m. — I.G., DRP.a. I. 78004 (Sattler, Kröper) v. 9. 8. 44. — I.G., DRP.a. I. 77863 (Kröper) v. 26. 7. 44.

(*63*) I.G., DRP.a. I. 78089 (Benischek) v. 23. 8. 44. — I.G., DRP. 743945 (Fikentscher, Gäth) v. 13. 6. 40.

(*64*) I.G., DRP.a. I. 77228 (Reppe, Krzikalla) v. 17. 4. 44.

(*65*) I.G., DRP.a. I. 73024 (Reppe, Magin) v. 22. 8. 42. — I.G., DRP.a. I. 74461 (Reppe, Magin) v. 26. 2. 43. — I.G., DRP. 744414 (Hecht, Gassenmeier) v. 18. 8. 39.

(*66*) Dupont (Nieuwland): DRP. 588283 v. 24. 6. 31, DRP. 589561 v. 28. 6. 31; AP. 1811959 v. 13. 9. 28, AP. 1926055 v. 29. 12. 30, AP. 1926056 v. 29. 12. 30.

(*67*) Nieuwland u. A.: J. amer. chem. Soc. **53**, 4197—4202 (1931). — Dupont, AP. 1924979 v. 26. 6. 28, AP. 1926039 v. 16. 2. 32. — I.G., FP. 792642 (Stadler, Auerhahn) v. 18. 7. 35. — I.G., DRP. 639242 (Stadler, Auerhahn) v. 15. 11. 34; FP. 797642 v. 13. 11. 35. — I.G., DRP. 707374 (Stadler, Lorenz) v. 1. 12. 34; FP. 798309 v. 26. 11. 35. — I.G., DRP. 540003 (Baumann u. Tannenberger), v. 24. 5. 30. — Vinylacetylen neben Butadien durch Reduktion von Diacetylen mit $CrCl_2$.

(*68*) Weitere Verfahren zur Darstellung von Vinylacetylen sind weniger erfolgreich; vgl. Ammonia Casale S.A.: FP. 797935 v.18. 11. 35. — Mignonac, FP. 805621 v. 12. 8. 35. — Consortium für Elektrochem. Ind.: FP. 844013 v. 11. 6. 38; EP. 514929 v. 11. 6. 38.

(*69*) I.G., DRP. 728767 (Leverkusen) v. 11. 7. 39.

(*70*) I.G., DRP.a. I. 71370 (Magin, Weissweiler) v. 19. 1. 42.

II. Äthinylierung.

(*71*) Mannich u. Chang: B **66**, 418—420 (1933).

(*72*) Coffmann: J. amer. chem. Soc. **57**, 1978—80 (1935).

(*73*) I.G., DRP. 724759 (Reppe, Keyssner, Hecht) v. 29. 7. 37; FP. 839875 v. 27. 6. 38. — I.G., DRP.a. I. 75945 (Reppe, Hecht, Finkenauer) v. 28. 9. 43.

(*74*) I.G., DRP.a. I. 75945 (Reppe, Hecht, Finkenauer) v. 28. 9. 43.

(*75*) I.G., DRP. 730850 (Reppe, H. Scholz) v. 28. 11. 37; FP. 846475 v. 23. 11. 3 .

(*76*) I.G., DRP. 734241 (Reppe, Hecht) v. 10. 12. 38.

77) I.G., DRP. 765063 (Reppe, Hecht, Gassenmeier) v. 30. 7. 39; FP. 846475/51947 v. 13. 2. 42.

(*78*) I.G., DRP. 724759 (Reppe, Keyssner, Hecht) v. 29. 7. 37.

(*79*) I.G., DRP.a. I. 60363 (Reppe, Ritzenthaler) v. 27. 1. 38; EP. 510876 v. 3. 2. 38.

(*80*) I.G., DRP.a. I. 66176 (Reppe, Hecht, Gassenmeier) v. 16. 12. 39; FP. 880372 v. 21. 3. 42.

(*81*) Lespieau: Ann. Chim. (8) **27**, 170—173 (1912). — Dupont: Ann. Chim. (8) **30**, 485—587 (1913). — Lespieau: Ann. Chim. (9) **2**, 280—297 (1914). — Jozitsch: J. russ. phys. chem. Ges. **38**, 252 (1906).

(*82*) I.G., DRP. 725326 (Reppe, Keyssner) v. 28. 8. 37; FP. 841500 v. 30. 7. 38. — I.G., DRP. 726714 (Reppe, Keyssner) v. 30. 10. 37; EP. 508062 v. 20. 12. 37. — I.G., DRP. 764596 (Reppe, Steinhofer, Spänig, Rager) v. 12. 3. 39. — I.G., DRP.a. I. 64231 (Reppe, Steinhofer, Spänig, Schmidt) v. 29. 3. 39; FP. 865299 v. 30. 4. 40; Schw.P. 220204 v. 19. 3. 40. — I.G., DRP. 734881 (Reppe, Steinhofer, Trieschmann) v. 25. 7. 39.

(*83*) I.G., DRP. 740988 (Reppe, Keyssner) v. 21. 1. 38. — I.G., DRP. 740987 (Reppe, Keyssner) v. 20. 11. 37.

(*84*) I.G., DRP. 728466 v. 29. 10. 38.

(*85*) I.G., DRP. 740514 (REPPE, STEINHOFER, SPÄNIG, LOCKER) v. 8. 9. 39; Schw.P. 220208 v. 29. 7. 40. — I.G., DRP.a. I. 64231 (REPPE, STEINHOFER, SPÄNIG, SCHMIDT) v. 29. 3. 39; Schw.P. 220204 v. 19. 3. 40.

(*86*) I.G., DRP. 734881 (REPPE, STEINHOFER, TRIESCHMANN) v. 25. 7. 39. — I.G., DRP.a. I. 64231 (REPPE, STEINHOFER, SPÄNIG, SCHMIDT) v. 29. 3. 39; Schw.P. 220204 v. 19. 3. 40.

(*87*) I.G., DRP.a. I. 59464 (REPPE, HECHT) v. 30. 10. 37; EP. 508944 v. 24. 12. 37; FP. 844533 v. 8. 10. 38. — I.G., DRP.a. I. 61116 (SCHMIDT, SCHULZ) v. 16. 4. 38; FP. 853148 v. 15. 4. 39; It.P. 373989 v. 7. 4. 39. — SALKIND: B **56**, 187—192 (1923) u. **60**, 1125—1130 (1927). — OTT u. SCHRÖTER: B **60**, 635—638 (1927). — LESPIEAU: C. r. **150**, 1761 (1910). — I.G., DRP. 762844 (NIEMANN, TRIESCHMANN) v. 20. 6. 42. — I.G., DRP. 743000 (REPPE, TRIESCHMANN) v. 25. 6. 42; FP. 906116 v. 27. 7. 44. — I.G., DRP.a. I. 69381 (STEINHOFER, TRIESCHMANN) v. 5. 4. 41. — I.G., DRP.a. I. 69382 (STEINHOFER, TRIESCHMANN) v. 8. 4. 41.

(*88*) I.G., DRP. 715815 (REPPE, HECHT, STEINHOFER) v. 9. 11. 37; FP. 845305 v. 28. 10. 38.

(*89*) I.G., DRP. 696779 (REPPE, HECHT, STEINHOFER) v. 30. 10. 37. (Dehydratation in flüssiger Phase.) — I.G., DRP. 700036 (REPPE, HECHT, STEINHOFER) v. 23. 12. 37. (Dehydratation in flüssiger Phase.) — I.G., DRP. 715815 (REPPE, HECHT, STEINHOFER) v. 9. 11. 37 (Dehydratation in der Gasphase.); vgl. ferner HENRY: C. r. **143**, 1221 (1906). — I.G., DRP. 711709 (REPPE, TRIESCHMANN) v. 6. 5. 39; FP. 865065 v. 19. 4. 40. — I.G., DRP. 713565 (REPPE, TRIESCHMANN) v. 20. 6. 39. — I.G., DRP. 721004 (REPPE, EILBRACHT, TRIESCHMANN, HRUBESCH) v. 30.4. 40. — I.G., DRP. 740187 (HRUBESCH, v. KUTEPOW) v. 4. 4. 40.

(*90*) I.G., DRP. 725532 (REPPE, STEINHOFER, HECHT) v. 5. 11. 37; EP. 506038 v. 18. 11. 37; FP. 844893 v. 18. 10. 38.

(*91*) Österr.P. 82804 (MATHEWS u. STRANGE) v. 15. 11. 15; EP. 21173 (SPENCE, CLARK) v. 17. 9. 12. — I.G., DRP. 725532 (REPPE, STEINHOFER, HECHT) v. 5. 11. 37. — OSTROMYSSLENSKI: J. russ. phys. chem. Ges. **47**, 1472—1494 u. 1969 (1915), C 1916 I, 780 u. 1133. — I.G., DRP. 578994 (REPPE, HOFFMANN) v. 3. 12. 27. — I.G., DRP. 610371 (REPPE, HOFFMANN) v. 15. 3. 28. — I.G., DRP.a. I. 67477 (REPPE, STEINHOFER, DAUMILLER) v. 19. 7. 40. — I.G., DRP. 764947 (REPPE, STEINHOFER, DAUMILLER) v. 7. 4. 39; FP. 864674 v. 5. 4. 40. — I.G., DRP.a. I. 64312 (RAGER, W. SCHMIDT) v. 6. 4. 39.

(*92*) I.G., DRP. 578994 (REPPE, HOFFMANN) v. 3. 12. 27 u. Zusatzpatente.

(*93*) I.G., DRP.a. I. 71910 (KRZIKALLA, FROST, WOLDAN) v. 24. 3. 42.

(*94*) I.G., DRP.a. I. 71964 (REPPE, PASEDACH) v. 2. 4. 42; FP. 905135 v. 19. 6. 44. — I.G., DRP.a. I. 70003 (PASEDACH, STEINHOFER) v. 4. 7. 41. — I.G., DRP.a. I. 76965 (KRÖPER) v. 3. 3. 44.

(*95*) I.G., DRP.a. I. 69640 (KRZIKALLA, WOLDAN) v. 19. 5. 41. — I.G., DRP.a. I. 72456 (KRZIKALLA, WOLDAN) v. 8. 6. 42. — I.G., DRP. 734474 (SCHUSTER, KELLER) v. 20. 4. 41. — I.G., DRP.a. I. 64748 (SCHUSTER, KELLER) v. 3. 6. 39; FP. 923893 v. 15. 3. 46. — I.G., DRP.a. I. 64959 (SCHUSTER, KELLER) v. 24. 6. 39. — I.G., DRP.a. I. 70999 (REPPE, PISTOR) v. 1. 12. 41. — I.G., DRP. 764595 (REPPE, PASEDACH) v. 14. 2. 39.

(*96*) I.G., DRP. 729289 (NIEMANN, v. KUTEPOW) v. 6. 9. 40. — DUPONT, DRP. 752949 (PETERS) v. 29. 6. 40.

(*97*) I.G., DRP. 744789 (EBEL, SAUER) v. 19. 6. 41.

(*98*) I.G., DRP.a. I. 69383 (SCHLICHTING, KLAGER) v. 8. 4. 41. — IG., DRP.a. I. 72095 (höhere Homologe des Propinols) (REPPE, SCHLICHTING, KLAGER, FRIEDERICH) v. 25. 4. 42. — I.G., DRP.a. I. 74084 (REPPE, BAUER) v. 12. 1. 43; FP. 903625 v. 24. 4. 44.

99) I.G., DRP. 717062 (TRIESCHMANN, JUTZ, REICHENEDER) v. 3. 10. 39. — WESTON u. ADKINS: J. amer. chem. Soc. **51**, 2430—36 (1939).

(*100*) SALKIND u. NOGAIDELI: Chem. J. Ser. A; J. allg. Chem. (russ.) 8 (70), 1816—22 (1938); C. **1939** I, 4919. — SALKIND u. GWERDZITELI: J. chim. gén. (russ.) **9**, 971—74 (1939); C. **1940** I, 1004. — I.G., DRP.a. I. 73728 (REPPE,

KOHLER) v. 1. 12. 42; FP. 906142 v. 28. 7. 44. — I.G., DRP.a. I. 78486 (REPPE, v. KUTEPOW, KRÖPER) v. 6. 11. 44. — I.G., DRP.a. I. 72176 (REPPE, KOHLER) v. 1. 5. 42. — I.G., DRP.a. I. 70916 (KOHLER, SCHLICHTING, PREIS) v. 19. 11. 41.

(*101*) I.G., DRP. 704237 (REPPE, KRÖPER, W. SCHMIDT) v. 3. 9. 38.

(*102*) I.G., DRP. 764595 (REPPE, PASEDACH) v. 14. 2. 39.

(*103*) I.G., DRP. 764595 (REPPE, PASEDACH) v. 14. 2. 39.

(*104*) I.G., DRP.a. I. 76416 (Leverkusen) v. 1. 12. 43.

(*105*) BERGMANN u. LUDEWIG: A **436**, 174 (1924).

(*106*) I.G., DRP.a. I. 69234 (REPPE, W. SCHMIDT) v. 29. 3. 41. — I.G., DRP. eingereicht (REPPE, SCHWECKENDIEK, MAGIN. KLAGER) v. 6. 12. 45.

(*107*) I.G., DRP. 740637 (KEYSSNER, EICHLER) v. 20. 1. 39. — I.G., DRP.a. I. 61962 (REPPE, KEYSSNER, SCHMIDT) v. 16. 7. 38.

(*108*) I.G., DRP.a. I. 72678 (HÜLS) v. 8. 7. 42.

(*109*) I.G., DRP. 701825 (REPPE, SCHUSTER, WEISS) v. 29. 3. 38.

(*110*) I.G., DRP.a. I. 61116 (SCHULZ, WENDERLEIN) v. 16. 4. 38; FP. 853148 v. 15. 4. 39.

(*111*) I.G., DRP.a. I. 59465 (REPPE, SCHNABEL) v. 30. 10. 37; EP. 508543 v. 29. 12. 37. (Reduktion mit Zinkstaub und Alkalihydroxyd.) — I.G., DRP. 727476 (REPPE, ROTHHAAS, SCHMIDT, LÜHDEMANN) v. 25. 3. 37; EP. 501015 v. 16. 8. 37. — I.G., DRP. 753951 (REPPE, ROTHHAAS) v. 14. 5. 37; EP. 504957 v. 20. 12. 37. — I.G., DRP. 734312 (SCHNABEL, SCHMIDT, HEINTZ) v. 20. 7. 38. — I.G., DRP.a. I. 59546 (REPPE, STANGER, BAUDREXLER) v. 8. 11. 37; FP. 845600 v. 4. 11. 38. — I.G., DRP.a. I. 69216 (REPPE, FRIEDERICH) v. 24. 3. 41.

(*112*) I.G., DRP. 750057 (REPPE, PASEDACH) v. 26. 11. 40.

(*113*) I.G., DRP.a. I. 68423 (REPPE, PASEDACH) v. 7. 12. 40; Schw.P. 227122 v. 20. 2. 42. — I.G., DRP.a. I. 69275 (REPPE, PASEDACH) v. 29. 3. 41; FP. 892145 v. 12. 3. 43.

(*114*) I.G., DRP.a. I. 72555 (KRZIKALLA, WOLDAN) v. 20. 6. 42. — I.G., DRP.a. I. 72688 (KRÖPER) v. 9. 7. 42; FP. 903053 v. 28. 3. 44.

(*115*) I.G., DRP.a. I. 71964 (REPPE, PASEDACH) v. 2. 4. 42; FP. 905135 v. 19. 6. 44. — I.G., DRP.a. I. 70003 (PASEDACH, STEINHOFER) v. 4. 7. 41. — I.G., DRP.a. I. 76965 (KRÖPER) v. 3. 3. 44.

(*116*) I.G., DRP.a. I. 70052 (REPPE, PASEDACH) v. 12. 7. 41.

(*117*) I.G., DRP. 750057 (REPPE, PASEDACH) v. 26. 11. 40. — I.G., DRP.a. I. 75905 (REPPE, PASEDACH) v. 21. 9. 43. — I.G., DRP.a. I. 75907 (REPPE, PASEDACH) v. 21. 9. 43. — I.G., DRP.a. I. 71962 (REPPE, PASEDACH) v. 2. 4. 42; FP. 892190 v. 13. 3. 43. — I.G., DRP.a. I. 71963 (REPPE, PASEDACH) v. 2. 4. 42; FP. 903685 v. 26. 4. 44.

(*118*) I.G., DRP. 734025 (REPPE, SCHNABEL) v. 26. 2. 38; EP. 512182 v. 27. 6 38. — I.G., DRP.a. I. 71172 (KRZIKALLA) v. 20. 12. 41. —

(*119*) I.G., DRP.a. I. 74206 (BAUER) v. 29. 1. 43. — I.G., DRP.a. I. 75412 (BAUER) v. 24. 2. 43. — I.G., DRP.a. I. 74494 (BAUER) v. 4. 3. 43. — I.G., DRP.a. I. 74734 (AMBROS, BAUER) v. 31. 3. 43. — I.G., DRP.a. I. 75762 (BAUER) v. 28. 8. 43. — I.G., DRP.a. I. 77561 (KRZIKALLA, DORNHEIM) v. 9. 6. 44.

(*120*) I.G., DRP.a. I. 69275 (REPPE, PASEDACH) v. 29. 3. 41.

(*121*) I.G., DRP. 709370 (REPPE, DROSSBACH) v. 31. 10. 37.

(*122*) I.G., DRP. 709370 (REPPE, DROSSBACH) v. 31. 10. 37. — I.G., DRP.a. I. 72106 (KRZIKALLA, WOLDAN) v. 27. 4. 42. — I.G., DRP. 695218 (REPPE, SCHNABEL) v. 3. 2. 38. — I.G., DRP. 695219 (REPPE, SCHNABEL) v. 3. 2. 38.

(*123*) I.G., DRP.a. I. 73428 (Leverkusen) v. 19. 10. 42. — I.G., DRP. 734474 (SCHUSTER, KELLER) v. 20. 4. 41.

(*124*) I.G., DRP.a I. 64748 (SCHUSTER, KELLER) v 3. 6. 39; FP. 923893 v. 15. 3. 46.

(*125*) I.G., DRP.a. I. 64959 (SCHUSTER, KELLER) v. 24. 6. 39.

(*126*) I.G., DRP.a. I. 71910 (KRZIKALLA, FROST, WOLDAN) v. 24. 3. 42. — I.G., DRP.a. I. 69640 (KRZIKALLA, WOLDAN) v. 19. 5. 41. — I.G., DRP.a. I. 72456 (KRZIKALLA, WOLDAN) v. 8. 6. 42.

(*127*) I.G., DRP.a. I. 73977 (KRZIKALLA, WOLDAN) v. 4. 1. 43. — I.G., DRP.a. I. 68699 (Höchst) v. 24. 1. 41. — I.G., DRP. 728981 (Leverkusen) v. 13. 11. 37. — I.G., DRP.a. I. 73748 (STEINHOFER, PESTA) v. 2. 12. 42; FP. 903857 v. 28. 4. 44. — I.G., DRP.a. I. 74018 (PESTA) v. 28. 12. 42; FP. 905759 . 11. 7. 44.

— I.G., DRP.a. I. 70900 (KRZIKALLA) v. 15. 11. 41. — I.G., DRP.a. I. 76519 (KRZIKALLA, MERKEL) v. 24. 12. 43. — I.G., DRP.a. I. 76419 (KRZIKALLA, FLICKINGER) v. 15. 12. 43. — I.G., DRP.a. I. 77440 (KRZIKALLA, FLICKINGER) v. 25. 5. 44.

(*128*) I.G., DRP.a. I. 66156 (EBEL, PYZIK) v. 15. 12. 39; FP. 879534 v. 21. 2. 42; It.P. 388682 v. 5. 12. 40; vgl. auch HAMONET: C. r. **132**, 631—33 (1901). — I.G., DRP.a. I. 73439 (EBEL, PYZIK) v. 24. 10. 42; FP. 903083 v. 29. 3. 44.

(*129*) I.G., DRP. 753472 (EBEL, PYZIK, PÖHLER) v. 19. 10. 41. — I.G., DRP.a. I. 65598 (UFER, MATAUCH, EBEL, KRÖPER) v. 11. 9. 39; FP. 882260 v. 22. 5. 42. — I.G., DRP.a. I. 77742 (BRETSCHNEIDER) v. 5. 7. 44. — I.G., DRP.a. I. 74664 (EBEL, PYZIK) v. 25. 3. 43.

(*130*) I.G., DRP.a. I. 74664 (EBEL, PYZIK) v. 25. 3. 43.

(*131*) I.G., DRP.a. I. 69449 (EBEL, PÖHLER) v. 23. 4. 41.

(*132*) I.G., DRP. 753540 (EBEL, PYZIK, ALT) v. 11. 4. 41.

(*133*) I.G., DRP. 699945 (REPPE, KRÖPER, SCHMIDT) v. 16. 7. 38. — I.G.. DRP. 704237 (REPPE, KRÖPER, SCHMIDT) v. 3. 9. 38. — I.G., DRP.a. I. 68397 (REPPE, KRÖPER, JOOST) v. 6. 12. 40. — I.G., DRP. 739579 (REPPE, KRÖPER) v. 13. 10. 39. — I.G., DRP. 734568 (REPPE, KRÖPER, JOOST) v. 7. 12. 40. — I.G., DRP. 743749 (KRZIKALLA, WOLDAN) v. 31. 1. 42.

(*134*) I.G., DRP. 743661 (KRZIKALLA, ALT) v. 27. 4. 40; Belg.P. 450587 v. 11. 5. 43; FP. 894580 v. 11. 5. 43.

(*135*) STRÖM: A **267**, 200 (1892). — I.G., DRP. 745312 (KRZIKALLA, DORNHEIM) v. 17. 10. 41.

(*136*) I.G., DRP. 741687 (BÄUMLER, GRÄFINGER, HAUSSMANN) v. 25. 6. 39; FP. 894114 v. 20. 4. 43.

(*137*) I.G., DRP.a. I. 71984 (KRZIKALLA) v. 4. 4. 42; FP. 894374 v. 3. 4. 43. — I.G., DRP.a. I. 70051 (KRZIKALLA, KLING) v. 11. 7. 41; FP. 883419 v. 20. 6. 42; Schw.P. 230912 v. 3. 6. 42.

(*138*) I.G., DRP. 759483 (HAUSSMANN, BÄUMLER, GRÄFINGER) v. 23. 12. 38; FP. 883638 v. 27. 6. 42. — I.G., DRP. 741153 (KRZIKALLA, HOCHADEL) v. 19. 10. 40. — I.G., DRP.a. I. 73136 (HAUSSMANN, BÄUMLER) v. 10. 9. 42. — I.G., DRP.a. I. 73976 (KRZIKALLA, ALT) v. 31. 12. 42. — I.G., DRP.a. I. 71094 (HAUSSMANN, GRÄFINGER) v. 15. 12. 41. — I.G., DRP.a. I. 66883 (HAUSSMANN, GRÄFINGER) v. 19. 4. 40.

(*139*) I.G., DRP.a. I. 67476 (KRZIKALLA, ARMBRUSTER) v. 19. 7. 40; FP. 880237 v. 16. 3. 42. — I.G., DRP.a. I. 70532 (KRZIKALLA, DORNHEIM) v. 26. 9. 41; FP. 885854 v. 11. 9. 42. — I.G., DRP.a. I. 68502 (KRZIKALLA) v. 19. 12. 40.

(*140*) I.G., DRP.a. I. 74095 (GOYERT, GRÄFINGER, HAUSSMANN, KALTSCHMITT) v. 18. 1. 43; FP. 905826 v. 13. 7. 44.

(*141*) I.G., DRP. 707853 (HAUSSMANN, BÄUMLER) v. 3. 12. 38; vgl. ferner WIS-LICENUS: A **223**, 102 (1886). — BLAISE: Bull. Soc. chim. France (3) **29**, 335 (1903). — BLANC: Bull. Soc. chim. France (3) **33**, 886 u. 904 (1905).

(*142*) I.G., DRP. 765203 (KRÖPER) v. 2. 8. 39. — I.G., DRP.a. I. 70834 (REPPE, KRÖPER) v. 7. 11. 41.

(*143*) I.G., DRP.a. I. 71345 (REPPE, BAUR) v. 13. 1. 42.

(*144*) FITTIG u. SHIELDS: A **288**, 204 (1895).

(*145*) I.G., DRP. 694043 (SCHUSTER, SEIB) v. 21. 7. 38; FP. 857915 v. 17. 7. 39. — I.G., DRP. 730182 (SCHUSTER, SEIB, v. BANK) v. 22. 8. 39. — I.G., DRP. 730911 (SCHUSTER, SEIB, v. BANK) v. 22. 8. 39. — I.G., DRP.a. I 76382 (HAUSSMANN, KALTSCHMITT) v. 10. 12. 43.

(*146*) I.G., DRP. 743661 (KRZIKALLA, ALT) v. 27. 4. 40; Belg.P. 450587 v. 11. 5. 43; FP. 894580 v. 11. 5. 43.

(*147*) I.G., DRP. 737954 (REPPE, HECHT, OSCHATZ) v. 19. 2. 38; EP. 510902 v. 26. 2. 38.

(*148*) I.G., DRP. 737954 (REPPE, HECHT, OSCHATZ) v. 19. 2. 38; EP. 510902 v. 26. 2. 38. — I.G., DRP.a. I. 69442 (HECHT) v. 23. 4. 41. — I.G., DRP. 729289 (NIEMANN, v. KUTEPOW) v. 6. 9. 40; FP. 880578 v. 27. 3. 42; It.P. 394862 v. 17. 1. 42.

(*149*) I.G., DRP.a. I. 64519 (TRIESCHMANN, MANCHEN) v. 6. 5. 39; FP. 865446 v. 6. 5. 40. — DUPONT, Cass., AP. 2218018 v. 2. 5. 38. — I.G., DRP.a. I. 65410

(Kröper) v. 10. 8. 39; FP. 879343 v. 17. 2. 42. — I.G., DRP.a. I. 65316 (Trieschmann) v. 29. 7. 39; AP. 2245509 v. 26. 6. 40.

(*150*) I.G., DRP.a. I. 65410 (Kröper) v. 10. 8. 39; FP. 879343 v. 17. 2. 42. — I.G., DRP.a. I. 72028 (Maier, Krzikalla, Merschel, Schulte) v. 15. 4. 42.

(*151*) I.G., DRP.a. I. 76864 (Krzikalla, Merkel) v. 19. 2. 44.

(*152*) I.G., DRP.a. I. 70707 (Kröper) v. 20. 10. 41; FP. 879343/52495 v. 2. 10. 42. — I.G., DRP.a. I. 70708 (Kröper) v. 20. 10. 41.

(*153*) I.G., DRP.a. I. 65187 (Trieschmann, Manchen) v. 19. 7. 39.

(*154*) I.G., DRP.a. I. 76865 (Krzikalla, Merkel) v. 19. 2. 44.

(*155*) I.G., DRP.a. I. 77532 (Krzikalla, Merkel) v. 3. 6. 44.

(*156*) I.G., DRP.a. I. 70637 (Kröper) v. 9. 10. 41; FP. 898017 v. 13. 9. 43. — I.G., DRP.a. I. 71887 (Schlichting, Hrubesch) v. 26. 3. 42.

(*157*) I.G., DRP.a. I. 70533 (Kröper) v. 26. 9. 41.

(*158*) I.G., DRP.a. I. 62337 (Schmitt, Manchen) v. 26. 8. 38; FP. 859414 v. 23. 8. 39.

(*159*) I.G., DRP.a. I. 62498 (Schmitt, Manchen) v. 22. 9. 38.

(*160*) I.G., DRP.a. I. 76381 (Gassenmeier) v. 8. 12. 43.

(*161*) I.G., DRP. 736428 (Manchen, W. Schmidt) v. 20. 8. 38; FP. 859068 v. 16. 8. 39. — Cloke u. Pilgrim: J. amer. chem. Soc. **61**, 2667—2669 (1939).

(*162*) I.G., DRP. 703956 (Reppe, Kröper) v. 15. 10. 38.

(*163*) I.G., DRP.a. I. 69021 (Reppe, Kröper) v. 1. 3. 41. — I.G., DRP.a. I. 73053 (Kröper) v. 21. 8. 42.

(*164*) I.G., DRP. 703956 (Reppe, Kröper) v. 15. 10. 38.

(*165*) I.G., DRP. 748757 (Baur) v. 25. 7. 40. — I.G., DRP.a. I. 60741 (Reppe, Schuster) v. 8. 3. 38; FP. 851178 v. 4. 3. 39. — Jurjew u. Prokina: Chem, J. Ser. A. J. allg. Chem. (russ.) **7** (69), 1668 (1937) (C. **1938** II, 3239) u. **11** (73), 2945—2949 (1941). — I.G., DRP. 706693 (Schuster, Weiss, Hartmann) v. 11. 1. 39.

(*166*) I.G., DRP. 701825 (Reppe, Schuster, Weiss) v. 29. 3. 38; FP. 852169 v. 27. 3. 39.

(*167*) Meerwein: J. prakt. Chem. (2) **147**, 257 (1937). — I.G., DRP. 741478 (Meerwein) v. 20. 6. 39.

(*168*) I.G., DRP. 752949 (Wolfen) v. 28. 6. 40. — I.G., DRP. 748757 (Baur) v. 25. 7. 40; FP. 893374 v. 8. 4. 43. — I.G., DRP.a. I. 68153 (Schlichting, Klager) v. 31. 10. 40. — I.G., DRP. 753209 (Reppe, Kröper) v. 10. 7. 40. — I.G., DRP.a. I. 73298 (Kröper) v. 6. 10. 42. — I.G., DRP.a. I. 66689 (Reppe, Kröper) v. 12. 3. 40. — I.G., DRP.a. I. 73309 (Kröper, Kohler) v. 9. 10. 42: — Dane: Synthesen in der Reihe der Steroide: Angew. Chem. **52**, 655—659 (1939). — I.G., DRP.a. I. 59465 (Reppe, Schnabel) v. 30. 10. 37.

(*169*) I.G., DRP. 704237 (Reppe, Kröper, W. Schmidt) v. 3. 9. 38.

(*170*) I.G., DRP.a. I. 69860 (Reppe, Joost) v. 18. 6. 41.

(*171*) I.G., DRP. 753125 (Reppe, Joost) v. 18. 7. 41. — I.G., DRP.a. I. 70994 (Reppe, Joost) v. 27. 11. 41.

(*172*) I.G., DRP.a. I. 73299 (Kröper) v. 7. 10. 42.

(*173*) I.G., DRP.a. I. 72096 (Reppe) v. 25. 4. 42. — I.G., DRP.a. I. 72104 (Reppe) v. 25. 4. 42.

(*174*) I.G., DRP. 753209 (Reppe, Kröper) v. 10. 7. 40. — I.G., DRP.a. I. 73298 (Kröper) v. 6. 10. 42. — I.G., DRP.a. I. 73299 (Kröper) v. 7. 10. 42. — I.G., DRP.a. I. 73309 (Kröper, Kohler) v. 9. 10. 42.

(*175*) DRP. 280226 (Leverkusen) v. 9. 9. 13. — DRP. 289800 (Leverkusen) v. 29. 11. 13. — DRP. 286920 (Leverkusen) v. 29. 11. 13. — DRP. 291185 (Leverkusen) v. 24. 3. 14. — I.G., DRP. 636456 (Höchst) v. 11. 3. 34. — R.P. 41516 (Cambarjan, Karsarjan) v. 27. 11. 33 (C. **1935** II, 3702).

(*176*) I.G., DRP. 740987 (Reppe, Keyssner) v. 20. 11. 37.

(*177*) DRP. 744081 (Ebel, Pesta) v. 21. 7. 38; FP. 862386 v. 13. 7. 39. — I.G., DRP.a. I. 62932 (Ebel, Pesta) v. 21. 11. 38; Jap.P. 144469 v. 14. 3. 41. — I.G., DRP.a. I. 64178 (Ebel, Pesta) v. 24. 3. 39. — I.G., DRP.a. I. 64884 (Ebel, Pesta) v. 17. 6. 39.

(*178*) I.G., DRP. 744081 (Ebel, Pesta) v. 21. 7. 38; FP. 862386 v. 13. 7. 39.

(*179*) I.G., DRP.a. I. 64178 (Ebel, Pesta) v. 24. 3. 39; FP. 862386/51914 v. 9. 2. 42.

(*180*) I.G., DRP. 728466 (Reppe, Keyssner, Eichler) v. 29. 10. 38.

(*181*) I.G., DRP.a. I. 64178 (Ebel, Pesta) v. 24. 3. 39. — I.G., DRP. 744081 (Ebel, Pesta) v. 21. 7. 38; FP. 862386 v. 13. 7. 39.

III. Cyclisierende Polymerisation.

(*182*) Bertelot: C. r. **111**, 471 (1890); Ann. Chim. phys. (4) **9**, 446 (1866), (4), **12**, 52 (1867) u. A **139**, 273 (1866).

(*183*) Meyer: B **45**, 1609 (1912); Meyer u. Tanzen: **46**, 3183 (1913). — Meyer u. Fricke: **47**, 2765 (1914); Meyer u. Wesche: **50**, 422 (1917). — Meyer u. Meyer: **51**, 5171 (1918); Meyer u. Taeger: **53**, 1261 (1920).

(*184*) Zelinsky: B **57**, 264—76 (1924); C. r. **177**, 882 (1923).

(*185*) Schwarz u. Pflugmacher: J. prakt. Chem. (2) **156**, 205 (1940) u. **158**, 1 (1941); Schwarz: **161**, 137 (1942). — Schwarz: B **75**, 2012 (1942).

(*186*) I.G., DRP.a. I. 68579 (Reppe, Töpel) v. 30. 12. 40.

(*187*) Willstätter u. Heidelberger: B **46**, 517—527 (1913).

(*188*) Willstätter u. Waser: B 44, 3442—45 (1911). — Willstätter u. Heidelberger: B **46**, 518 (1913).

(*189*) Pfau u. Plattner: Helv. chim. Acta **19**, 865 (1936).

(*190*) Armstrong: Chem. News **67**, 153—55 (1893), C 1893 I, 809. — Gladstone: Chem. News **67**, 94—95 (1893), C 1893 I, 555. — Jones: Proc. chem. Soc. 20, 5 (1904), C 1904 I, 1111.

(*191*) Hurd u. Drake: J. amer. chem. Soc. **61**, 1943 (1939).

(*192*) Goldwasser u. Taylor: J. amer. chem. Soc. **61**, 1260 (1939).

(*193*) Hückel: Z. Phys. **70**, 204 (1921).

(*194*) Siehe hierzu auch O. Schmidt: B **67**, 1870 (1934); B **67**, 2078 (1934). — Z. phys. Chem. B **39**, 59 (1938), B **44**, 185 (1939). — Z. Elektrochem. **43**, 853 (1937); Lennard-Jones u. Turkevich: Proc. roy. Soc., London (A.) **158**, 297 (1937). — Lennard-Jones. u. Coulson: Trans. Faraday Soc. **35**, 811—23 (1939), C 1939 II, 3259. — Förster: Z. Elektrochem. **45**, 548 (1939); Z. phys. Chem. B **41**, 287 (1938) u. Angew. Chem. **52**, 223 (1939).

(*195*) I.G., DRP.a. I. 74406 (Reppe, Scheller) v. 23. 2. 43. — Ruzicka u. Seidel: Helv. chim. Acta **19**, 432 (1936).

(*196*) I.G., DRP.a. I. 69547 (Reppe, Töpel) v. 6. 5. 41. — Willstätter u Waser: B **43**, 1181 (1910) (Cyclooctan aus Cycloocten).

(*197*) I.G., DRP.a. I. 73871 (Reppe, Klager, Schlichting) v. 16. 12. 42.

(*198*) I.G., DRP.a. I. 75480 (Reppe, Schlichting, Klager) v. 10. 7. 43.

(*199*) I.G., DRP.a. I. 73915 (Reppe, Klager, Schlichting) v. 19. 12. 42.

(*200*) Ruzicka u. Boekenoogen: Helv. chim. Acta **14**, 1327 (1931).

(*201*) I.G., DRP.a. I. 70709 (Reppe, Töpel, Klager) v. 21. 10. 41.

(*202*) I.G., DRP.a. I. 72515 (Reppe, Schlenk) v. 22. 6. 42.

(*203*) I.G., DRP.a. I. 74406 (Reppe, Scheller) v. 23. 2. 43. — Ruzicka u. Seidel: Helv. chim. Acta **19**, 432 (1936).

(*204*) I.G., DRP.a. I. 73918 (Reppe, Schlichting) v. 22. 12. 42. — I.G., DRP.a. I. 74070 (Reppe, Schlichting) v. 13. 1. 43.

(*205*) I.G., DRP.a. I. 71228 (Reppe, Klager, Schlichting) v. 27. 12. 41. — I.G., DRP.a. I. 74029 (Reppe, Schlichting) v. 6. 1. 43; vgl. Reppe u. Mitarbeiter: A **560**, 1—116 (1948).

(*206*) I.G., DRP.a. I. 74070 (Reppe, Schlichting) v. 13. 1. 43.

(*207*) Diels u. Alder: B **62**, 2345 (1929).

(*208*) Alder u. Rickert: A **524**, 185 (1936).

(*209*) I.G., DRP.a. I. 77901 (Reppe, Schlichting, Klager) v. 27. 7. 44.

(*210*) Wallach: A **345**, 149 (1906); vgl. Zelinsky: B **35**, 2691 (1902).

(*211*) I.G., DRP.a. I. 71228 (Reppe, Klager, Schlichting) v. 27. 12. 41.

(*212*) I.G., DRP.a. I. 74097 (Reppe, Klager, Schlichting) v. 18. 1. 43.

(*213*) I.G., DRP. 710131 (Hopff, Rautenstrauch, Pannwitz) v. 22. 5. 38.

(*214*) Vgl. Willstätter loc. cit. O. Schmidt: B **67**, 2078 (1934).

(215) I.G., DRP.a. I. 70996 (REPPE, TÖPEL) v. 29. 11. 41. — I.G., DRP.a. I. 73901 (REPPE, KLAGER, SCHLICHTING) v. 19. 12. 42.

(216) I.G., DRP.a. I. 70996 (REPPE, TÖPEL) v. 29. 11. 41.

(217) I.G., DRP.a. I. 74006 (REPPE, KLAGER, SCHLICHTING) v. 28. 12. 42.

(218) I.G., DRP.a. I. 74028 (REPPE, KLAGER, SCHLICHTING) v. 4. 1. 43.

(219) ALDER u. STEIN: A **485**, 223 (1931), **496**, 197 (1932), **496**, 204 (1932).

(220) SHERNDAL: J. amer. chem. Soc. **37**, 167 (1915).

(221) KREMERS: J. amer. chem. Soc. **45**, 717 (1923).

(222) PFAU u. PLATTNER: Helv. chim. Acta **19**, 865 (1936).

(223) I.G., DRP. eingereicht (REPPE, SCHWECKENDIEK, MAGIN, KLAGER) v. 6. 12. 45. — I.G., DRP.a. I. 78573 (SCHWECKENDIEK) v. 24. 11. 44.

IV. Carbonylierung.

(224) I.G., DRP.a. I. 65758 (REPPE) v. 7. 10. 39; FP. 930368 v. 9. 7. 44.

(225) I.G., DRP.a. I. 65361 (REPPE) v. 1. 8. 39. — I.G., DRP.a. I. 66282 (REPPE, SCHUSTER, KELLER) v. 12. 1. 40. — I.G., DRP.a. I. 65757 (REPPE) v. 7. 10. 39. — I.G., DRP.a. I. 66 167 (REPPE, HECHT, GASSENMEIER) v. 18. 12. 39. — I.G., DRP.a. I. 66487 (REPPE, HECHT, MERKEL) v. 3. 2. 40. — I.G., DRP.a. I. 66373 (REPPE, SCHUSTER, SIMON) v. 26. 1. 40. — I.G., DRP.a. I. 69580 (REPPE, KELLER) v. 12. 5. 41. — I.G., DRP.a. I. 68580 (REPPE, HECHT, GASSENMEIER) v. 30. 12. 40.

(226) I.G., DRP.a. I. 66040 (REPPE) v. 22. 11. 39. — I.G., DRP. 753618 (SCHLENK) v. 6. 1. 40.

(227) I.G., DRP.a. I. 65758 (REPPE) v. 17. 10. 39. — I.G., DRP.a. I. 70901 (REPPE, HECHT, MERKEL, REINDL) v. 18. 11. 41. — I.G., DRP.a. I. 78574 (REPPE) v. 24. 11. 44.

(228) I.G., DRP.a. I. 67664 (REPPE, HECHT, GASSENMEIER) v. 14. 8. 40.

(229) I.G., DRP.a. I. 74303 (REPPE, HECHT, REINDL) v. 11. 2. 43.

(230) SKRAUP u. NIETEN: B **57**, 1297 (1924).

(231) I.G., DRP.a. I. 71886 (REPPE, KRÖPER) v. 26. 3. 42. — I.G., DRP. 765969 (REPPE, KRÖPER) v. 28. 2. 40.

(232) I.G., DRP.a. I. 66689 (REPPE, KRÖPER) v. 12. 3. 40.

(233) LIPP u. KÖSTER: B **64**, 2823 (1931). — LIPP, BUCHKREMER u. SEELER: A **499**, 20 (1932).

(234) I.G., DRP.a. I. 68919 (REPPE, KRÖPER) v. 19. 2. 41. — I.G., DRP.a. I. 70498 (REPPE, KRÖPER) v. 20. 9. 41. — I.G., DRP.a. I. 71941 (REPPE, KRÖPER, v. KUTEPOW) v. 31. 3. 42. — I.G., DRP.a. I. 77752 (KRÖPER, v. KUTEPOW, PISTOR) v. 6. 7. 44. — I.G., DRP.a. I. 72741 (REPPE, KRÖPER) v. 15. 7. 42. — I.G., DRP.a. I. 69044 (KRÖPER SCHLENK) v. 5. 3. 41. — I.G., DRP.a. I. 72924 (REPPE, KRÖPER) v. 8. 8. 42.

(235) I.G., DRP.a. I. 74732 (REPPE, KRÖPER) v. 31. 3. 43. — I.G., DRP.a. I. 74733 (REPPE, KRÖPER) v. 31. 3. 43. — I.G., DRP.a. I. 74963 (REPPE, KRÖPER) v. 7. 5. 43.

(236) MAILHE: Bull. Soc. chim. France (4) **5**, 815—819 (1909).

(237) I.G., DRP.a. I. 69044 (KRÖPER, SCHLENK) v. 5. 3. 41.

(238) I.G., DRP.a. I. 75204 (REPPE, KRÖPER) v. 3. 6. 43.

(239) I.G., DRP. 763693 (REPPE, KRÖPER, PISTOR) v. 16. 3. 41. — I.G., DRP.a. I. 70690 (REPPE, v. KUTEPOW, KRÖPER) v. 18. 10. 41. — I.G., DRP.a. I. 72409 (REPPE, v. KUTEPOW, KRÖPER) v. 3. 6. 42. — I.G., DRP.a. I. 72529 (REPPE, KRÖPER, v. KUTEPOW) v. 19. 6. 42.

(240) I.G., DRP.a. I. 68810 (REPPE, PISTOR) v. 5. 2. 41. — I.G., DRP.a. I. 72605 (PISTOR) v. 26. 6. 42.

(241) Vgl. HIEBER, SCHULTEN u. MARIN: Z. anorg. allg. Chem. **240**, 264 (1939).

(242) I.G., DRP. 753618 (REPPE, SCHLENK) v. 6. 1. 40.

(243) I.G., DRP.a. I. 74633 (REPPE) v. 22. 3. 43.

(244) I.G., DRP.a. I. 74946 (REPPE) v. 4. 5. 43.

(245) I.G., DRP.a. I. 77490 (REPPE, MAGIN) v. 25. 5. 44.

Von der Angabe der zahlreichen Auslandspatente wurde aus Raumersparnis-gründen weitgehend Abstand genommen.

Sachverzeichnis.